Einstellungstest Kfz-Mechatroniker / Kfz-Mechatronikerin

Kurt Guth
Marcus Mery

Einstellungstest Kfz-Mechatroniker / Kfz-Mechatronikerin

Fit für den Eignungstest im Auswahlverfahren

AUSBILDUNGSPark

Kurt Guth • Marcus Mery
Einstellungstest Kfz-Mechatroniker / Kfz-Mechatronikerin: Fit für den Eignungstest im Auswahlverfahren | Allgemeinwissen, Mathe, Deutsch, Technik, Logik, räumliches Denken und mehr | Über 800 Aufgaben mit allen Lösungswegen

Ausgabe 2026

2. Auflage

Gestaltung: bitpublishing / s.b. design
Lektorat: Andreas Mohr

Bibliografische Information der Deutschen Nationalbibliothek –
Die Deutsche Nationalbibliothek verzeichnet diese Publikation in der Deutschen Nationalbibliografie; detaillierte bibliografische Daten sind im Internet über http://dnb.dnb.de abrufbar.

Bildnachweis:
Archiv des Verlages
Umschlagfoto: © Mr. Music – Adobe.com
S. 13 (CE-Logo): Public Domain
S. 21 (Draisine): https://commons.wikimedia.org/wiki/File:Verkehrsmuseum_Dresden_-_Stra%C3%9Fenverkehr_-_Draisine_1818_-_DSC4824.jpg; Wuselig; CC BY-SA 4.0; (https://creativecommons.org/licenses/by-sa/4.0/legalcode); Original entfärbt, beschnitten
S. 287 (Ute Ackermann): © Yuri Arcurs – Fotolia.com
S. 287 (Eveline Fritsch): © creative studio – Fotolia.com
S. 287 (Peter Reinken): © FOTO-RAMMINGER – Fotolia.com
S. 287 (Tim Lorenz): © drubig-photo – Fotolia.com
S. 287 (Silke Männing): © fotum – Fotolia.com
S. 287 (Pierre Frey): © iofoto – Fotolia.com
S. 287 (Henrike Otter): © Robert Kneschke – Fotolia.com
S. 287 ff (Raimund Breit): © Stephen Orsillo – Fotolia.com
S. 287 ff (Margot Ebert): © Dron – Fotolia.com
S. 287 ff (Enrico Felici): © Robert Kneschke – Fotolia.com
S. 287 ff (Bella Fontanella): © Jonas Glaubitz – Fotolia.com
S. 287 ff (Ernst Kirsch): © Robert Kneschke – Fotolia.com
S. 287 ff (Helena König): © iofoto – Fotolia.com
S. 287 ff (Martin Ecker): © Andrew Lever – Fotolia.com
S. 287 ff (Olivia Adam): © Manuel Tennert – Fotolia.com

Gedruckt auf chlorfrei gebleichtem Papier

Bettinastraße 69, 63067 Offenbach am Main
Printed in Germany

Satz: bitpublishing, Schwalbach
Druck: mediaprint solutions, Paderborn

ISBN 978-3-95624-115-4

1625 – AP EKF – 6b25

Inhaltsverzeichnis

Vorwort

Autonation Deutschland? Mit Blick auf die nackten Zahlen keine übertriebene Bezeichnung: Die hiesige Statistik erfasst rund 50 Millionen Pkw und daneben noch einige Millionen Nutzfahrzeuge und Krafträder. Das bedeutet viel Arbeit für Fahrzeugtechniker – und gute Aussichten für fähige Nachwuchskräfte.

Der Kfz-Mechatroniker gehört seit Jahren zu den beliebtesten Ausbildungsberufen. Die Fachkräfte kennen sich nicht nur mit Antriebssträngen, Karosserien und Getrieben aus, sondern auch mit Bordcomputern und Fahrassistenten. Sie wissen, wie man mechanische, elektronische und digitaltechnische Komponenten installiert und wartet. Lernbereitschaft ist unentbehrlich, denn die Fahrzeugindustrie zählt zu den innovationsfreudigsten Branchen überhaupt.

Was bringt Ihnen dieses Buch?

Mit diesem Buch haben Sie alles zur Hand, was Sie brauchen, um sich auf computergesteuerte und schriftliche Einstellungstests für Kfz-Mechatroniker und andere Fahrzeugtechniker vorzubereiten. Sie lernen klassische und ungewöhnliche Aufgabentypen kennen, erfahren die besten Lösungsstrategien und machen sich mit der Prüfungssituation vertraut.

Auf den folgenden Seiten finden Sie eine Fülle typischer Aufgaben aus allen wichtigen Testbereichen: Allgemeinbildung, fachbezogenes Wissen, technisches Verständnis, Sprachbeherrschung, Mathematik, Logik, visuelles Denkvermögen, Konzentration und Merkfähigkeit. Der Lösungsteil am Schluss jedes Kapitels liefert nicht nur die richtigen Antworten, sondern erklärt auch die Lösungswege kompakt und verständlich. Dazu erhalten Sie Tipps und Tricks, um knifflige Aufgaben geschickt zu „knacken".

Eine grobe Richtschnur zur Einordnung Ihrer Ergebnisse: 50–60 % richtig gelöste Aufgaben können als ausreichend gelten, 60–70 % als befriedigend, 70–85 % als gut und höhere Werte als hervorragend – erfahrungsgemäß schafft das allerdings kaum jemand.

Wir wünschen Ihnen viel Erfolg!

Ihr Ausbildungspark-Team

Kontakt

Ausbildungspark Verlag GmbH
Kundenbetreuung
Bettinastraße 69
63067 Offenbach am Main

Telefon +49 (69) 40 56 49 73
Telefax +49 (69) 43 05 86 02
kontakt@ausbildungspark.com
www.ausbildungspark.com

10 Tipps für den Testerfolg

- **1. Gut vorbereiten.**
  Beginnen Sie rechtzeitig mit der Vorbereitung, portionieren Sie den Lernstoff in kleine Einheiten, planen Sie Pausenzeiten ein. Wer sich in den letzten Tagen vor dem Test zu viel zumutet, läuft Gefahr, das Gelernte weder zu verstehen noch zu behalten.

- **2. Informieren.**
  Fragen Sie frühzeitig nach: Welche Hilfsmittel (z. B. Taschenrechner) dürfen Sie benutzen? Welche Materialien (z. B. Stift, Papier, Lineal) müssen Sie mitbringen, welche werden Ihnen gestellt?

- **3. Entspannungshilfen finden.**
  Eignen Sie sich Entspannungstechniken an, zum Beispiel Atemübungen oder autogenes Training. Am Prüfungstag lassen sich Denkblockaden damit leichter überwinden.

- **4. Aufgeräumt ankommen.**
  Erscheinen Sie ausgeschlafen und pünktlich, achten Sie auf Ihren äußeren Eindruck – die Prüfer tun es auch. Und vergessen Sie das Frühstück nicht: Wer mit nüchternem Magen in die Prüfung startet, baut schneller ab und ist weniger leistungsfähig.

- **5. Lieber einmal mehr fragen.**
  Nutzen Sie die Möglichkeit, den Testleitern Fragen zu stellen, um Unklarheiten auszuräumen.

- **6. Aufgabenstellungen aufmerksam lesen.**
  Studieren Sie die Fragen und Bearbeitungshinweise sorgfältig. Manchmal sind kleine Finten eingebaut, die den unkonzentrierten Teilnehmer entlarven.

- **7. Zügig arbeiten.**
  Behalten Sie die Uhr im Auge und teilen Sie sich Ihre Zeit gut ein. Oft steigt das Schwierigkeitsniveau innerhalb einer Aufgabenkategorie zum Ende hin an. Eventuell hilft es, zuerst in jeder Kategorie die einfachen

Aufgaben zu lösen. Planen Sie etwas Zeit ein, um Ihre Antworten auf Flüchtigkeitsfehler und andere kleine Patzer zu kontrollieren.

- **8. Nicht verrückt machen lassen.**
  Der Test ist in der vorgegebenen Zeit beim besten Willen nicht zu schaffen? Dieser Eindruck kann völlig richtig sein. Viele Prüfungen sind so konzipiert, dass kaum jemand im vorgegebenen Zeitrahmen alle Aufgaben korrekt lösen kann. So wird zugleich das Arbeitsverhalten unter Druck getestet.

- **9. Nicht festbeißen.**
  Anstatt minutenlang an einer Aufgabe zu verzweifeln, gehen Sie lieber zur nächsten über. Mit den übersprungenen Fragen können Sie sich – angefangen bei der leichtesten – später noch beschäftigen. So manch kniffliger Fall entpuppt sich als leichte Übung, wenn die erste Anspannung überwunden ist.

- **10. Zur Not einfach raten.**
  Die schlechteste Antwort ist meistens keine Antwort: Falsche Lösungen werden nur selten mit Punktabzügen bestraft. Bei Multiple-Choice-Aufgaben mit mehreren Antwortvorschlägen lässt sich das richtige Ergebnis einkreisen, indem man die falschen Lösungen eine nach der anderen aussortiert.

Allgemeinwissen

Staat und Politik

Bearbeitungszeit 5 Minuten

Beantworten Sie bitte die folgenden Aufgaben, indem Sie jeweils den richtigen Lösungsbuchstaben markieren.

1) Wo hat der Bundeskanzler seinen Amtssitz?

A. Bonn
B. Berlin
C. München
D. Rheinland-Pfalz
E. Keine Antwort ist richtig.

2) Zur Veränderung eines länderbezogenen Bundesgesetzes bedarf es nicht nur der Zustimmung des Bundestages, sondern auch der des …?

A. Innenministers.
B. Bundestagspräsidenten.
C. Bundesrates.
D. Justizministers.
E. Keine Antwort ist richtig.

3) Auf wessen Vorschlag wird der Bundeskanzler gewählt?

A. Innenminister
B. Bundestagspräsident
C. Bundespräsident
D. Bundestag
E. Keine Antwort ist richtig.

4) Wie oft wird der Bundestag neu gewählt?

A. Alle 3 Jahre
B. Alle 4 Jahre
C. Alle 5 Jahre
D. Alle 6 Jahre
E. Keine Antwort ist richtig.

5) Wer ist das Staatsoberhaupt der Bundesrepublik Deutschland?

A. Innenminister
B. Bundestagspräsident
C. Bundespräsident
D. Bundeskanzler
E. Keine Antwort ist richtig.

6) Wie wird ein Direktkandidat für den Bundestag gewählt?

A. Mit der Erststimme
B. Mit der Zweitstimme
C. Von der Bundesversammlung
D. Von der jeweiligen Partei
E. Keine Antwort ist richtig.

7) Was versteht man unter dem Begriff „Lobbyismus"?

A. Interessengruppen halten sich von der Politik fern.

B. Interessengruppen versuchen, Einfluss auf die Politik zu nehmen.

C. Abgeordnete bilden parteiübergreifende Interessengemeinschaften.

D. Innerhalb einer Partei bilden sich Interessengemeinschaften.

E. Keine Antwort ist richtig.

8) Welche Institution wurde durch den Vertrag von Maastricht gegründet?

A. Europäische Union

B. Bund Europäischer Landwirte

C. Europäischer Gerichtshof

D. Europäisches Parlament

E. Keine Antwort ist richtig.

9) Wie ist die Bundesversammlung zusammengesetzt?

A. Ausschließlich aus Mitgliedern des Bundestages

B. Ausschließlich aus Vertretern der Länder

C. Aus Mitgliedern des Bundestages und Vertretern der Länder

D. Ausschließlich aus Politikern

E. Keine Antwort ist richtig.

10) Wo befindet sich der offizielle Sitz des Europäischen Parlaments?

A. Straßburg

B. Brüssel

C. Kopenhagen

D. Luxemburg

E. Keine Antwort ist richtig.

Wirtschaft und Gesellschaft *Bearbeitungszeit 5 Minuten*

Beantworten Sie bitte die folgenden Aufgaben, indem Sie jeweils den richtigen Lösungsbuchstaben markieren.

11) Die Verfügbarkeit über genügend Zahlungsmittel in einem Unternehmen nennt man …?

A. Vermögen.
B. Kapital.
C. Geld.
D. Liquidität.
E. Keine Antwort ist richtig.

12) Welcher der genannten Punkte gehört nicht zu den wirtschaftspolitischen Zielen der Bundesrepublik Deutschland?

A. Preisniveaustabilität
B. Hoher Beschäftigungsstand
C. Außenwirtschaftliches Gleichgewicht
D. Verstaatlichung privater Unternehmen
E. Keine Antwort ist richtig.

13) Welche Währung hat das Land Italien?

A. Italienische Lira
B. Franken
C. Schilling
D. Euro
E. Keine Antwort ist richtig.

14) Wo hat die Deutsche Bundesbank ihren Sitz?

A. Karlsruhe
B. Berlin
C. Frankfurt
D. Düsseldorf
E. Keine Antwort ist richtig.

15) Die „schwarze Null" meint umgangssprachlich …?

A. staatliche Schuldenfreiheit.
B. einen ausgeglichenen Staatshaushalt.
C. durch Steuerhinterziehung ausgefallene Steuereinnahmen.
D. einen Leitzins von 0 %.
E. Keine Antwort ist richtig.

16) Wofür steht dieses Logo?

CE

A. Einhaltung von „Fair Trade"-Handelsrichtlinien
B. Gütesiegel im Online-Handel
C. Importierte Elektronikware
D. Einhaltung der EU-Handelsrichtlinien
E. Keine Antwort ist richtig.

17) In der Wirtschaft spricht man von einer „Blase", wenn Waren oder Vermögensgegenstände in großer Menge …?

A. über dem angemessenen Wert gehandelt werden.
B. unter dem angemessenen Wert gehandelt werden.
C. überhöht versteuert werden müssen.
D. im Ausland wesentlich günstiger gehandelt werden.
E. Keine Antwort ist richtig.

18) Was sind Devisen?

A. Inländische Geldscheine
B. Inländische Zahlungsmittel
C. Inländische Münzen
D. Forderungen, die in einer Fremdwährung bestehen
E. Keine Antwort ist richtig.

19) Was wird unter dem Begriff „Joint Venture" verstanden?

A. Fusionen
B. Rechtlich selbstständige Gemeinschaftsunternehmen
C. Rechtlich unselbstständige Geschäftseinheiten
D. Kartelle
E. Keine Antwort ist richtig.

20) Welche gehört nicht zu den Aufgaben der Europäischen Zentralbank?

A. Versorgung der Volkswirtschaft mit Geld
B. Festlegung des Goldpreises
C. Verwaltung der offiziellen Währungsreserven
D. Devisengeschäfte
E. Keine Antwort ist richtig.

Geografie

Bearbeitungszeit 5 Minuten

Sie sehen eine Karte der Bundesrepublik Deutschland mit ihren 16 Bundesländern.

Beantworten Sie bitte die folgenden Aufgaben, indem Sie jeweils den richtigen Lösungsbuchstaben markieren.

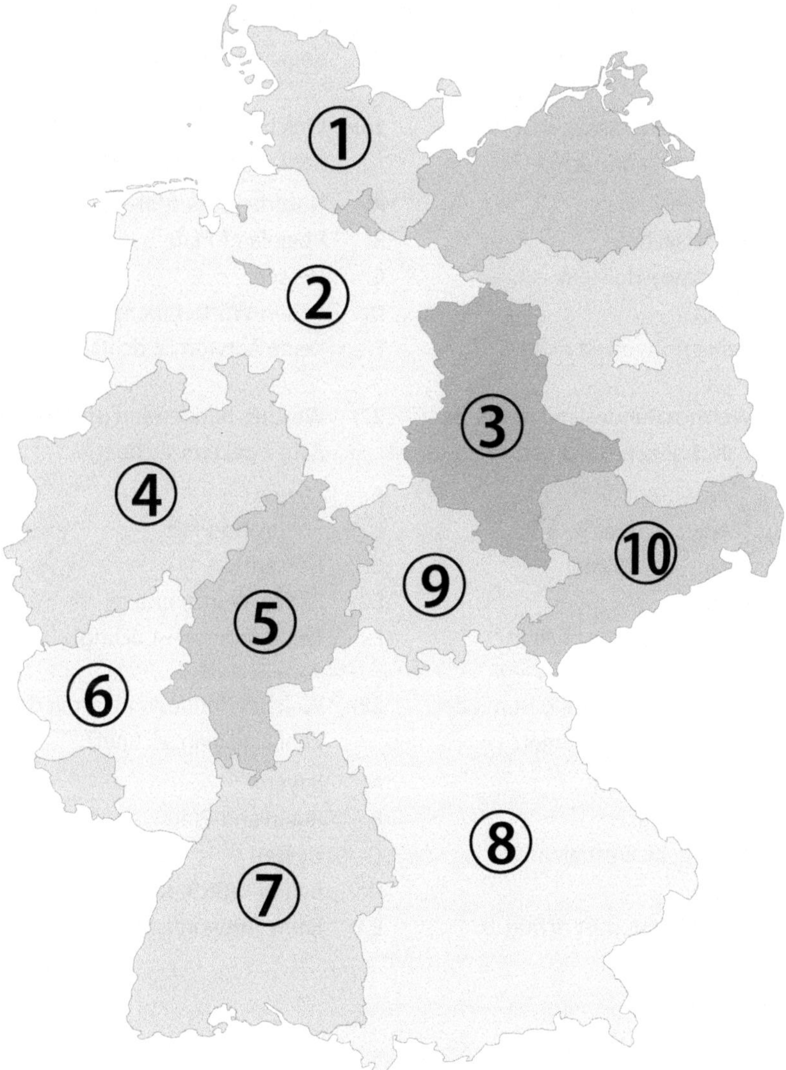

21) Welches Bundesland ist mit der Zahl 1 gekennzeichnet?

A. Sachsen-Anhalt
B. Niedersachsen
C. Schleswig-Holstein
D. Berlin
E. Keine Antwort ist richtig.

22) Welches Bundesland ist mit der Zahl 2 gekennzeichnet?

A. Sachsen-Anhalt
B. Niedersachsen
C. Schleswig-Holstein
D. Berlin
E. Keine Antwort ist richtig.

23) Welches Bundesland ist mit der Zahl 3 gekennzeichnet?

A. Sachsen-Anhalt
B. Niedersachsen
C. Schleswig-Holstein
D. Berlin
E. Keine Antwort ist richtig.

24) Welches Bundesland ist mit der Zahl 4 gekennzeichnet?

A. Sachsen-Anhalt
B. Niedersachsen
C. Nordrhein-Westfalen
D. Hessen
E. Keine Antwort ist richtig.

25) Welches Bundesland ist mit der Zahl 5 gekennzeichnet?

A. Nordrhein-Westfalen
B. Rheinland-Pfalz
C. Hessen
D. Thüringen
E. Keine Antwort ist richtig.

26) Welches Bundesland ist mit der Zahl 6 gekennzeichnet?

A. Nordrhein-Westfalen
B. Rheinland-Pfalz
C. Hessen
D. Baden-Württemberg
E. Keine Antwort ist richtig.

27) Welches Bundesland ist mit der Zahl 7 gekennzeichnet?

A. Bayern
B. Rheinland-Pfalz
C. Hessen
D. Baden-Württemberg
E. Keine Antwort ist richtig.

28) Welches Bundesland ist mit der Zahl 8 gekennzeichnet?

A. Bayern
B. Rheinland-Pfalz
C. Hessen
D. Baden-Württemberg
E. Keine Antwort ist richtig.

29) Welches Bundesland ist mit der Zahl 9 gekennzeichnet?

A. Bayern
B. Sachsen
C. Hessen
D. Thüringen
E. Keine Antwort ist richtig.

30) Welches Bundesland ist mit der Zahl 10 gekennzeichnet?

A. Bayern
B. Sachsen
C. Hessen
D. Thüringen
E. Keine Antwort ist richtig.

Geschichte und Kultur

Bearbeitungszeit 5 Minuten

Beantworten Sie bitte die folgenden Aufgaben, indem Sie jeweils den richtigen Lösungsbuchstaben markieren.

31) Auf welchem Kontinent leben die meisten Menschen?

A. Afrika
B. Asien
C. Südamerika
D. Europa
E. Keine Antwort ist richtig.

32) Welcher Schriftsteller verfasste die Tragödie „Romeo und Julia"?

A. Immanuel Kant
B. Johann Wolfgang von Goethe
C. William Shakespeare
D. Thomas Mann
E. Keine Antwort ist richtig.

33) Wann war der Zweite Weltkrieg in Europa?

A. 1940–1945
B. 1914–1918
C. 1939–1945
D. 1940–1946
E. Keine Antwort ist richtig.

34) Im späten 18. und im 19. Jahrhundert diente Australien als …?

A. holländischer Militärstützpunkt.
B. japanische Expeditionsbasis.
C. britische Sträflingskolonie.
D. spanisches Erzabbaugebiet.
E. Keine Antwort ist richtig.

35) Wer ist der Gründer der modernen Türkei?

A. Osman I.
B. Orhan Pamuk
C. Recep Tayyip Erdoğan
D. Mustafa Kemal Atatürk
E. Keine Antwort ist richtig.

36) Wer malte das Ölgemälde „Mona Lisa"?

A. Leonardo da Vinci
B. Paul Peter Rubens
C. Camille Corot
D. Wassily Kandinsky
E. Keine Antwort ist richtig.

37) In welchem Jahr verkündete die französische Nationalversammlung die Erklärung der Menschen- und Bürgerrechte?

A. 1789
B. 1776
C. 1814
D. 1848
E. Keine Antwort ist richtig.

38) Wann wurde die deutsche Wiedervereinigung vollzogen?

A. 3. Oktober 1989
B. 11. September 1990
C. 3. Oktober 1990
D. 9. November 1989
E. Keine Antwort ist richtig.

39) Großbritannien, Schweden, Spanien und Japan sind …?

A. Mitglieder der NATO.
B. Einparteiensysteme.
C. konstitutionelle Monarchien.
D. ständige Mitglieder des UN-Sicherheitsrats.
E. Keine Antwort ist richtig.

40) Welcher deutsche Barockmusiker komponierte „Das Wohltemperierte Klavier"?

A. Gustav Mahler
B. Johann Sebastian Bach
C. Joseph Haydn
D. Ludwig van Beethoven
E. Keine Antwort ist richtig.

Persönlichkeiten, Erfindungen, Entdeckungen

Bearbeitungszeit 5 Minuten

Beantworten Sie bitte die folgenden Aufgaben, indem Sie jeweils den richtigen Lösungsbuchstaben markieren.

41) Welche bahnbrechende Erfindung wird Johannes Gutenberg zugeschrieben?

A. Buchdruck mit beweglichen Lettern
B. Teleskop mit über 100-facher Vergrößerung
C. Dampfmaschine mit zwei Kolben
D. Schwarzpulver
E. Keine Antwort ist richtig.

42) In den Automobilwerken von Henry Ford wurde 1913 …?

A. der erste Airbag getestet.
B. zum ersten Mal ein Auto mit Rückwärtsgang gebaut.
C. der erste Ottomotor hergestellt.
D. die weltweit erste Fließbandfertigung eingeführt.
E. Keine Antwort ist richtig.

43) Wann landete Kolumbus erstmals in der Neuen Welt?

A. 1392
B. 1492
C. 1592
D. 1692
E. Keine Antwort ist richtig.

44) Wer begründete die moderne Evolutionstheorie?

A. Gregor Mendel
B. Jean-Baptiste de Lamarck
C. Francis Crick
D. Charles Robert Darwin
E. Keine Antwort ist richtig.

45) Wie hieß der erste Satellit?

A. Kosmos
B. Sputnik
C. Apollo
D. IO
E. Keine Antwort ist richtig.

46) Wer stellte die Relativitätstheorie auf?

A. Max Born
B. Albert Einstein
C. Wolfgang Pauli
D. Niels Bohr
E. Keine Antwort ist richtig.

47) Wer prägte den tiefenpsychologischen Begriff des „Unbewussten"?

A. Immanuel Kant
B. Sigmund Freud
C. Aristoteles
D. Jean-Jacques Rousseau
E. Keine Antwort ist richtig.

48) Der „Ottomotor", ein im Zwei- oder Viertaktprinzip laufender Verbrennungsmotor, wurde benannt nach …?

A. Otto Lilienthal.
B. Nicolas August Otto.
C. Otto Benz.
D. Otto von Bismarck.
E. Keine Antwort ist richtig.

49) Wer war Leonardo da Vinci?

A. Der Gründer der Republik Italien
B. Einer der Architekten des Petersdoms in Rom
C. Der Entdecker von Australien und Neuseeland
D. Ein Künstler, Forscher und Erfinder zur Zeit der Renaissance
E. Keine Antwort ist richtig.

50) Diese Urform des Fahrrads heißt auch …?

A. Velomobil.
B. Draisine.
C. Faltrad.
D. Liegerad.
E. Keine Antwort ist richtig.

Mathematik

Bearbeitungszeit 5 Minuten

Beantworten Sie bitte die folgenden Aufgaben, indem Sie jeweils den richtigen Lösungsbuchstaben markieren.

51) Wie schreibt man „drei Viertel" als Prozentzahl?

A. 15 %
B. 45 %
C. 60 %
D. 75 %
E. Keine Antwort ist richtig.

52) Wie lautet das römische Zahlzeichen für die Zahl 4?

A. VI
B. V
C. IV
D. X
E. Keine Antwort ist richtig.

53) Bei der Multiplikation gilt: Faktor mal Faktor gleich …?

A. Term.
B. Produkt.
C. Summe.
D. Quotient.
E. Keine Antwort ist richtig.

54) Wie addiert man zwei Brüche?

A. Indem man Nenner und Nenner sowie Zähler und Zähler addiert
B. Indem man Nenner und Nenner addiert sowie Zähler und Zähler multipliziert
C. Indem man Nenner und Nenner multipliziert und bei gleichem Zähler den Zähler addiert
D. Indem man sie auf den gleichen Nenner bringt, diesen beibehält und die Zähler addiert
E. Keine Antwort ist richtig.

55) Wie lautet die 3. Binomische Formel?

A. $(a + b)^2 = a^2 + 2ab + b^2$
B. $(a - b)^2 = a^2 - 2ab + b^2$
C. $(a + b) \times (a - b) = a^2 - b^2$
D. $a^2 + b^2 = c^2$
E. Keine Antwort ist richtig.

56) Wie lautet der Satz des Pythagoras?

A. $(a + b)^2$

B. $(a - b)^2$

C. $a^2 - b^2$

D. $a^2 + b^2 = c^2$

E. Keine Antwort ist richtig.

57) Welcher Gegenstand hat die Form eines Kegels?

A. Konservendose

B. Bowlingkugel

C. Pyramide

D. Eiswaffel

E. Keine Antwort ist richtig.

58) Welches Gesetz beschreibt keine elementare Grundregel der Mathematik?

A. Assoziativgesetz

B. Abstraktivgesetz

C. Kommutativgesetz

D. Distributivgesetz

E. Keine Antwort ist richtig.

59) Was kann man mithilfe der p-q-Formel machen?

A. Wurzeln negativer Zahlen ziehen

B. Volumen eines Würfels berechnen

C. Quadratische Gleichungen lösen

D. Umfang eines Kreises bestimmen

E. Keine Antwort ist richtig.

60) Der Exponent einer Zahl beziffert, wie oft diese …?

A. mit sich selbst addiert wird.

B. mit sich selbst multipliziert wird.

C. durch sich selbst geteilt wird.

D. mit einer dritten Zahl addiert wird.

E. Keine Antwort ist richtig.

Naturwissenschaften und IT

Bearbeitungszeit 5 Minuten

Beantworten Sie bitte die folgenden Aufgaben, indem Sie jeweils den richtigen Lösungsbuchstaben markieren.

61) Welche Aussage zum E-Mail-Verkehr ist falsch?

A. E-Mail-Verkehr ist eine günstige Alternative zum herkömmlichen Briefverkehr.
B. Die Zustellgeschwindigkeit ist ein großer Vorteil.
C. Die Zustellgeschwindigkeit ist unwesentlich langsamer als auf dem Postweg.
D. E-Mails können schädliche Programme enthalten.
E. Keine Antwort ist richtig.

62) Woraus wird Benzin gewonnen?

A. Ethanol
B. Gas
C. Mineralien
D. Erdöl
E. Keine Antwort ist richtig.

63) Photovoltaische Anlagen erzeugen ...?

A. aus Strom Licht.
B. aus Licht Strom.
C. aus Wärme Energie.
D. aus Energie Wärme.
E. Keine Antwort ist richtig.

64) Was versteht man im IT-Bereich unter dem Begriff „Virus"?

A. Kleine Computerprogramme, die sich an andere Programme hängen
B. Hilfsprogramme
C. Nützliche Systemsoftware
D. Schädlingsbekämpfer
E. Keine Antwort ist richtig.

65) Per Drag & Drop lassen sich ...?

A. Computer schnell auseinanderbauen und wieder zusammensetzen.
B. Objekte auf grafischen Benutzeroberflächen einfach verschieben.
C. Peripheriegeräte problemlos anschließen.
D. Kabel- leicht durch Funkverbindungen ersetzen.
E. Keine Antwort ist richtig.

66) Wie heißt der chemische Prozess, bei dem Eisen rostet?

A. Kondensation
B. Oxidation
C. Elektrolyse
D. Homogenisierung
E. Keine Antwort ist richtig.

67) Wofür sind die weißen Blutkörperchen zuständig?

A. Sauerstofftransport im Blut
B. Abwehr von Krankheitserregern
C. Schnelle Blutgerinnung
D. Transport von Nährstoffen
E. Keine Antwort ist richtig.

68) Welcher Farbstoff färbt Pflanzenblätter grün?

A. Chlorozyt
B. Chloroform
C. Chitin
D. Chlorophyll
E. Keine Antwort ist richtig.

69) Welche Geschwindigkeit hat das Licht?

A. 300.000 km/h
B. 300.000 km/s
C. 300.000 m/h
D. 300.000 m/s
E. Keine Antwort ist richtig.

70) Welche Aussage zum Schall ist falsch?

A. Schall wird in Dezibel gemessen.
B. Schall kann als physikalischer Vorgang von Schwingungen gedeutet werden.
C. Schall pflanzt sich langsamer fort als Licht.
D. Schall ist bei kaltem Wetter schneller als bei warmem.
E. Keine Antwort ist richtig.

Abkürzungen

Bearbeitungszeit 5 Minuten

Beantworten Sie bitte die folgenden Aufgaben, indem Sie jeweils den richtigen Lösungsbuchstaben markieren.

71) Was bedeutet die Abkürzung „MwSt."?

A. Mineralwasser Still
B. Mehrwertsteuer
C. Medienwirksamer Showtermin
D. Mitwisserschaft
E. Keine Antwort ist richtig.

72) Was bedeutet die Abkürzung „EU"?

A. Europäische Union
B. Erstunfall
C. Einmalige Untersuchung
D. Endgültige Unabhängigkeit
E. Keine Antwort ist richtig.

73) Wofür steht die Abkürzung „IHK"?

A. Internationale Handelskommission
B. Industrie- und Handelsabkommen
C. Internationale Handelskammer
D. Industrie- und Handelskammer
E. Keine Antwort ist richtig.

74) Die Abkürzung „StVO" bedeutet …?

A. Straßenverkehrs-Ordnung.
B. stellvertretender Oberbürgermeister.
C. ständiges Verfassungsorgan.
D. Stadtverordnung.
E. Keine Antwort ist richtig.

75) Welche Abkürzung hat der „Allgemeine Deutsche Automobil-Club"?

A. CADA
B. ADAC
C. DEKRA
D. DEAC
E. Keine Antwort ist richtig.

76) Was bedeutet die Abkürzung „TÜV"?

A. Türkischer Volksbund
B. Technischer Überwachungs-Verein
C. Technischer Übermittlungs-Verband
D. Thüringer Verein
E. Keine Antwort ist richtig.

77) Wofür steht die Abkürzung „BMW"?

A. Bayerische Mobilwerke
B. Benzinmotorwagen
C. Bayerische Motoren Werke
D. Blechschmiede München-West
E. Keine Antwort ist richtig.

78) Wofür steht die Abkürzung „DIN"?

A. Deutsches Institut für Normung
B. Deutsche Industrie für Normung
C. Deutsche Industrienorm
D. Deutscher Index für Normung
E. Keine Antwort ist richtig.

79) Was bedeutet die Abkürzung „GmbH"?

A. Gemeinschaft musisch begabter Handwerker
B. Gericht mit besonderer Handhabe
C. Gesellschaft mit beschränkter Haftung
D. Grundlage militärisch bedingter Handlungen
E. Keine Antwort ist richtig.

80) Wofür steht die Abkürzung „CPU"?

A. Critical Processing Unit
B. Central Processing Unity
C. Central Processing Unit
D. Control Process Unit
E. Keine Antwort ist richtig.

Definitionen

Bearbeitungszeit 10 Minuten

Im Folgenden werden verschiedene Begriffe erklärt.

Finden Sie für jede Definition den richtigen Begriff und tragen Sie ihn ein.

81) Zustand erhöhter Körpertemperatur, meist infolge einer Abwehrreaktion des Organismus

____

82) Optisches Hilfsmittel aus einem Gestell, einem Bügel und zwei Gläsern, mit dem sich Fehlsichtigkeiten korrigieren lassen

____

83) Bauwerk, das es Wasserfahrzeugen ermöglicht, unterschiedliche Wasserstände zwischen verschiedenen Abschnitten einer Wasserstraße zu überwinden

____

84) Markt, an dem regelmäßig zu bestimmten Zeiten Wertpapiere gehandelt werden

____

85) Der Bruder des Vaters oder der Mutter

____

86) Das Einbringen landwirtschaftlicher Gewächse oder Früchte

____

87) Dicht bewachsener, sumpfiger, schwer durchdringlicher tropischer Wald

____

88) Gerät zur akustischen Alarmierung oder Warnung, das typischerweise an- und abschwellende Heultöne erzeugt

____

89) Satzzeichen in Form eines kurzen, geschwungenen Strichs, das Sätze oder Satzteile voneinander trennt

____

90) Längliches, von Schleimhaut überzogenes Muskelorgan im Mund der meisten Wirbeltiere

Lösungen: Allgemeinwissen

1) B	31) B	61) C
2) C	32) C	62) D
3) C	33) C	63) B
4) B	34) C	64) A
5) C	35) D	65) B
6) A	36) A	66) B
7) B	37) A	67) B
8) A	38) C	68) D
9) C	39) C	69) B
10) A	40) B	70) D
11) D	41) A	71) B
12) D	42) D	72) A
13) D	43) B	73) D
14) C	44) D	74) A
15) B	45) B	75) B
16) D	46) B	76) B
17) A	47) B	77) C
18) D	48) B	78) A
19) B	49) D	79) C
20) B	50) B	80) C
21) C	51) D	81) Fieber
22) B	52) C	82) Brille
23) A	53) B	83) Schleuse
24) C	54) D	84) Börse
25) C	55) C	85) Onkel
26) B	56) D	86) Ernte
27) D	57) D	87) Dschungel
28) A	58) B	88) Sirene
29) D	59) C	89) Komma
30) B	60) B	90) Zunge

Staat und Politik (Aufgaben 1–10)

Zu 1) B. Berlin

Der Bundeskanzler hatte von 1949 bis 1999 seinen Amtssitz in Bonn. Seit 1999 residiert er in Berlin, wo er 2001 das neu errichtete Bundeskanzleramtsgebäude bezog.

Zu 2) C. Bundesrates.

Als Gremium der Bundesländer entscheidet der Bundesrat an allen Bundesgesetzgebungen mit, welche die Bundesländer betreffen.

Zu 3) C. Bundespräsident

Der Bundeskanzler wird bei der Erstwahl vom Bundespräsidenten vorgeschlagen, vom Bundestag gewählt und danach vom Bundespräsidenten zum Bundeskanzler ernannt.

Zu 4) B. Alle 4 Jahre

Alle vier Jahre wird ein neuer Bundestag gewählt. Der Bundestag wählt nach der Bundestagswahl den Bundeskanzler.

Zu 5) C. Bundespräsident

Der Bundespräsident ist das Staatsoberhaupt der Bundesrepublik Deutschland. Der Bundeskanzler ist zwar faktisch der mächtigste deutsche Politiker, steht jedoch im offiziellen Protokoll erst an dritter Stelle hinter dem Bundespräsidenten und Bundestagspräsidenten.

Zu 6) A. Mit der Erststimme

Für die Bundestagswahl hat jeder Wähler zwei Stimmen. Die Erststimme zählt für den Direktkandidaten im Wahlkreis und die Zweitstimme für die Landesliste der Partei.

Zu 7) B. Interessengruppen versuchen, Einfluss auf die Politik zu nehmen.

„Lobbyismus" nennt man es, wenn eine Interessengruppe (die Lobby) über persönliche Kontakte Einfluss auf Politik, Medien und Justiz nehmen will, um ihre Ziele zu verfolgen. Die Vertreter einer Lobby (die Lobbyisten) versuchen zum Beispiel, Beziehungen zu Parlamentsangehörigen oder Pressevertretern aufzubauen oder selbst in Schlüsselpositionen zu gelangen.

Zu 8) A. Europäische Union

Der Vertrag von Maastricht heißt offiziell „Vertrag über die Europäische Union". Der Gründungsvertrag der EU wurde 1992 verabschiedet und schuf einen übergeordneten Verbund für die existierenden Vereinbarungen im Rahmen der Europäischen Gemeinschaften. Die EU fußt auf einer gemeinsam koordinierten Agrar-, Wirtschafts-, Bildungs- und Sozialpolitik sowie gemeinsamem Verbraucherschutz, beinhaltet eine gemeinsame Außen- und Sicherheitspolitik und entwickelt die polizeiliche und justizielle Zusammenarbeit ihrer Mitgliedsstaaten.

Zu 9) C. Aus Mitgliedern des Bundestages und Vertretern der Länder

Die Bundesversammlung besteht aus den Mitgliedern des Bundestages und Abgesandten der Landesparlamente. Sie wird vom Bundestagspräsidenten einberufen und ihre einzige Aufgabe besteht in der Wahl des Bundespräsidenten.

Zu 10) A. Straßburg

Das Europäische Parlament ist das Parlament der Europäischen Union mit Sitz in Straßburg. Seit 1979 wird es alle fünf Jahre in allgemeinen, freien und geheimen Wahlen gewählt. Als weltweit einzige direkt gewählte supranationale Institution repräsentiert das Parlament rund 500 Millionen EU-Staatsbürger und wird auch als „Bürgerkammer der EU" bezeichnet. Seit der Parlamentsgründung 1952 wurden seine Kompetenzen mehrmals stark ausgeweitet, insbesondere durch die Verträge von Maastricht (1992) und Nizza (2001). Im Vergleich mit den nationalen Parlamenten hat es allerdings noch immer relativ wenige Rechte.

Wirtschaft und Gesellschaft (Aufgaben 11–20)

Zu 11) D. Liquidität.

Verfügt ein Unternehmen über ausreichende Zahlungsmittel, um seine Verbindlichkeiten zu begleichen, bezeichnet man es als „liquide". Unterschieden wird zwischen der Barliquidität (Vermögen, das unmittelbar zur Zahlung eingesetzt werden kann), der einzugsbedingten Liquidität (Vermögen, das nicht unmittelbar zur Zahlung eingesetzt werden kann, aber eine kurzfristige Umwandlung ermöglicht wie diskontierbare Wechsel) sowie der umsatzbedingten Liquidität (Vermögen, das erst in Barmittel umgesetzt werden muss, z. B. Produkte und Wirtschaftsgüter).

Zu 12) D. Verstaatlichung privater Unternehmen

Von zentraler Bedeutung für das wirtschaftspolitische System der Bundesrepublik Deutschland ist das „Gesetz zur Förderung der Stabilität und des Wachstums der Wirtschaft" von 1967, kurz auch „Stabilitätsgesetz". Die darin enthaltenen Ziele werden in ihrer Gesamtheit als „Magisches Viereck" bezeichnet: bestimmt durch die Eckpunkte Preisniveaustabilität, hoher Beschäftigungsstand, außenwirtschaftliches Gleichgewicht sowie angemessenes und stetiges Wirtschaftswachstum.

Zu 13) D. Euro

Der Euro ist offizielles Zahlungsmittel in 21 der 27 EU-Staaten (Stand 2026): Belgien, Bulgarien, Deutschland, Estland, Finnland, Frankreich, Griechenland, Irland, Italien, Kroatien, Lettland, Litauen, Luxemburg, Malta, den Niederlanden, Österreich, Portugal, der Slowakei, Slowenien, Spanien und Zypern.

Zu 14) C. Frankfurt

Die Deutsche Bundesbank ist die Zentralbank der Bundesrepublik. Sie hat ihren Sitz in Frankfurt am Main und ist Teil des europäischen Systems der Zentralbanken. Nachdem 1999 die Währungshoheit auf die Europäische Zentralbank überging, haben sich ihre Aufgabenbereiche wesentlich verkleinert.

Zu 15) B. einen ausgeglichenen Staatshaushalt.

Die umgangssprachliche „schwarze Null" steht für einen ausgeglichenen öffentlichen Haushalt: Der Staat kann sämtliche Ausgaben durch seine Einnahmen decken, ohne sich weiter zu verschulden. Über das haushaltspolitische Ziel der „schwarzen Null" gibt es häufig engagierte Debatten – denn um es zu erreichen, sind meist Sparmaßnahmen nötig.

Zu 16) D. Einhaltung der EU-Handelsrichtlinien

Das Logo mit den Buchstaben „CE" für „Communauté Européenne" („Europäische Gemeinschaft") ist ein EU-Verwaltungszeichen. Damit kennzeichnen Produzenten ihre Waren, um die Einhaltung der EU-Handelsstandards zu versichern, etwa zum Gesundheits- und Umweltschutz. Bevor die Produkte in den Verkauf gehen, müssen sie vom Hersteller und ggf. von einer privaten, von der EU überwachten Prüfstelle untersucht werden.

Zu 17) A. über dem angemessenen Wert gehandelt werden.

Eine Spekulationsblase entsteht, wenn Güter in großer Menge über ihrem angemessenen Wert gehandelt werden. Die Preise bilden dann kein realistisches Verhältnis von Angebot und Nachfrage ab, sondern drücken die übertriebene Erwartung weiterer Preissteigerungen aus. Dass ein Preis unangemessen oder eine Erwartung übertrieben war, erkennt man jedoch meist erst, wenn es zu spät ist – wenn die Blase platzt, die Nachfrage schlagartig sinkt und die Preise abrupt in den Keller fallen.

Zu 18) D. Forderungen, die in einer Fremdwährung bestehen

Devisen sind Forderungen, die in einer Fremdwährung bestehen. Dazu zählen beispielsweise ausländische Konten, Wertpapiere und Banknoten.

Zu 19) B. Rechtlich selbstständige Gemeinschaftsunternehmen

Ein „Joint Venture" bezeichnet die Zusammenarbeit verschiedener Gesellschaften. Hierzu wird eine rechtlich selbstständige Gesellschaft gegründet, an der die Gründungsgesellschaften beteiligt sind und in diese außer ihrem Kapital auch ihr Know-how und andere wirtschaftlich relevante Ressourcen einbringen. Die wesentlichen Aspekte eines *Joint Ventures* sind Autonomie und Kooperation.

Zu 20) B. Festlegung des Goldpreises

Die Hauptaufgaben der Europäischen Zentralbank bestehen darin, die Geldpolitik festzulegen und umzusetzen, Devisengeschäfte zu tätigen, die offiziellen Währungsreserven der Mitgliedsstaaten zu verwalten und die Volkswirtschaft mit Geld zu versorgen, um einen reibungslosen Zahlungsverkehr zu gewährleisten. Der Goldpreis bildet sich im Zusammenspiel von Angebot und Nachfrage.

Geografie (Aufgaben 21–30)

Zu 21) C. Schleswig-Holstein

Das mit der Zahl 1 gekennzeichnete Bundesland heißt Schleswig-Holstein. Es ist das nördlichste deutsche Bundesland und wird auch als „Land zwischen den Meeren" bezeichnet, da es sowohl an die Nord- als auch an die Ostsee grenzt. Schleswig-Holstein hat rund 2,9 Millionen Einwohner. Die Landeshauptstadt ist Kiel.

Zu 22) B. Niedersachsen

Niedersachsen, das mit der Zahl 2 gekennzeichnete Bundesland, ist der nach Bayern zweitgrößte deutsche Flächenstaat mit einer Einwohnerzahl von rund acht Millionen. Die Stadtstaaten Bremen und Hamburg wirken wirtschaftlich, kulturell und sozial weit ins niedersächsische Territorium hinein. Die Hauptstadt des Bundeslandes ist Hannover.

Zu 23) A. Sachsen-Anhalt

Die Zahl 3 kennzeichnet das Bundesland Sachsen-Anhalt, das rund 2,2 Millionen Einwohner aufweist. Es besitzt zahlreiche UNESCO-Weltkulturerbestätten, darunter die Lutherstädte Wittenberg und Eisleben, und umfasst den Großteil des Mittelgebirges Harz. Die Hauptstadt ist Magdeburg.

Zu 24) C. Nordrhein-Westfalen

Das Bundesland mit der Zahl 4 heißt Nordrhein-Westfalen. Es liegt im Westen Deutschlands, ist eines der wirtschaftlichen Zentren und mit gut 18 Millionen Einwohnern – viele davon in der Großstadtregion Rhein-Ruhr – das bevölkerungsreichste deutsche Bundesland. Die Landeshauptstadt ist Düsseldorf.

Zu 25) C. Hessen

Die Zahl 5 kennzeichnet das Bundesland Hessen. Das Land zählt – besonders in seinen südlichen Gebieten, darunter auch der Ballungsraum Rhein-Main – zu den am dichtesten besiedelten Regionen Deutschlands und beheimatet rund 6,3 Millionen Einwohner. Die Hauptstadt ist Wiesbaden.

Zu 26) B. Rheinland-Pfalz

Das Bundesland mit der Zahl 6 heißt Rheinland-Pfalz. Es zählt gut vier Millionen Einwohner, ist reich an Kulturdenkmälern wie Schlössern, Burgen und Kirchen und bekannt für seine Weinanbaugebiete. Die Landeshauptstadt ist Mainz.

Zu 27) D. Baden-Württemberg

Das Bundesland mit der Zahl 7 heißt Baden-Württemberg. Sowohl nach Einwohnerzahl (11,1 Mio.) als auch nach Fläche ist es das drittgrößte deutsche Bundesland. Baden-Württemberg grenzt im Süden an die Schweiz, im Westen an Frankreich, im Osten an Bayern, im Norden an Rheinland-Pfalz und Hessen. Die Landeshauptstadt ist Stuttgart.

Zu 28) A. Bayern

Der Freistaat Bayern, das mit der Zahl 8 gekennzeichnete Bundesland, zählt rund 13,1 Millionen Einwohner und ist der größte deutsche Flächenstaat mit der Hauptstadt München. Bekannt ist er unter anderem für seine Ferienziele wie die Bayerischen Alpen und das Alpenvorland mit den oberbayerischen Seen.

Zu 29) D. Thüringen

Das Bundesland mit der Zahl 9 heißt Thüringen. Je nach Berechnungsgrundlage variieren die Ergebnisse, doch meist wird im Nordwesten des zentral gelegenen Binnenlandes der geografische Mittelpunkt Deutschlands angenommen. Die Einwohnerzahl liegt bei rund 2,1 Millionen, Hauptstadt und zugleich größte Stadt des Landes ist Erfurt.

Zu 30) B. Sachsen

Die Zahl 10 trägt das Bundesland Sachsen. Es liegt im Osten Deutschlands, wird geprägt von den Metropolen Leipzig, Chemnitz sowie der Landeshauptstadt Dresden und hat rund 4,1 Millionen Einwohner. Landschaftlich reizvoll sind das Erzgebirge, das Elbsandsteingebirge und der Elbverlauf.

Geschichte und Kultur (Aufgaben 31–40)

Zu 31) B. Asien

Asien (rund 4,5 Mrd. Einwohner) ist richtig – immerhin befinden sich hier mit China (1,4 Mrd.) und Indien (1,3 Mrd.) die bevölkerungsreichsten Länder der Erde. Auf Rang 2 liegt Afrika mit über 1,2 Milliarden Menschen, gefolgt von Europa (740 Mio.), Nordamerika (580 Mio.), Südamerika (420 Mio.) und zu guter Letzt Australien/Ozeanien (40 Mio.).

Zu 32) C. William Shakespeare

William Shakespeare (ca. 1564–1616) war ein bedeutender englischer Dichter und Dramatiker. Er schuf eine Vielzahl von lyrischen Werken, Historiendramen, Komödien und Tragödien, darunter „Romeo und Julia", „Julius Cäsar", „Hamlet", „Macbeth", „Ein Sommernachtstraum", „Was ihr wollt" und „Richard II". Die 1597 veröffentlichte Tragödie „Romeo und Julia" erzählt von zwei jungen Liebenden, die verfeindeten Familien angehören. Das Stück, das mit dem gemeinsamen Selbstmord Romeos und Julias endet, ist eine der berühmtesten Liebesgeschichten der Weltliteratur.

Zu 33) C. 1939–1945

Auslöser des Zweiten Weltkriegs war der Angriff des Deutschen Reiches auf Polen am 1. September 1939 ohne vorherige Kriegserklärung. Großbritannien und Frankreich antworteten mit Kriegserklärungen an das Deutsche Reich. Der Zweite Weltkrieg forderte 55 bis 60 Millionen Menschenleben und endete mit den vollständigen Kapitulationen Deutschlands (8. Mai 1945) und Japans (2. September 1945).

Zu 34) C. britische Sträflingskolonie.

Tatsächlich entdeckten die Holländer den Inselkontinent Anfang des 17.

Jahrhunderts zuerst; sie erkannten darin aber keinen besonderen Nutzen. James Cook nahm Australien 1770 für die englische Krone in Besitz, die das Gebiet kurz darauf zur Sträflingskolonie erklärte. Bis zur Mitte des 19. Jahrhunderts wurden rund 160.000 britische Sträflinge nach Australien verbannt.

Zu 35) D. Mustafa Kemal Atatürk

Die Türkei ging nach dem Ersten Weltkrieg aus dem Osmanischen Reich hervor. Der Staatsgründer Mustafa Kemal Atatürk wollte die Türkei durch zahlreiche gesellschaftliche Reformen nach dem Vorbild europäischer Nationalstaaten modernisieren. Zunächst wurde im Jahre 1922 das Sultanat, 1924 dann das Kalifat beseitigt. Im Folgenden schaffte die Türkei die Scharia ab und verbot in einer umfassenden Kleiderreform den Fez – eine männliche Kopfbedeckung – und den Schleier für die Frau. Zudem wurde die Gemeinschaftserziehung von Jungen und Mädchen eingeführt.

Zu 36) A. Leonardo da Vinci

Die weltberühmte „Mona Lisa" wurde von Leonardo da Vinci (1452–1519) auf dünnes Pappelholz gemalt und entstand wahrscheinlich von 1503 bis 1505. Da Vinci – Maler, Bildhauer, Architekt, Musiker, Anatom, Mechaniker, Ingenieur, Naturphilosoph und Erfinder – gilt als der Universalmensch der Renaissance. Er schuf Gemälde, Skulpturen und andere Kunstgegenstände und entwarf visionäre Gebäude und Maschinen – viele Projekte konnte er jedoch nie realisieren.

Zu 37) A. 1789

Am 26. August 1789 verkündete die französische Nationalversammlung die Erklärung der Menschen- und Bürgerrechte. Die erste Menschenrechtserklärung in Europa formuliert „natürliche und unveräußerliche" Rechte wie Freiheit, Eigentum, Sicherheit oder Widerstand gegen Unterdrückung. Inbegriffen ist auch die staatliche Gewaltenteilung.

Zu 38) C. 3. Oktober 1990

Am 3. Oktober 1990 trat die DDR dem Geltungsbereich des Grundgesetzes der Bundesrepublik Deutschland bei. Wie im Einigungsvertrag festgelegt wurde, gilt der 3. Oktober („Tag der Deutschen Einheit") seitdem als offizieller Nationalfeiertag.

Zu 39) C. konstitutionelle Monarchien.

Die konstitutionelle Monarchie ist eine Staats- und Regierungsform, in der die Macht eines Monarchen durch eine Verfassung beschränkt und reguliert wird. Weltweit sind gut ein Dutzend Staaten konstitutionell-monarchisch verfasst – darunter Großbritannien, Schweden, Spanien und Japan. Japan ist kein Mitglied der NATO, und nur Großbritannien hat einen ständigen Sitz im UN-Sicherheitsrat inne.

Zu 40) B. Johann Sebastian Bach

Johann Sebastian Bach (1685–1750) wurde zu Lebzeiten vor allem als Orgel- und Klaviervirtuose geschätzt. Seine Kompositionen erlangten erst nach seinem Tod Berühmtheit, heute gelten sie als wegweisend für den Verlauf der Musikgeschichte. „Das Wohltemperierte Klavier" ist eine Sammlung von Stücken in allen Dur- und Moll-Tonlagen. Die neuartige „wohltemperierte" Stimmung erlaubte es, auf demselben Klavier Stücke verschiedener Tonarten zu spielen, für die bislang üblicherweise jeweils ein eigenes Instrument genutzt wurde. Weitere bekannte Bach-Werke sind die „Matthäus-Passion", die „Johannes-Passion", die „h-Moll-Messe", das „Weihnachtsoratorium", „Die Kunst der Fuge", die „Brandenburgischen Konzerte" und die Orchestersuiten.

Persönlichkeiten, Erfindungen, Entdeckungen (Aufgaben 41–50)

Zu 41) A. Buchdruck mit beweglichen Lettern

Johannes Gensfleisch (um 1400–1468), genannt Gutenberg, entwickelte den Buchdruck mit beweglichen Metall-Lettern. Sicher ist, dass er diese Technik in Europa als erster in einem funktionierenden Gesamtsystem umsetzen konnte. Ob ihm dieser Verdienst auch auf globaler Ebene gebührt, ist jedoch fraglich, da entsprechende koreanische Drucke bereits auf das 14. Jh. datiert werden.

Zu 42) D. die weltweit erste Fließbandfertigung eingeführt.

Zur Herstellung des Modells T wurde in Henry Fords Automobilwerken weltweit zum ersten Mal die Fließbandproduktion eingesetzt: Dabei zerlegt man den Produktionsprozess in einzelne Arbeitsschritte, und die Maschinen und Arbeitsplätze werden entsprechend ihrer Einsatzreihenfolge angeordnet. Ziel ist eine effiziente, schnelle Fertigung ohne Unterbrechungen und Zwischentransporte.

Zu 43) B. 1492

Am 12. Oktober 1492 erreichten die Schiffe des Christoph Kolumbus Amerika. Kolumbus ging zuerst auf einer Insel der Bahamas an Land, die er „San Salvador“ taufte. Wie heute bekannt ist, wurde der amerikanische Kontinent schon rund 500 Jahre vor Kolumbus von Leif Eriksson oder anderen Isländern entdeckt. Dennoch gilt Kolumbus bis heute als Entdecker Amerikas, da erst seine Reisen zur dauerhaften Kolonisierung und Besiedlung durch Menschen anderer Kontinente führten. Da dies mit einer zum Teil äußerst gewaltsamen Verdrängung der Ureinwohner einherging, wird die historische Rolle des Kolumbus bis heute kontrovers diskutiert.

Zu 44) D. Charles Robert Darwin

Charles Robert Darwin (1809–1882) gilt wegen seiner Beiträge zur Evolutionstheorie als einer der bedeutendsten Naturwissenschaftler. Inspiriert von den Erkenntnissen einer Forschungsreise auf dem Vermessungsschiff „Beagle“ entwarf er 1838 die Theorie der Anpassung an den Lebensraum durch Variation und natürliche Selektion: So erklärte er die evolutionäre Entwicklung aller Organismen und ihre Aufspaltung in verschiedene Arten. In seinem 1859 veröffentlichten Hauptwerk „Die Entstehung der Arten“ präsentierte er seine Theorie zum ersten Mal einer breiteren Öffentlichkeit. Seine streng naturwissenschaftliche Erklärung der Artenvielfalt bildet die Grundlage der modernen Evolutionstheorie und markiert den entscheidenden Wendepunkt in der Geschichte der modernen Biologie.

Zu 45) B. Sputnik

„Sputnik 1“ war der erste künstliche Erdsatellit. Mit seinem Start in die Erdumlaufbahn begann am 4. Oktober 1957 die Ära der Weltraumfahrt und der Wettlauf ins All zwischen den USA und der UdSSR.

Zu 46) B. Albert Einstein

Die Relativitätstheorie umfasst zwei von Albert Einstein geschaffene physikalische Theorien, die sich mit der Struktur von Raum und Zeit befassen. Die spezielle Relativitätstheorie beschreibt das Verhalten von Raum und Zeit aus der Sicht von Beobachtern, die sich relativ zueinander bewegen, und die damit verbundenen Phänomene. Darauf aufbauend führt die allgemeine Relativitätstheorie die Gravitation auf eine Krümmung von Raum und Zeit zurück, verursacht unter anderem durch die beteiligten Massen.

Zu 47) B. Sigmund Freud

Der Begriff des Unbewussten wurde maßgeblich geprägt vom österreichischen Neurologen Sigmund Freud (1856–1939), dem Begründer der Psychoanalyse. Die Entdeckung der Macht des Unbewussten bezeichnete er als „dritte narzisstische Kränkung der Menschheit": Das bewusste Ich müsse erkennen, das Unbewusste nicht kontrollieren zu können, welches jedoch das menschliche Denken und Handeln maßgeblich beeinflusse. Die anderen beiden Kränkungen sah Freud in den Entdeckungen Kopernikus' und Darwins, dass der Mensch nicht im Mittelpunkt des Universums steht und evolutionär aus dem Tierreich hervorging.

Zu 48) B. Nicolas August Otto.

Hubkolbenmotoren mit Fremdzündung nennt man seit Mitte des 19. Jahrhunderts offiziell „Ottomotor". Namensgeber ist Nicolaus August Otto (1832–1891), einer der Entwickler des Viertaktverfahrens. Otto Lilienthal (1848–1896) war ein deutscher Luftfahrtpionier und konstruierte das erste funktionsfähige Gleitflugzeug, Otto von Bismarck (1815–1898) war ein bedeutender deutscher Politiker und der berühmte Automobilpionier hieß Carl Friedrich Benz (1844–1929).

Zu 49) D. Ein Künstler, Forscher und Erfinder zur Zeit der Renaissance

Leonardo da Vinci (1452–1519) war Maler, Bildhauer, Architekt, Musiker, Anatom, Mechaniker, Ingenieur, Naturphilosoph und Erfinder in Personalunion. Er gilt als der Universalmensch der Renaissance. Sein Werk umfasst Gemälde (z. B. die „Mona Lisa"), Skulpturen und andere Kunstgegenstände, daneben entwarf er visionäre Gebäude und Maschinen. Viele Projekte konnte er nie realisieren.

Zu 50) B. Draisine.

Das Foto zeigt die Laufmaschine des deutschen Erfinders Karl Freiherr von Drais (1785–1851), von der zeitgenössischen Presse „Draisine" getauft. Drais konstruierte das Gerät um 1817 in Mannheim – durchsetzen konnte es sich allerdings nie wirklich: Auf dem Gehweg zu fahren war vielerorts verboten, und auf die zerfurchten und verdreckten Straßen wollte damals niemand ausweichen.

Mathematik (Aufgaben 51–60)

Zu 51) D. 75 %

Prozentangaben drücken Mengenverhältnisse aus und erfüllen die gleiche Funktion wie die Formulierungen „zur Hälfte" oder „ein Viertel". Dabei ist „zur Hälfte" gleich „50 %", „ein Viertel" gleich „25 %" und „drei Viertel" gleich „75 %".

Zu 52) C. IV

Das Zahlensystem des antiken Römischen Reichs kennt die Zahlzeichen I (1), V (5), X (10), L (50), C (100) und M (1.000). Durch ihre addierende Aneinanderreihung kann man beliebige Zahlen bilden (z. B. MMI = 2.001). Im vorliegenden Fall ist allerdings die Subtraktionsregel anzuwenden: eine verkürzende Schreibweise, die verhindert, dass vier gleiche Zahlzeichen direkt aufeinanderfolgen. Indem man also dem nächsthöheren Zahlzeichen V (5) eine I (1) voranstellt, ergibt sich V – I = IV (5 – 1 = 4). Für die Null gibt es übrigens kein Zeichen.

Zu 53) B. Produkt.

Das Ergebnis einer Multiplikation heißt Produkt, das Ergebnis einer Addition Summe, das Ergebnis einer Division Quotient. Als „Terme" bezeichnet man alle möglichen mathematischen Ausdrücke.

Zu 54) D. Indem man sie auf den gleichen Nenner bringt, diesen beibehält und die Zähler addiert

Man kann Brüche nur addieren, wenn sie den gleichen Nenner haben. Bei ungleichem Nenner ist einer der Brüche so zu erweitern oder zu kürzen, dass ein gemeinsamer Nenner entsteht. Bei gleichem gemeinsamem Nenner besteht die Addition dann darin, die Zähler zu addieren und den Nenner beizubehalten.

Zu 55) C. $(a + b) \times (a - b) = a^2 - b^2$

Die dritte Binomische Formel lautet $(a + b) \times (a - b) = a^2 - b^2$.

Zu 56) D. $a^2 + b^2 = c^2$

Der Satz des Pythagoras ist ein Grundsatz der Geometrie. Demnach gilt: In einem rechtwinkligen Dreieck entspricht die Summe der Kathetenquadrate ($a^2 + b^2$) dem Quadrat der Hypotenuse c, die dem rechten Winkel gegenüberliegt.

Zu 57) D. Eiswaffel

In der Geometrie sind Kegel – im engeren Sinne Kreiskegel – Körper mit einer kreisförmigen Grundfläche und einer Spitze, die sich auf einer (gedachten) senkrechten Linie zur Grundfläche befindet. Der einzige hier aufgeführte Gegenstand, der diese Bedingungen erfüllt, ist die Eiswaffel. Eine Konservendose mit parallelen, kreisförmigen Grund- und Deckflächen ist ein Zylinder, eine Bowlingkugel ist eine Kugel, und eine Pyramide – mit mehreckiger Grundfläche und Spitze – nennt man auch in der Geometrie schlicht „Pyramide".

Zu 58) B. Abstraktivgesetz

Das Assoziativgesetz besagt, dass in einem Summen- oder Produktterm die einzelnen Faktoren bzw. Summanden beliebig in Klammern gefasst werden können. Es gilt:

$(a + b) + c = a + (b + c)$

$(a \times b) \times c = a \times (b \times c)$

Laut dem Distributivgesetz kann eine Summe mit einem Faktor multipliziert werden, indem man jeden Summanden einzeln mit dem Faktor multipliziert und die Produkte addiert:

$(a + b) \times c = a \times c + b \times c$

Nach dem Kommutativgesetz kann man die Elemente eines Summen- oder Produktterms vertauschen, ohne das Ergebnis zu ändern:

$a + b = b + a$

$a \times b = b \times a$

Zu 59) C. Quadratische Gleichungen lösen

Mithilfe der p-q-Formel kann man quadratische Gleichungen lösen, die in der Normalform einer quadratischen Gleichung vorliegen ($x^2 + px + q = 0$).

Zu 60) B. mit sich selbst multipliziert wird.

Ein Exponent (auch „Hochzahl") ist Bestandteil einer Potenz, die wiederum eine wiederholte Multiplikation darstellt. In der Potenz 2^3 ist 3 der Exponent zur Basis 2, man rechnet: $2^3 = 2 \times 2 \times 2 = 8$.

Naturwissenschaften und IT (Aufgaben 61–70)

Zu 61) C. Die Zustellgeschwindigkeit ist unwesentlich langsamer als auf dem Postweg.

Die E-Mail ist eine auf elektronischem Weg in Computernetzwerken übertragene, briefartige Nachricht. Die Zustellgeschwindigkeit ist wesentlich höher als auf dem Postweg, da E-Mails quasi direkt nach dem Versand beim Empfänger ankommen. Der E-Mail-Verkehr ist noch vor dem World Wide Web der meistgenutzte Dienst des Internets, wobei mittlerweile schätzungsweise über 90 % des weltweiten E-Mail-Aufkommens auf Spam zurückzuführen ist.

Zu 62) D. Erdöl

Benzin ist ein komplexes Gemisch aus über 100 verschiedenen, vorwiegend leichten Kohlenwasserstoffen. Es wird hauptsächlich als Kraftstoff für Verbrennungsmotoren genutzt und zum Großteil in der Erdölraffination gewonnen. Außerdem kann Benzin auch durch die chemische Verflüssigung von Kohle hergestellt werden; dieses Verfahren ist allerdings sehr kostenintensiv und wird entsprechend selten angewendet.

Zu 63) B. aus Licht Strom.

Photovoltaik ist das Prinzip, Lichtenergie mittels Solarzellen in elektrische Energie umzuwandeln. Den zugrundeliegenden photoelektrischen Effekt entdeckte 1839 der französische Physiker Alexandre Becquerel. Zusammen mit der Windkraft zählt die Photovoltaik heute zu den Stützen der Energiewende weg von fossilen Brennstoffen hin zu erneuerbaren Ressourcen.

Zu 64) A. Kleine Computerprogramme, die sich an andere Programme hängen

Ein Virus ist im IT-Bereich ein sich selbst verbreitendes, meist schädliches Computerprogramm, das sich ungewollt in Computer einschleust und reproduziert. Das Computervirus nutzt wie sein biologisches Vorbild die Ressourcen seines Wirtes und schadet ihm dabei häufig. Der Schaden für das Wirtssystem oder dessen Programme kann von harmlosen Störungen bis hin zum Datenverlust reichen. Es kann zu nicht kontrollierbaren Veränderungen am Status der Hardware, am Betriebssystem oder an der Software kommen. Umgangssprachlich wird die Bezeichnung „Computervirus" auch für Computerwürmer und Trojanische Pferde genutzt, zwischen denen der Übergang heute fließend und für Anwender oft nicht zu erkennen ist.

Zu 65) B. Objekte auf grafischen Benutzeroberflächen einfach verschieben.

Drag & Drop (engl. für „ziehen und fallenlassen") steht für eine Methode, auf grafischen Benutzeroberflächen Objekte mit der Maus zu bewegen. Auf diese Weise lassen sich z. B. Dateien leicht von einem Ordner in einen anderen kopieren oder Textpassagen innerhalb von Dokumenten verschieben.

Zu 66) B. Oxidation

Wenn Eisen rostet, leidet es unter dem chemischen Prozess der Oxidation. Dazu kann es kommen, wenn das Eisen mit einer Säure in Kontakt kommt; es genügen aber schon Sauerstoff und Wasser, die das Metall angreifen und es instabil machen. Jährlich werden durch die Korrosion an Eisen- oder Stahlkonstruktionen weltweit Schäden in Milliardenhöhe verursacht.

Zu 67) B. Abwehr von Krankheitserregern

Weiße Blutkörperchen (Leukozyten) sind Teil der Immunabwehr und finden sich im Blut, im Rücken- und Knochenmark und in anderen Gewebeteilen. Ihre Hauptaufgabe liegt in der Abwehr von Krankheitserregern.

Zu 68) D. Chlorophyll

Ihre grüne Farbe verdanken viele Pflanzen dem natürlichen Farbstoff Chlorophyll, auch „Blattgrün" genannt. Chlorophyll wird von Organismen durch Fotosynthese gebildet.

Zu 69) B. 300.000 km/s

Die Lichtgeschwindigkeit, abgekürzt „c", wird in der Relativitätstheorie als höchstmögliche Geschwindigkeit überhaupt angenommen. Im Vakuum beträgt sie 299.792.458 Meter pro Sekunde, also rund 300.000 Kilometer pro Sekunde. Heutzutage lässt sich die Geschwindigkeit des Lichts mit technischen Geräten genau ermitteln: zum Beispiel, indem man die Laufzeit eines Laserstrahls über eine definierte Distanz misst.

Zu 70) D. Schall ist bei kaltem Wetter schneller als bei warmem.

Dass Schall in Dezibel gemessen wird und physikalisch als Schwingungsfolge verstanden werden kann, stimmt. Auch ist der Schall um einiges langsamer als das Licht, das sich mit etwa 300.000 Kilometern pro Sekunde ausbreitet. Mit abnehmender Temperatur wird der Schall jedoch nicht etwa schneller – es ist genau umgekehrt: Er pflanzt sich in wärmerer Luft rascher fort. Bei –25 °C beispielsweise erreicht er eine Geschwindigkeit von rund 316 Metern pro Sekunde, bei +35 °C sind es über 350 Meter pro Sekunde.

Abkürzungen (Aufgaben 71–80)

Zu 71) B. Mehrwertsteuer

Hinter dem Kürzel „MwSt." verbirgt sich die Mehrwert- oder auch Umsatzsteuer, die für den Austausch von Waren und Dienstleistungen zu entrichten ist. Die Mehrwertsteuer zählt zu den einträglichsten Einkommensquellen des deutschen Fiskus.

Zu 72) A. Europäische Union

Das Kürzel „EU" steht für die Europäische Union, einen Zusammenschluss von 27 europäischen Staaten (Stand

2026). Die EU fußt auf einer gemeinsam koordinierten Agrar-, Wirtschafts-, Bildungs- und Sozialpolitik sowie gemeinsamem Verbraucherschutz, beinhaltet eine gemeinsame Außen- und Sicherheitspolitik und entwickelt die polizeiliche und justizielle Zusammenarbeit ihrer Mitgliedsländer.

Zu 73) D. Industrie- und Handelskammer

Die Industrie- und Handelskammern (IHKs) sind Interessensgemeinschaften der deutschen Wirtschaft. Sie vertreten ihre Mitgliedsunternehmen gegenüber dem Staat und in der Öffentlichkeit. Bundesweit gibt es 79 regionale Kammern; ihre Dachorganisation ist der Deutsche Industrie- und Handelskammertag (DIHK). Alle Unternehmen sind zur Mitgliedschaft in der zuständigen regionalen IHK verpflichtet, ausgenommen reine Handwerksbetriebe, Landwirtschaften und Freiberufler.

Zu 74) A. Straßenverkehrs-Ordnung.

„StVO" steht für die deutsche Straßenverkehrs-Ordnung, die den Verkehr auf Straßen, Wegen und Plätzen regelt. Sie definiert u. a. erlaubte Geschwindigkeiten, Halte- und Parkverbote, Vorfahrten, Abbiege- und Überholvorgänge – und Bußgelder bei Verstößen.

Zu 75) B. ADAC

Der Allgemeine Deutsche Automobil-Club, gegründet 1903 als „Deutsche Motorradfahrer-Vereinigung", ist der größte Verkehrsclub Europas. Seinen über 20 Millionen Mitgliedern bietet er einen Pannenhilfe-Service, Fahrsicherheitstrainings und weitere Dienstleistungen. Außerdem verkauft der ADAC Straßenkarten und betreibt die größte deutsche Flotte an Rettungshubschraubern.

Zu 76) B. Technischer Überwachungs-Verein

Ein Technischer Überwachungs-Verein (TÜV) führt technische Kontrollen durch, um die Sicherheit u. a. von Kraftfahrzeugen und Maschinen zu prüfen. TÜVs sind privatwirtschaftliche Gesellschaften, die der Staat mit hoheitlichen Aufgaben betraut, beispielsweise der Hauptuntersuchung für Kraftfahrzeuge. Den Namen „TÜV" tragen in Deutschland mehrere eigenständige, konkurrierende Unternehmen: die Holdings TÜV Süd, TÜV Nord und TÜV Rheinland sowie die konzernunabhängigen TÜV Thüringen und TÜV Saarland.

Zu 77) C. Bayerische Motoren Werke

Die BMW AG, Bayerische Motoren Werke Aktiengesellschaft, entstand

1916 in München aus den Bayerischen Flugzeugwerken. Der Automobil- und Motorradhersteller besitzt auch die Marken „Mini" und „Rolls-Royce". Mit international rund 130.000 Mitarbeitern gehört der Konzern zu den größten Autobauern der Welt.

Zu 78) A. Deutsches Institut für Normung

Die Abkürzung DIN bedeutete früher „Deutsche Industrie-Norm", seit 1975 steht sie für das Deutsche Institut für Normung e. V.: eine Einrichtung, die verbindliche Standards für Güter und Arbeitsabläufe in Industrie, Handel, Handwerk und Wissenschaft erarbeitet – die sogenannten DIN-Normen. Die Bandbreite dieser Vorgaben reicht vom DIN-Papierformat über Gestaltungsregeln in der Textverarbeitung bis hin zu Qualitätsrichtlinien für Schrauben und Muttern in der Raumfahrt.

Zu 79) C. Gesellschaft mit beschränkter Haftung

Eine Gesellschaft mit beschränkter Haftung (GmbH) wird von juristischen oder natürlichen Personen durch einen notariell beurkundeten Gesellschaftsvertrag gegründet. Die Kapitaleinlagen der Gesellschafter bilden das Stammkapital der Gesellschaft, die eine eigene Rechtspersönlichkeit darstellt. Für die Verbindlichkeiten der Gesellschaft haften die Gesellschafter nur mit der geleisteten Kapitaleinlage, nicht mit ihrem Privatvermögen.

Zu 80) C. Central Processing Unit

„CPU" steht für „Central Processing Unit" („zentrale Verarbeitungseinheit"): Gemeint ist der Hauptprozessor des Computers, der den gesamten Rechner steuert und Berechnungen bzw. Programme ausführt. Der Prozessor befindet sich in einem Sockel oder, direkt auf die Leiterplatte gelötet, auf dem Motherboard.

Definitionen (Aufgaben 81–90)

Zu 81) Fieber

Zu 82) Brille

Zu 83) Schleuse

Zu 84) Börse

Zu 85) Onkel

Zu 86) Ernte

Zu 87) Dschungel

Zu 88) Sirene

Zu 89) Komma

Zu 90) Zunge

Fachbezogenes Wissen

Kraftfahrzeuge

Bearbeitungszeit 12½ Minuten

Beantworten Sie bitte die folgenden Aufgaben, indem Sie jeweils den richtigen Lösungsbuchstaben markieren.

1) Was macht ein Fahrzeug zum Nutzfahrzeug?

A. Hohes Gewicht (über 18,5 Tonnen)
B. Mehr als 2 lenkbare Achsen
C. TÜV-Gutachten
D. Bauliche Bestimmung zum gewerblichen Transport
E. Keine Antwort ist richtig.

2) Welches Maß beziffert unter anderem den Luftwiderstand von Kraftfahrzeugen?

A. c_W-Wert
B. kW-Kennzahl
C. BA-Amplitude
D. h_a-Koeffizient
E. Keine Antwort ist richtig.

3) Was regelt die Euro-6-Norm?

A. Den Kraftstoffverbrauch eines Autos
B. Den Schadstoffausstoß eines Autos
C. Die Lärmemission eines Autos
D. Die Wiederverwertbarkeit eines Autos
E. Keine Antwort ist richtig.

4) Der Fuhrpark eines Bauunternehmens verfügt über einen Absetzkipper 4×2. Worüber gibt die Zahlenkombination Auskunft?

A. Anzahl der (angetriebenen) Räder
B. Fahrzeughöhe und -breite
C. Höchstgeschwindigkeit
D. Verfügbare Gänge
E. Keine Antwort ist richtig.

5) Zugmaschine mit Auflieger – um welches Gespann handelt es sich?

A. Kleintransporter
B. Lastzug
C. Omnibus
D. Sattelzug
E. Keine Antwort ist richtig.

6) Welches Bauteil verbindet einen Anhänger mit der Anhängerkupplung des Zugfahrzeugs?

A. Der Koppler
B. Der Puffer
C. Die Deichsel
D. Die Öse
E. Keine Antwort ist richtig.

7) Welche Funktion hat die Kupplung eines Kraftwagens?

A. Die Kupplung sorgt dafür, dass der Motor schnell gestartet werden kann.
B. Die Kupplung sorgt dafür, dass das Kraftfahrzeug Höchstleistungen erbringen kann.
C. Die Kupplung kontrolliert den Kraftfluss zwischen Motor und Getriebe.
D. Die Kupplung schützt den Motor vor Überlastungen.
E. Keine Antwort ist richtig.

8) Womit betätigt man die Kupplung eines Motorrads?

A. Mit der linken Hand
B. Mit der rechten Hand
C. Mit dem linken Fuß
D. Mit dem rechten Fuß
E. Keine Antwort ist richtig.

9) Im Gegensatz zum Motorrad verfügen Motorroller wesentlich öfter über …?

A. einen Frontantrieb.
B. einen Beifahrersitz.
C. einen Außenspiegel.
D. eine Karosserie.
E. Keine Antwort ist richtig.

10) Wie viele Zündkerzen hat ein Dieselmotor?

A. Keine
B. Eine
C. Für jeden Zylinder eine
D. Unterschiedlich viele, je nach Hubraum
E. Keine Antwort ist richtig.

11) In welcher Maßeinheit wird der Reifendruck gemessen?

A. K
B. PS
C. Nm
D. bar
E. Keine Antwort ist richtig.

12) Wie alt muss ein Kraftfahrzeug mindestens sein, damit es hierzulande als Oldtimer gelten kann?

A. 25 Jahre
B. 30 Jahre
C. 35 Jahre
D. 40 Jahre
E. Keine Antwort ist richtig.

13) Welchen Vorteil haben Allradfahrzeuge gegenüber reinen Front- oder Hecktrieblern?

A. Höhere Fahrstabilität und niedrigeres Gewicht
B. Geringerer Verbrauch und niedrigeres Gewicht
C. Kürzere Bremswege und mehr Traktion
D. Mehr Traktion und eine höhere Fahrstabilität
E. Keine Antwort ist richtig.

14) Wo befinden sich die in vielen Lkws eingebauten Unterflurmotoren?

A. Direkt unterhalb der Fahrerkabine
B. Tief liegend zwischen Vorder- und Hinterachse
C. Flach oberhalb der Hinterachse
D. Vor der Fahrerkabine
E. Keine Antwort ist richtig.

15) Zum Schutz der Fahrzeugpassagiere wurden im Lauf der Jahrzehnte diverse Sicherheitseinrichtungen entwickelt. Welche Neuerung gelangte nicht im angegebenen Zeitraum zur Marktreife?

A. Der Airbag in den 70er-Jahren
B. Das ABS Ende der 60er-Jahre
C. Der 3-Punkt-Sicherheitsgurt Ende der 40er-Jahre
D. Das ESP in den 90er-Jahren
E. Keine Antwort ist richtig.

16) Definitionsgemäß ist eine Limousine …?

A. ein Fahrzeug der Oberklasse mit einem Neupreis über 60.000 Euro.
B. ein Fahrzeug mit hohem Verbrauch, das in eine hohe Steuerklasse fällt.
C. ein viertüriges Fahrzeug mit langem Achsabstand.
D. ein geschlossenes Fahrzeug mit festem Dach und drei Fahrzeugsäulen.
E. Keine Antwort ist richtig.

17) Welche Aufgabe hat das Getriebe in einem Kraftfahrzeug?

A. Es überträgt Energie zwischen Motor und Kupplung.
B. Es reguliert die Kraftübertragung an die Antriebswelle.
C. Es regelt die Brennstoffzufuhr.
D. Es reguliert die Motorleistung.
E. Keine Antwort ist richtig.

18) Wie nennt man die gesetzliche Maßeinheit, in der Auspuffgeräusche gemessen werden?

A. bar (Bar)
B. PS (Pferdestärke)
C. W (Watt)
D. dB (Dezibel)
E. Keine Antwort ist richtig.

19) Was könnte der Grund dafür sein, dass die Reifenschultern eines Pkws stark abgefahren sind?

A. Zu hoher Luftdruck in den Reifen
B. Zu niedriger Luftdruck in den Reifen
C. Stark abgenutzte Stoßdämpfer
D. Ein leichtes Springen des Rades
E. Keine Antwort ist richtig.

20) Welche Aussage zum Rückschlagventil einer elektrischen Kraftstoffpumpe ist richtig?

A. Das Rückschlagventil verhindert, dass bei abgeschaltetem Motor Kraftstoff in den Tank zurückfließt.
B. Das Rückschlagventil sorgt dafür, dass der Kraftstoffverbrauch konstant bleibt.
C. Das Rückschlagventil dient dazu, den Kraftstoffverbrauch zu senken.
D. Das Rückschlagventil sorgt dafür, dass der Druck in der Kraftstoffpumpe gleichmäßig bleibt.
E. Keine Antwort ist richtig.

21) Worauf wirkt die elektronische Drosselung eines Zweirads?

A. Auf den Zündvorgang
B. Auf das Benzingemisch
C. Auf die Bremsen
D. Auf die Kupplung
E. Keine Antwort ist richtig.

22) Welche Werte müssen motorisierte Zweiräder der Führerschein-Klasse M einhalten?

A. Maximal 40 ccm Hubraum und 30 km/h Höchstgeschwindigkeit

B. Maximal 50 ccm Hubraum und 45 km/h Höchstgeschwindigkeit

C. Maximal 60 ccm Hubraum und 60 km/h Höchstgeschwindigkeit

D. Maximal 70 ccm Hubraum und 100 km/h Höchstgeschwindigkeit

E. Keine Antwort ist richtig.

23) Welches Fahrzeug verfügt über eine D-Säule?

A. Kombi

B. Cabrio

C. Coupé

D. Alle genannten Fahrzeuge

E. Keine Antwort ist richtig.

24) Welche Takte werden in welcher Reihenfolge bei einem Viertaktmotor für den Kreisprozess benötigt?

A. Ausstoßen, Arbeiten, Ansaugen und Verdichten

B. Verdichten, Ansaugen, Arbeiten und Ausstoßen

C. Ansaugen, Verdichten, Arbeiten und Ausstoßen

D. Arbeiten, Ausstoßen, Verdichten und Ansaugen

E. Keine Antwort ist richtig.

25) Dieses Piktogramm steht bei Kraftfahrzeugen für …?

A. das Fernlicht.

B. die Nebelscheinwerfer.

C. das Warnblinklicht.

D. das Standlicht.

E. Keine Antwort ist richtig.

Mechanik

Bearbeitungszeit 5 Minuten

Beantworten Sie bitte die folgenden Aufgaben, indem Sie jeweils den richtigen Lösungsbuchstaben markieren.

26) Formbar, thermisch und elektrisch leitfähig – die Rede ist von …?

A. Metallen.
B. Hölzern.
C. Kunststoffen.
D. Polymeren.
E. Keine Antwort ist richtig.

27) Wie geschieht die Kraft- und Energieübertragung in hydraulischen Anlagen?

A. Durch Druckluft
B. Durch Flüssigkeit
C. Über Stangen und Hebel
D. Über Seilzüge
E. Keine Antwort ist richtig.

28) Bei welchem Arbeitsverfahren überzieht man einen Gegenstand mit einer dünnen Metallschicht?

A. Galvanisieren
B. Pulverisieren
C. Isolieren
D. Imprägnieren
E. Keine Antwort ist richtig.

29) Eine Werkzeugmaschine läuft bei 2.800 U/min. Was bedeutet das?

A. Die Mindestspannung der Maschine beträgt 2.800 Volt.
B. Die Drehzahl beträgt 2.800 Umdrehungen pro Minute.
C. Die Mindestdrehzahl beträgt 2.800 Umdrehungen.
D. Die Leistungsaufnahme beträgt 2.800 Volt $\div$ 60 Sekunden = 47 Watt.
E. Keine Antwort ist richtig.

30) Wie lässt sich ein Werkstoff charakterisieren, der schon bei leichter Verformung bricht?

A. Er ist besonders spröde.
B. Er ist besonders elastisch.
C. Er ist besonders viskos.
D. Er ist besonders zäh.
E. Keine Antwort ist richtig.

31) Welches Öl sollte man zur Schmierung extrem enger Zwischenräume verwenden?

A. Ein besonders dickflüssiges Öl
B. Ein besonders dünnflüssiges Öl
C. Ein besonders viskoses Öl
D. Ein besonders schnell trocknendes Öl
E. Keine Antwort ist richtig.

32) Welchen Vorteil haben Luft- gegenüber Stahlfederungen nicht?

A. Niedrigerer Teileaufwand
B. Höherer Federkomfort
C. Geringere Übertragung von Rollgeräuschen
D. Anpassbare Fahrzeughöhe
E. Keine Antwort ist richtig.

33) Ein Automotor ist eine …?

A. Kraftmaschine.
B. Arbeitsmaschine.
C. Leistungsmaschine.
D. Schubmaschine.
E. Keine Antwort ist richtig.

34) Wozu nutzt man Drehmomentschlüssel?

A. Um Steck- oder Klemmverbindungen ohne großen Kraftaufwand zu lösen
B. Um Muttern oder Schrauben mit einer bestimmten Stärke festzuziehen
C. Um stoßempfindliche Metallgehäuse vorsichtig zu öffnen
D. Um defekte Wasserrohre provisorisch abzudichten
E. Keine Antwort ist richtig.

35) Was ist kein Vorteil des Nietens gegenüber dem Schweißen?

A. Keine Gesundheitsgefahr durch Gase und Lichtstrahlung
B. Geringer Energieverbrauch
C. Keine Gefügeänderung in den zu verbindenden Blechen
D. Gewichtssenkung des Endprodukts
E. Keine Antwort ist richtig.

Elektronik

Bearbeitungszeit 5 Minuten

Beantworten Sie bitte die folgenden Aufgaben, indem Sie jeweils den richtigen Lösungsbuchstaben markieren.

36) Welche Angabe bezieht sich auf einen elektrischen Widerstand?

A. 3 Σ
B. 0,5 A
C. 13 V
D. 150 Ω
E. Keine Antwort ist richtig.

37) Welche elektrische Spannung herrscht in der Regel in einem Kraftfahrzeug?

A. 220 V
B. 110 V
C. 12 V
D. 5 V
E. Keine Antwort ist richtig.

38) Eine Flüssigkeit, die Strom leitet, nennt man …?

A. Elektron.
B. Elektrode.
C. Elektrolyt.
D. Elektrolyse.
E. Keine Antwort ist richtig.

39) Mit welchem Bauelement kann man elektrische Ladung gut speichern?

A. Mit einem Widerstand
B. Mit einem Isolator
C. Mit einer Spule
D. Mit einem Kondensator
E. Keine Antwort ist richtig.

40) Welche physikalische Größe gibt man in der Einheit Hertz an?

A. Die Frequenz
B. Die Kapazität
C. Die Induktivität
D. Die Relativität
E. Keine Antwort ist richtig.

41) Welches Bauteil ist ein elektrischer Generator?

A. Motorrad-Standlicht
B. LKW-Batterie
C. Fahrraddynamo
D. PKW-Zigarettenanzünder
E. Keine Antwort ist richtig.

42) Um den Stromverbrauch einer Waschmaschine zu überwachen, will Max ein Strommessgerät installieren. Wie sollte er dabei vorgehen?

A. Max sollte das Messgerät parallel zum Verbraucher anschließen.

B. Max sollte das Messgerät in Reihe zum Verbraucher schalten.

C. Max sollte das Messgerät anstelle des Verbrauchers anschließen.

D. Max sollte das Messgerät direkt an der Spannungsquelle anschließen.

E. Keine Antwort ist richtig.

43) Was ist ein Relais?

A. Der Schaltplan einer elektrischen Anlage

B. Das Schaltpult einer computergesteuerten Anlage

C. Ein elektromagnetischer Schalter

D. Ein Verstärker elektrischer Signale

E. Keine Antwort ist richtig.

44) Was zeichnet eine Kathode aus?

A. Bipolarität

B. Elektronenüberschuss

C. Ladungsgleichgewicht

D. Elektronenmangel

E. Keine Antwort ist richtig.

45) Welche Beziehung gilt nach dem ohmschen Gesetz?

A. Je höher die Spannung, desto größer die Stromstärke.

B. Je niedriger der Widerstand, desto größer die Stromstärke.

C. Je höher der Widerstand bei gleichbleibender Spannung, desto geringer die Stromstärke.

D. Je niedriger die Spannung bei gleichbleibender Stromstärke, desto größer der Widerstand.

E. Keine Antwort ist richtig.

Digitaltechnik

Bearbeitungszeit 5 Minuten

Beantworten Sie bitte die folgenden Aufgaben, indem Sie jeweils den richtigen Lösungsbuchstaben markieren.

46) Was ist in der IT-Sprache unter einem „Link“ zu verstehen?

A. Ein bösartiger Angriff aus dem Internet
B. Der Angriff eines Hackers
C. Der Speicherort einer Datei
D. Der Verweis auf eine andere Seite oder Datei
E. Keine Antwort ist richtig.

47) Welche Reihe sortiert die jeweiligen Datenmengen in aufsteigender Folge?

A. Byte, Kilobyte, Gigabyte, Megabyte
B. Byte, Bit, Kilobyte, Megabyte
C. Kilobyte, Terabyte, Megabyte, Gigabyte
D. Byte, Kilobyte, Megabyte, Gigabyte
E. Keine Antwort ist richtig.

48) Das „Mainboard“ in einem Computer ...?

A. wird auch „Prozessor“ genannt.
B. ist die Grafikkarte mit integrierter Soundkarte.
C. wird auch „Hauptspeicher“ genannt.
D. ist die Hauptplatine eines Computers und enthält diverse Steckplätze.
E. Keine Antwort ist richtig.

49) Wofür kann man Bluetooth nicht verwenden?

A. Zur Verbindung eines PDAs mit einem Computer
B. Zur Verbindung eines Headsets mit einem Telefon
C. Zur Verbindung eines Druckers mit einem Laptop
D. Zur Verbindung zweier Laptops über eine größere Distanz
E. Keine Antwort ist richtig.

50) Was wird in der IT als „Tool" bezeichnet?

A. Eine spezielle Software, nämlich ein Dienstprogramm zur Systemverwaltung
B. Ein spezielles Werkzeug zum Einbau von Hardware
C. Ein Adapter, durch den z. B. Mäuse und Drucker an unübliche Anschlüsse angeschlossen werden können
D. Der Anhang einer E-Mail
E. Keine Antwort ist richtig.

51) Was versteht man unter einem „Touchscreen"?

A. Die Bildschirmbeschaffenheit
B. Ein Eingabegerät
C. Ein Fotodrucker
D. Ein Diagnosetool
E. Keine Antwort ist richtig.

52) Was wird in der IT-Sprache unter „Backup" verstanden?

A. Eingabe rückgängig machen
B. Eingabe wiederholen
C. Daten zwischenspeichern
D. Datensicherung auf Laufwerk oder Festplatte
E. Keine Antwort ist richtig.

53) Worauf bezieht sich in der IT-Sprache die Angabe „3 GHz"?

A. Bildschirmauflösung der Grafikkarte
B. Speicherkapazität der Festplatte
C. Geschwindigkeit des Prozessors
D. Kapazität des Hauptspeichers
E. Keine Antwort ist richtig.

54) Welche Funktion hat der Hauptprozessor eines Computers?

A. Der Prozessor ist ein Datenspeicher.
B. Der Prozessor ist das Herzstück eines Computers und steuert die Bestandteile.
C. Der Prozessor ist ein Gerät zur Unterstützung der Stromversorgung.
D. Der Prozessor fährt den Computer hoch.
E. Keine Antwort ist richtig.

55) Computergesteuerte Werkzeugmaschinen nennt man auch ...?

A. DIGI-Maschinen.
B. CWM-Maschinen.
C. PCT-Maschinen.
D. CNC-Maschinen.
E. Keine Antwort ist richtig.

Praktisches Verständnis

Bearbeitungszeit 10 Minuten

Beantworten Sie bitte die folgenden Aufgaben, indem Sie jeweils den richtigen Lösungsbuchstaben markieren.

56) Mit welchem Schraubenschlüssel lässt sich die Schraubenmutter am besten festziehen?

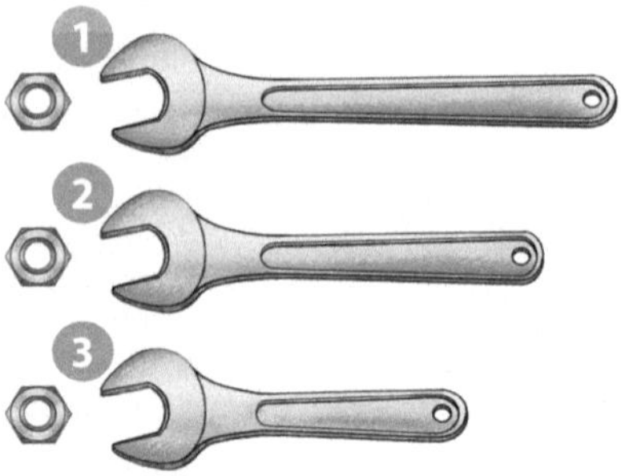

A. Mit Schraubenschlüssel 1
B. Mit Schraubenschlüssel 2
C. Mit Schraubenschlüssel 3
D. Die Schraube lässt sich mit den verschiedenen Schraubenschlüsseln gleich gut festziehen.
E. Keine Antwort ist richtig.

57) Wie hoch ist der Gesamtwiderstand im Stromkreis?

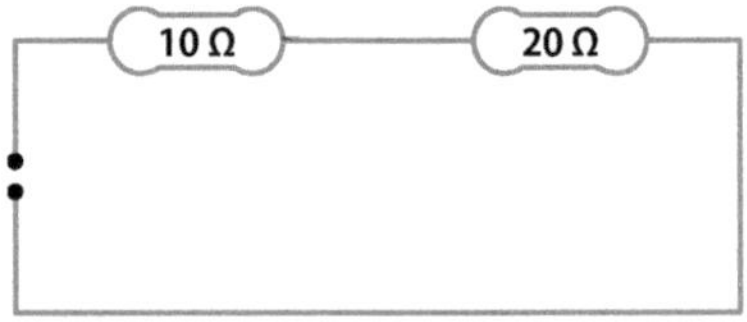

A. 15 Ω
B. 30 Ω
C. 100 Ω
D. 200 Ω
E. Keine Antwort ist richtig.

58) In welche Richtung bewegt sich das Rad B, wenn sich das Antriebsrad A in Pfeilrichtung dreht?

A. In Richtung 1
B. In Richtung 2
C. Hin und her
D. Gar nicht
E. Keine Antwort ist richtig.

59) Auf welches Zahnrad muss der Treibriemen gespannt werden, damit sich die untere Achse schneller dreht als die obere?

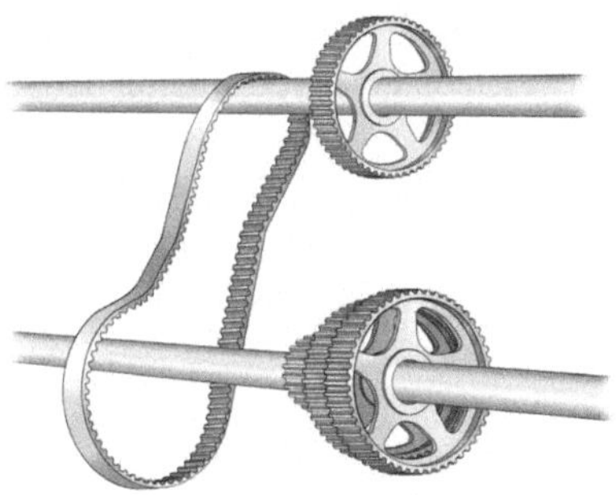

A. Auf das linke Zahnrad
B. Auf das mittlere Zahnrad
C. Auf das rechte Zahnrad
D. Die Geschwindigkeit lässt sich nicht durch die Wahl der Zahnräder ändern.
E. Keine Antwort ist richtig.

60) Welche der Räder drehen sich in die gleiche Richtung wie Rad 1?

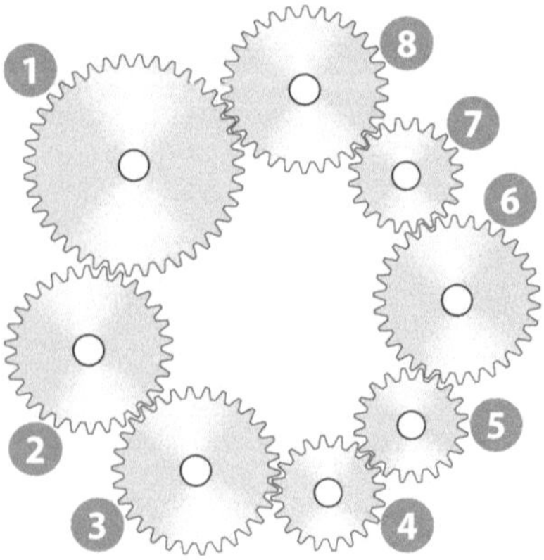

A. 6 und 4
B. 6, 4 und 2
C. 7, 5 und 3
D. 4 und 2
E. Keine Antwort ist richtig.

61) Welcher der Schalter 1 bis 4 muss geschlossen werden, damit der Stromkreislauf funktioniert?

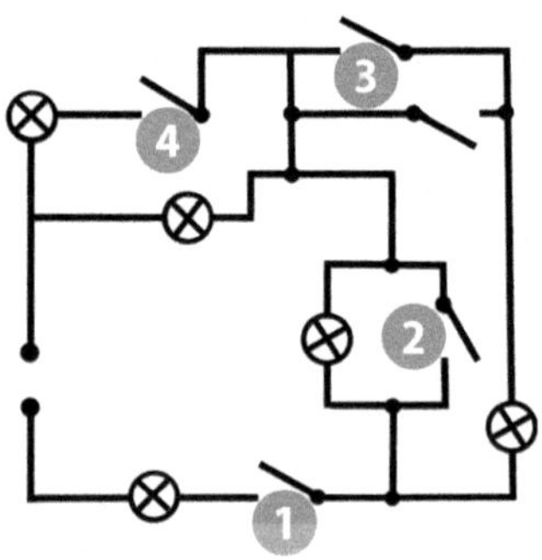

A. Schalter 1
B. Schalter 2
C. Schalter 3
D. Schalter 4
E. Keine Antwort ist richtig.

62) Rad 1 dreht sich mit einer bestimmten Geschwindigkeit in Pfeilrichtung. Mit welcher Geschwindigkeit dreht sich Rad 2?

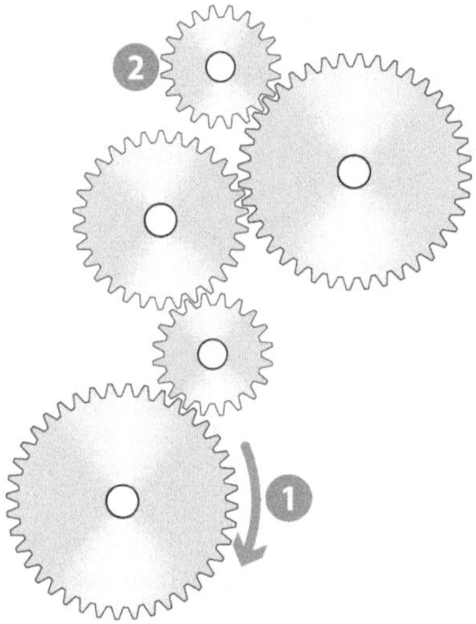

A. Rad 2 dreht sich langsamer als Rad 1.
B. Rad 2 dreht sich schneller als Rad 1.
C. Rad 1 und 2 drehen sich gleich schnell.
D. Rad 1 dreht sich doppelt so schnell wie Rad 2.
E. Keine Antwort ist richtig.

63) In welche Richtung bewegt sich der Zeiger, wenn sich der Kolben in Pfeilrichtung bewegt?

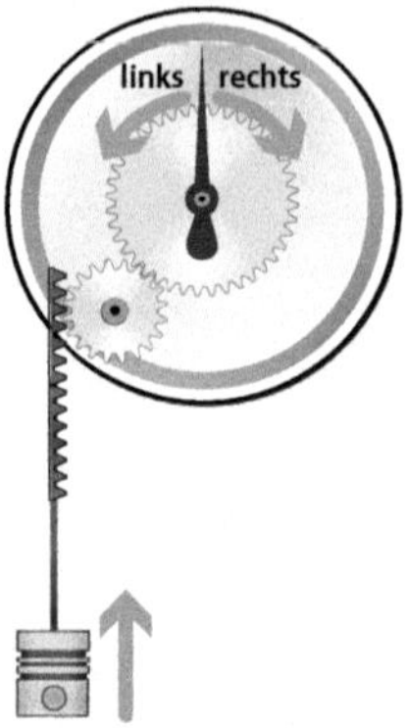

A. Der Zeiger bewegt sich nach links.
B. Der Zeiger bewegt sich nach rechts.
C. Der Zeiger bewegt sich zuerst nach links und dann nach rechts.
D. Der Zeiger bewegt sich zuerst nach rechts und dann nach links.
E. Keine Antwort ist richtig.

64) An drei unterschiedliche Federsysteme werden identische Stahlkugeln angehängt. Alle Federn sind gleich und können als masselos angenommen werden. In welchem dieser Systeme bewegt sich die Kugel am weitesten nach unten?

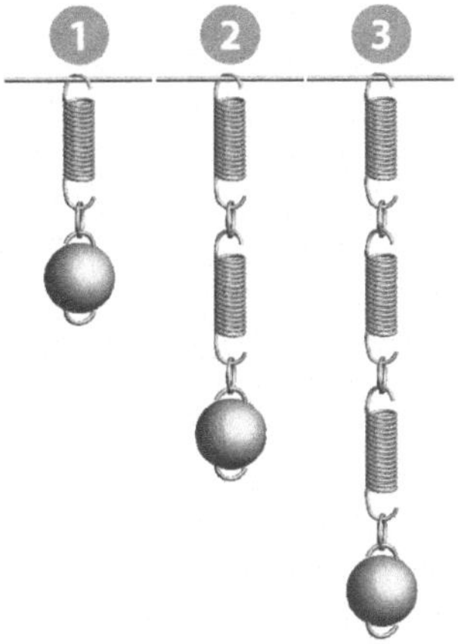

A. Alle Kugeln bewegen sich gleich weit nach unten.

B. System 3

C. System 2

D. System 1

E. Keine Antwort ist richtig.

65) Welche Aussage zur Funktionsweise der abgebildeten Pumpe ist falsch?

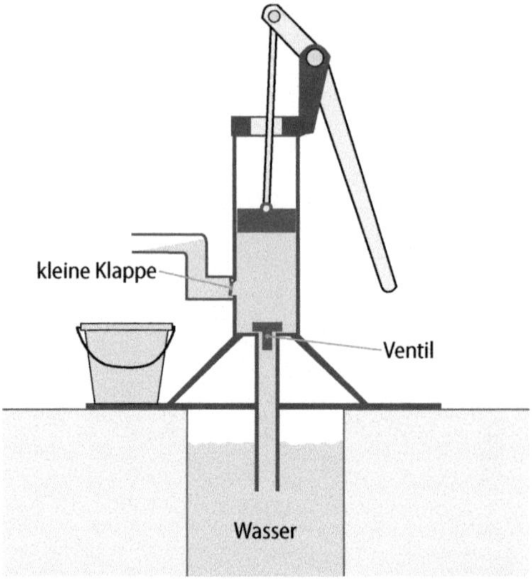

A. Zieht man den Hebel nach oben, bewegt sich das Ventil nicht.
B. Das Ventil lässt Wasser nach oben strömen, aber nicht nach unten.
C. Wenn sich das Ventil nach oben bewegt, ist die Klappe geschlossen.
D. Wird der Hebel nach unten gedrückt, strömt das Wasser in den Eimer.
E. Keine Antwort ist richtig.

Arbeitssicherheit

Bearbeitungszeit 5 Minuten

Beantworten Sie bitte die folgenden Aufgaben, indem Sie jeweils den richtigen Lösungsbuchstaben markieren.

66) Was bedeutet dieses Piktogramm?

A. Desinfektionspflicht
B. Kein Ausgang
C. Durchgang für Unbefugte untersagt
D. Ausweiskontrolle
E. Keine Antwort ist richtig.

67) Was bedeutet dieses Piktogramm?

A. Erste Hilfe
B. Christliche Seelsorge
C. Sammelplatz für Notfälle
D. Krankenhaus
E. Keine Antwort ist richtig.

68) Was bedeutet dieses Piktogramm?

A. Gasanschluss
B. Feuerlöscher
C. Sauerstoffzufuhr
D. Öltank
E. Keine Antwort ist richtig.

69) Was bedeutet dieses Piktogramm?

A. Grelle Lichtquelle
B. Plötzliche Geräusch-entwicklung
C. Mikrowellenstrahlung
D. Gefährliche elektrische Spannung
E. Keine Antwort ist richtig.

70) Was bedeutet dieses Piktogramm?

A. Schutzbrille benutzen
B. Helles Licht meiden
C. Extreme Dunkelheit
D. UV-Strahlungsgefahr
E. Keine Antwort ist richtig.

71) Was bedeutet dieses Piktogramm?

A. Schutzerdung
B. Funkmast
C. Öffentlicher Brunnen
D. UV-Strahlung

72) Was bedeutet dieses Piktogramm?

A. Zutritt verboten
B. Faulgase
C. Giftiger Stoff
D. Hochspannung
E. Keine Antwort ist richtig.

73) Was bedeutet dieses Piktogramm?

A. Sicherheitshinweise beachten
B. Gehörschutz tragen
C. Schutzhelm tragen
D. Minimale Sichtweite
E. Keine Antwort ist richtig.

74) Was bedeutet dieses Piktogramm?

A. Hände desinfizieren
B. Nicht berühren
C. Schutzhandschuhe tragen
D. Gefahr durch scharfe Klingen
E. Keine Antwort ist richtig.

75) Was bedeutet dieses Piktogramm?

A. Feuergefährlicher Stoff
B. Lagerfeuer gestattet
C. Offene Feuer verboten
D. Waldbrandgefahr
E. Keine Antwort ist richtig.

Lösungen: Fachbezogenes Wissen

1) D	26) A	51) B
2) A	27) B	52) D
3) B	28) A	53) C
4) A	29) B	54) B
5) D	30) A	55) D
6) C	31) B	56) A
7) C	32) A	57) B
8) A	33) A	58) A
9) D	34) B	59) A
10) A	35) D	60) C
11) D	36) D	61) A
12) B	37) C	62) B
13) D	38) C	63) A
14) B	39) D	64) B
15) C	40) A	65) D
16) D	41) C	66) C
17) B	42) B	67) A
18) D	43) C	68) B
19) B	44) B	69) D
20) A	45) C	70) A
21) A	46) D	71) A
22) B	47) D	72) C
23) A	48) D	73) B
24) C	49) D	74) C
25) B	50) A	75) A

Kraftfahrzeuge (Aufgaben 1–25)

Zu 1) D. Bauliche Bestimmung zum gewerblichen Transport

Ein Fahrzeug gilt dann als Nutzfahrzeug, wenn es bauartbedingt zum gewerblichen Personen- oder Warentransport bestimmt ist. Neben „großem Gerät" wie Sattelzügen und Omnibussen umfasst die Kategorie definitionsgemäß also auch Kleinbusse, Kleintransporter, Rettungsfahrzeuge, Traktoren und sogar Gabelstapler.

Zu 2) A. c_w-Wert

Den c_w-Wert bezeichnet man auch als Strömungswiderstandskoeffizient oder Widerstandsbeiwert. Das dimensionslose Maß beziffert die Kraft, die ein Gas oder eine Flüssigkeit einem bewegten Körper entgegensetzt.

Zu 3) B. Den Schadstoffausstoß eines Autos

Die Euro-6-Abgasnorm definiert Grenzwerte für den Schadstoffausstoß und unterteilt Fahrzeuge in Schadstoffklassen, die u. a. die Höhe der Kfz-Steuer beeinflussen und als Referenz bei der Planung von Umweltzonen dienen. Bei der Pkw-Erstzulassung ist die Euro-6-Norm seit September 2015 bindend.

Zu 4) A. Anzahl der (angetriebenen) Räder

Die Zahlenkombination nennt sich „Radformel" und gibt Aufschluss über die Anzahl der (angetriebenen) Räder bzw. Achsen. Ein Allradkipper 4×2 verfügt demnach über 4 Räder (2 Achsen), von denen 2 Räder (1 Achse) angetrieben werden. In erweiterter Form enthält die Radformel hinter einem Schrägstrich zusätzlich die Zahl der gelenkten Räder (z. B. 6×2/2).

Zu 5) D. Sattelzug

Zugmaschine und Auflieger bilden zusammen ein Sattelzug-Gespann. Lastzüge bestehen aus einer Zugmaschine mit Ladefläche und Anhänger; bei Sattelzügen liegt der Auflieger auf der Kupplung der Zugmaschine auf, die keine Ladefläche besitzt. Was genau einen Transporter ausmacht, ist gesetzlich nicht geregelt: Nach gängiger Auffassung meint man damit ein kleineres Lieferfahrzeug, das mit einem Klasse-B-Führerschein gefahren werden kann.

Zu 6) C. Die Deichsel

Das Bauteil, das einen Anhänger mit der Anhängerkupplung des Zugfahrzeugs verbindet, ist die Deichsel. Anhänger mit zentral montierten Achsen verfügen meist über starre Deichseln. Bei mehrachsigen Anhängern, die über eine drehbare Vorderachse gelenkt werden (Drehschemellenkung), ist die Deichsel beweglich.

Zu 7) C. Die Kupplung kontrolliert den Kraftfluss zwischen Motor und Getriebe.

Die Kupplung eines Kraftfahrzeugs verbindet das Getriebe mit der Kurbelwelle, die vom Motor in Rotation versetzt wird. Diese Verbindung kann durch elektrische, hydraulische oder mechanische Bauteile nach Bedarf hergestellt oder unterbrochen werden. Die Kupplung wird in Kraftfahrzeugen zum Anfahren und Schalten gebraucht.

Zu 8) A. Mit der linken Hand

Der Kupplungshebel eines Motorrads sitzt links vorne am Lenker und wird dementsprechend mit der linken Hand betätigt. Die rechte Hand bedient die Vorderbremse, der rechte Fuß die Hinterbremse und der linke Fuß die Schaltung.

Zu 9) D. eine Karosserie.

Motorräder oder -roller mit Frontantrieb sind wahre Raritäten, und ein Beifahrersitz (Sozius) ist bei Motorrädern üblich. Außerdem schreibt der Gesetzgeber für alle motorisierten Zweiräder mindestens einen Außenspiegel vor – bei über 100 km/h Höchstgeschwindigkeit müssen es sogar zwei sein. Wesentlich öfter als Motorräder haben Motorroller eine Karosserie, mit der die Räder, der Motor und andere Komponenten umbaut sind.

Zu 10) A. Keine

Dieselmotoren sind sogenannte „Selbstzünder“: Die Verdichtung der Luft im Zylinder erzeugt bereits ausreichend hohe Temperaturen, damit das Luft-Kraftstoff-Gemisch zündet.

Zu 11) D. bar

Die international genormte SI-Standardeinheit für physikalischen Druck ist Pascal (Pa). Ein Pascal entspricht dabei der Kraft von einem Newton (N), ausgeübt auf eine Fläche von einem Quadratmeter:

$$1\,\text{Pa} = 1\frac{\text{N}}{\text{m}^2}$$

Aus praktischen Gründen – da die Darstellung in Pascal zu umständlich wäre – misst man den Reifendruck jedoch nicht in Pascal, sondern in bar: 1 bar entspricht 100.000 Pascal.

Zu 12) B. 30 Jahre

Ein Kraftfahrzeug kann in Deutschland als Oldtimer eingestuft werden, wenn seine Erstzulassung mindestens 30 Jahre zurückliegt – so verlangt es die Fahrzeug-Zulassungsverordnung. Ferner muss das Fahrzeug demnach „weitestgehend dem Originalzustand entsprechen, in einem guten Erhaltungszustand [sein] und zur Pflege des kraftfahrzeugtechnischen Kulturgutes dienen".

Zu 13) D. Mehr Traktion und eine höhere Fahrstabilität

Allradgetriebene Fahrzeuge bieten grundsätzlich etwas mehr Traktion und eine bessere Fahrstabilität, was sich besonders auf schlüpfrigen Untergründen wie Matsch, Geröll, Eis und Schnee auszahlt. Dafür schneidet der Allradantrieb in Bezug auf Gewicht und Verbrauch schlechter ab. Die Bremswege verkürzen sich nicht: Auch bei einem front- oder heckgetriebenen Fahrzeug wirken die Bremsen schließlich auf alle vier Räder.

Zu 14) B. Tief liegend zwischen Vorder- und Hinterachse

Unterflurmotoren liegen im Rahmen des Zugfahrzeugs, tief zwischen der Vorder- und Hinterachse. Die Vorteile einer solchen Anordnung: geringe Lärmbelastung des Fahrers, tiefer Fahrzeugschwerpunkt, gute Raumausnutzung. Nachteile bestehen u. a. in der niedrigen Bodenfreiheit und dem mangelnden Schutz des Motors vor äußeren Einwirkungen. Bei Sattelzügen ist der Einbau eines Unterflurmotors aufgrund der Kürze der Zugmaschine zudem relativ schwierig.

Zu 15) C. Der 3-Punkt-Sicherheitsgurt Ende der 40er-Jahre

Marktreif wurden die 3-Punkt-Gurte erst 1959, als Volvo mit dem serienmäßigen Einbau in alle Fahrzeuge begann; vorher sicherte man sich mit 2-Punkt-Riemen. Das – damals noch mechanisch geregelte – ABS („Antiblockiersystem") wurde Ende der 60er-Jahre eingeführt. Die ersten Pkw mit Airbag erschienen in den 70er-Jahren, seinen Durchbruch feierte der luftgefüllte Prallsack ein Jahrzehnt später. Die jüngste genannte Neuerung ist das ESP („Elektronisches Stabilitätsprogramm"), englisch ESC („Electronic Stability Control"), das 1995 auf den Markt kam.

Zu 16) D. ein geschlossenes Fahrzeug mit festem Dach und drei Fahrzeugsäulen.

Entscheidend ist die Bauweise: Limousinen sind geschlossene Fahrzeuge mit festem Dach und drei Fahrzeugsäulen. Der Preis und die Höhe der Kraftfahrzeugsteuer spielen keine Rolle, und über die Zugehörigkeit zu einem bestimmten Fahrzeugsegment wie z. B. der Oberklasse ist allein mit dem Etikett „Limousine" noch nichts gesagt.

Zu 17) B. Es reguliert die Kraftübertragung an die Antriebswelle.

Das Getriebe überträgt die im Motor erzeugte, durch die Kurbelwelle in eine Drehbewegung umgesetzte Kraft an die Antriebswelle, die wiederum die Räder in Bewegung setzt. Ein Pkw-Getriebe verfügt über mehrere Zahnkränze: So kann der Fahrer zwischen verschiedenen Gängen wählen, um die beste Übersetzung herzustellen, also das optimale Verhältnis zwischen Motordrehzahl und Drehzahl der Antriebswelle.

Zu 18) D. dB (Dezibel)

Auspuffgeräusche – und viele weitere Schallereignisse – misst man in Dezibel (dB). Eine normale Unterhaltung kommt auf etwa 50 Dezibel, Autobahngeräusche liegen tagsüber bei um die 80 Dezibel, ab 85 Dezibel sind bei längerer Einwirkung Gehörschäden zu befürchten. Ein manipuliertes Kraftfahrzeug kann über 100 Dezibel erreichen, Discomusik sogar noch 10 Dezibel mehr. Geräusche von mehr als 120 Dezibel können das Gehör schon nach kurzer Zeit dauerhaft schädigen.

Zu 19) B. Zu niedriger Luftdruck in den Reifen

Abgefahrene Reifenschultern können ein Hinweis auf zu niedrigen Luftdruck sein. Der Reifen liegt dann nicht mit seiner ganzen Lauffläche auf der Fahrbahn auf, sondern wölbt sich leicht nach innen, sodass die Mitte der Lauffläche kaum Bodenkontakt hat. Stattdessen werden die Schultern stärker beansprucht. Durch zu niedrigen Reifendruck verlängert sich darüber hinaus der Bremsweg des Fahrzeugs, und die Lebensdauer der Reifen verkürzt sich.

Zu 20) A. Das Rückschlagventil verhindert, dass bei abgeschaltetem Motor Kraftstoff in den Tank zurückfließt.

Das Rückschlagventil verhindert ein Zurückfließen des Kraftstoffs aus den Kraftstoffleitungen in den Tank. Dadurch wird vermieden, dass der Druck in den Leitungen nachlässt, was zu Problemen beim Neustart eines betriebswarmen Motors (Heißstart) führen kann.

Zu 21) A. Auf den Zündvorgang

Viele Roller verfügen heutzutage über eine elektronische Drosselung: Dabei setzt ab einer bestimmten Geschwindigkeit der Zündfunke in regelmäßigen Abständen aus, sodass es nicht mehr möglich ist, weiter zu beschleunigen.

Zu 22) B. Maximal 50 ccm Hubraum und 45 km/h Höchstgeschwindigkeit

Die Führerschein-Klasse M gilt für motorisierte Zweiräder mit maximal 50 Kubikzentimetern Hubraum und einer Höchstgeschwindigkeit von 45 km/h. Darunter fallen Mopeds und Mokicks, aber auch Fahrräder mit einem entsprechend leistungsstarken elektronischen Hilfsmotor.

Zu 23) A. Kombi

Fahrzeugsäulen sind diejenigen Bauteile, die ein Pkw-Dach mit dem Karosserieunterbau stützend verbinden. Von vorne nach hinten kennzeichnet man sie alphabetisch aufsteigend mit den Buchstaben A bis D. Nur Kombis oder Vans verfügen über eine vierte Säule – die D-Säule – am Fahrzeugheck; sie trägt das langgezogene Dach.

Zu 24) C. Ansaugen, Verdichten, Arbeiten und Ausstoßen

Im ersten Takt wird durch die Abwärtsbewegung des Kolbens ein Gasgemisch aus fein zerstäubtem Treibstoff und Luft über das Einlassventil in den Zylinder gesaugt. Im zweiten Takt – der Kolben bewegt sich zurück in Richtung oberer Totpunkt – wird das Gemisch bei geschlossenen Ventilen auf einen Bruchteil seines vorherigen Volumens komprimiert. Es erwärmt sich dadurch und wird mittels Zündung zur kontrollierten Explosion gebracht. Das Gemisch verbrennt nun und drückt den Kolben in Richtung seines unteren Totpunkts, wobei mechanische Arbeit verrichtet wird (dritter Takt: Arbeiten). Dabei kühlt das Gas ab. Bei seinem Aufstieg vom unteren Totpunkt schiebt der Kolben die Rückstände des verbrannten Gases durch das geöffnete Auslassventil aus dem Zylinder, das sich beim erneuten Erreichen des oberen Totpunkts schließt (vierter Takt: Ausstoßen). Ein neuer Kreislauf beginnt.

Zu 25) B. die Nebelscheinwerfer.

Dieses Piktogramm kennzeichnet in Kraftfahrzeugen die Kontrollleuchte für die Nebelscheinwerfer.

Mechanik (Aufgaben 26–35)

Zu 26) A. Metallen.

Die angegebenen Eigenschaften sind charakteristisch für Metalle. Polymere sind eine Untergruppe der Kunststoffe und leiten als solche – ebenso wie

Holz – weder Wärme noch elektrischen Strom.

Zu 27) B. Durch Flüssigkeit

Allgemein bezeichnet „Hydraulik" die Lehre vom Strömungsverhalten flüssiger Stoffe. Hydraulische Anlagen – z. B. Bagger, Krane, Werkzeugmaschinen – nutzen das Prinzip der Kraft- bzw. Energieübertragung mittels Flüssigkeiten. Verwendet man stattdessen Druckluft (oder andere Gase), handelt es sich um pneumatisches Gerät.

Zu 28) A. Galvanisieren

Es handelt sich um die Galvanisierung: Ein Metall bzw. eine Metallverbindung wird in einer chemischen Lösung per Elektrolyse gelöst und legt sich anschließend als schützender Überzug um einen Gegenstand. Durch Galvanisierung oberflächenveredelte Objekte sind nicht mehr rostanfällig.

Zu 29) B. Die Drehzahl beträgt 2.800 Umdrehungen pro Minute.

Die Angabe „2.800 U/min" bezieht sich auf die Drehzahl: Läuft die Maschine bei 2.800 U/min, bedeutet das, dass die Motorwelle pro Minute 2.800-mal vollständig rotiert.

Zu 30) A. Er ist besonders spröde.

Ein Werkstoff, der schon bei leichter Verformung bricht, ist spröde – und damit genau das Gegenteil von zäh. Die Elastizität bezieht sich auf die Eigenschaft, nach einer Verformung in den Ausgangszustand zurückzukehren, und die Viskosität beschreibt das Fließverhalten von Fluiden.

Zu 31) B. Ein besonders dünnflüssiges Öl

Dickflüssiges (viskoses) Öl bildet zwar einen vergleichsweise stabileren Schmierfilm, gelangt aber kaum an schwer zugängliche, enge Stellen. Nur ein dünnflüssiges Öl ist fließfähig (fluid) genug, um auch dorthin vorzudringen. Schnell trocknende Öle sind als Schmiermittel grundsätzlich ungeeignet.

Zu 32) A. Niedrigerer Teileaufwand

Luftfederungen machen sich die Kompressionsfähigkeit von Gasen zunutze. Im Vergleich zu Stahlfederungen bieten sie mehr Federkomfort, und mangels mechanischer Verbindungen bleibt das Führerhaus von zusätzlichen Rollgeräuschen verschont. Über die Luftmenge im System kann zudem das Fahrzeugniveau variiert werden. Die benötigten pneumatischen Komponenten treiben freilich mit dem Teile- auch den Kostenaufwand in die Höhe.

Zu 33) A. Kraftmaschine.

Je nach ihrer Arbeitsweise kann man Maschinen in unterschiedliche Gruppen einteilen: Arbeitsmaschinen wandeln mechanische Energie in andere Energieformen, Kraftmaschinen wandeln andere Energieformen in mechanische Energie. Wie alle Verbrennungsmotoren erzeugt ein Automotor aus der chemischen Energie des Kraftstoffs mechanische Energie – und ist somit eine Kraftmaschine. Die Kategorien „Leistungsmaschine" oder „Schubmaschine" gibt es bei der Klassifizierung von Motoren nicht.

Zu 34) B. Um Muttern oder Schrauben mit einer bestimmten Stärke festzuziehen

Drehmomentschlüssel sind per Hand geführte Mess- und Schraubwerkzeuge, mit denen man festgelegte Anzugsmomente ausüben kann. So lässt sich sicherstellen, dass Muttern, Schrauben oder ähnliche Verbindungselemente weder zu schwach noch zu stark angezogen werden und genau die richtige Klemmkraft wirkt.

Zu 35) D. Gewichtssenkung des Endprodukts

Im Vergleich zum Schweißen verbraucht das Nieten weniger Energie, es verändert das Materialgefüge nicht und es gibt keine gesundheitsgefährdende Gas-, Licht- und Wärmeentwicklung. Außerdem kann man dadurch auch unterschiedliche Werkstoffe fügen oder solche mit veredelten (polierten, beschichteten) Oberflächen. Das Endprodukt wird durch das Nieten jedoch nicht leichter, sondern schwerer.

Elektronik (Aufgaben 36–45)

Zu 36) D. 150 Ω

Die Einheit des elektrischen Widerstands ist das Ohm, abgekürzt durch den griechischen Buchstaben Omega (Ω). „A" steht für „Ampere", die Einheit der Stromstärke, und „V" für „Volt", die Einheit der Spannung. Das griechische Σ (Epsilon) ist das mathematische Summenzeichen.

Zu 37) C. 12 V

Die Bordspannung eines Kraftfahrzeugs beträgt in der Regel (leicht über) 12 Volt. Eine Autobatterie erreicht dies für gewöhnlich über 6 in Reihe geschaltete Akkumulatorzellen mit einer Nennspannung von – im Neuzustand – jeweils 2,12 Volt.

Zu 38) C. Elektrolyt.

Das Elektron ist ein (negativer) Ladungsträger, Elektroden sind elektrisch leitfähige Bauteile. Die Elektrolyse ist ein chemischer Prozess, bei dem es zu einer Redoxreaktion in einer leitenden Flüssigkeit kommt – diese wiederum bezeichnet man als Elektrolyt.

Zu 39) D. Mit einem Kondensator

Zur Speicherung elektrischer Ladung verwendet man Kondensatoren: Bauelemente aus zwei elektrisch leitenden Platten (Elektroden) mit einem Dielektrikum – einem isolierenden Stoff wie Luft oder Keramik – dazwischen.

Zu 40) A. Die Frequenz

In Hertz – nach dem deutschen Physiker Heinrich Hertz (1857–1894) – gibt man die physikalische Größe Frequenz an. Ein Hertz entspricht einer Schwingung pro Sekunde. Die Kapazität wird in Coulomb (C), die Induktivität in Henry (I) beziffert. Die Relativität ist keine klassifizierte physikalische Größe.

Zu 41) C. Fahrraddynamo

Elektrische Generatoren wandeln mechanische in elektrische Energie um. Ein Beispiel ist der Fahrraddynamo: Bei seiner verbreitetsten Bauform als Felgendynamo wird die Rotation des Laufrads auf eine Spule übertragen, die sich in einem Magnetfeld im Dynamo-Inneren dreht. Das erzeugt elektrische Energie, und die Stromversorgung der Fahrradbeleuchtung ist sichergestellt.

Zu 42) B. Max sollte das Messgerät in Reihe zum Verbraucher schalten.

Ein Strommessgerät misst den Strom an der Stelle des Stromkreises, an der es eingesetzt wird. Um den Stromverbrauch der Waschmaschine zu überwachen, muss Max das Instrument also in Reihe zu ihr schalten. Hätte es Max hingegen auf die Spannung abgesehen, müsste er das entsprechende Messgerät parallel schalten.

Zu 43) C. Ein elektromagnetischer Schalter

Ein Relais ist ein strombetriebener, meist elektromagnetisch funktionierender Schalter. Er besteht aus zwei Stromkreisen: Schließt man den Steuerstromkreis, zieht ein Elektromagnet an einem Schalter, der wiederum den Laststromkreis schließt.

Zu 44) B. Elektronenüberschuss

Eine Kathode ist ein elektrischer Leiter mit einem Überschuss an Elektronen. Das Gegenstück zur Kathode ist die Anode, an der Elektronenmangel herrscht. Zwischen diesen Polen wandern die Ladungsträger: Negativ geladene Anionen zieht es zur Anode, positiv geladene Kationen zur Kathode.

Zu 45) C. Je höher der Widerstand bei gleichbleibender Spannung, desto geringer die Stromstärke.

Laut dem ohmschen Gesetz ist die elektrische Stromstärke (I) proportional zur Spannung (U) und umgekehrt proportional zum Widerstand (R): I = U/R.

Der direkte Rückschluss von der Spannung bzw. dem Widerstand auf die Stromstärke (wie bei den Antworten A und B) ist also unzulässig – man muss auch den Widerstand berücksichtigen. Da sich die unter Vorschlag D angegebene Beziehung nicht mit dem ohmschen Gesetz vereinbaren lässt, kommt nur C infrage; bei konstanter Spannung sinkt die Stromstärke mit wachsendem Widerstand.

Digitaltechnik (Aufgaben 46–55)

Zu 46) D. Der Verweis auf eine andere Seite oder Datei

Unter einem Link versteht man in der IT zum einen eine Dateiverknüpfung (einen Verweis auf eine Datei), zum anderen den sogenannten „Hyperlink", eine Verknüpfung aus einem Webdokument zu einem anderen.

Zu 47) D. Byte, Kilobyte, Megabyte, Gigabyte

Acht Bit ergeben ein Byte, 1.000 Byte ein Kilobyte, 1.000 Kilobyte ein Megabyte und 1.000 Megabyte ein Gigabyte; es folgen Terabyte, Petabyte und Exabyte. Die Einheiten sind aber (noch) nicht endgültig standardisiert; parallel zur genannten gibt es auch die binäre Zählweise: Hier entspricht ein Kilobyte 2^{10} = 1.024 Byte, ein Gigabyte 1.024 Kilobyte usw. An der abgefragten Reihenfolge ändert sich dadurch nichts.

Zu 48) D. ist die Hauptplatine eines Computers und enthält diverse Steckplätze.

„Mainboard", „Systemplatine" oder „Motherboard" nennt man die Hauptplatine eines Computers, auf der sich in der Regel folgende Systemkomponenten befinden: die CPU, der PCI-Bus mit den Slots für die Erweiterungskarten, die Steckplätze für den Arbeitsspeicher, verschiedene Schnittstellen, der Cache, die Echtzeituhr, BIOS-ROM und CMOS-RAM, die verschiedenen Controller und der Tastatur-Prozessor. Die Konzeption des Mainboards beeinflusst systemrelevante Parameter wie die Systemleistung, die Zukunftssicherheit und die Kompatibilität zu Systemkomponenten (Anschlüsse, Erweiterbarkeit).

Zu 49) D. Zur Verbindung zweier Laptops über eine größere Distanz

Bluetooth ist ein in den 1990er-Jahren entwickelter Industriestandard für die Funkvernetzung von Geräten über kurze Distanzen (WPAN) zum Ersetzen von Kabelverbindungen. Über Bluetooth können sowohl Mobiltelefone wie mobile Kleingeräte und PDAs als auch Computer und Peripheriegeräte miteinander verbunden werden.

Zu 50) A. Eine spezielle Software, nämlich ein Dienstprogramm zur Systemverwaltung

Tools sind in der IT nützliche Dienstprogramme, u. a. zur Konfiguration von Hardware, zur Wartung des Systems und zur Analyse der Systemauslastung. Einige Tools gehören in der Regel zum Lieferumfang des Betriebssystems, außerdem bieten verschiedene Anbieter im Internet diverse Tools zum Herunterladen an.

Zu 51) B. Ein Eingabegerät

Ein Touchscreen, auf Deutsch „Tastschirm" oder „Sensorbildschirm", ist ein berührungssensitiver Bildschirm, der bei der Berührung des Displays als Eingabegerät fungiert. So lässt sich der Programmablauf technischer Geräte steuern. Einsatzmöglichkeiten finden sich in der Industrie- und Anlagensteuerung, in der Medizintechnik, in Kassenautomaten, Navigationsgeräten, PDAs, Smartphones, Tablets und Haushaltsgeräten.

Zu 52) D. Datensicherung auf Laufwerk oder Festplatte

Ein Backup ist eine Datensicherung auf Medien wie DVD-ROMs, externen Festplatten oder Servern. Verloren gegangene Daten lassen sich durch Aufspielen des Backups wiederherstellen. Vor allem wichtige Daten sollten regelmäßig gesichert werden, möglichst an anderen Orten als die Originaldaten. In Unternehmen werden die Festplatteninhalte häufig automatisch gespiegelt.

Zu 53) C. Geschwindigkeit des Prozessors

Das Kürzel GHz steht für „Gigahertz" und bezieht sich auf die Geschwindigkeit eines Mikroprozessors, bemessen an der Taktfrequenz: Darunter versteht man den Rhythmus, in dem Daten im Computer verarbeitet werden – im vorliegenden Fall sind das drei Milliarden Schwingungen pro Sekunde. Die Taktfrequenzen gängiger Mikroprozessoren haben sich seit Mitte der 1980er-Jahre von einigen Megahertz (MHz) in den Gigahertz-Bereich vervielfacht.

Zu 54) B. Der Prozessor ist das Herzstück eines Computers und steuert die Bestandteile.

Der Hauptprozessor oder auch „CPU" („Central Processing Unit") ist die zentrale Verarbeitungseinheit des Computers. Der Prozessor befindet sich in einem Sockel oder direkt auf die Leiterplatte gelötet auf dem Motherboard. Er überwacht und steuert den gesamten Rechner und führt logische und arithmetische Berechnungen (Programme) aus. Die CPU hält die jeweils benötigten Informationen vorrätig und organisiert den Datentransfer.

Zu 55) D. CNC-Maschinen.

Werkzeugmaschinen mit Computersteuerung nennt man auch „CNC-Maschinen" – „CNC" steht für „Computerized Numerical Control" („computergestützte numerische Steuerung"). CNC-Maschinen erledigen Arbeitsgänge wie Fräsen, Bohren oder Schleifen auf Knopfdruck, automatisiert und hochpräzise.

Praktisches Verständnis (Aufgaben 56–65)

Zu 56) A. Mit Schraubenschlüssel 1

Um die Schraubenmutter mit möglichst wenig Mühe festzuziehen, benötigt man einen Schraubenschlüssel mit einer großen Hebelwirkung. Das heißt: Der Griff des Schraubenschlüssels sollte so lang wie möglich sein. Schraubenschlüssel 1 ist demnach der geeignetste.

Zu 57) B. 30 Ω

Abgebildet ist der Schaltkreis einer Reihenschaltung, bei der sich der Gesamtwiderstand durch die Addition der Einzelwiderstände berechnet:

$$R_{gesamt} = R_1 + R_2 = 10\,\Omega + 20\,\Omega = 30\,\Omega$$

Der Gesamtwiderstand beträgt 30 Ohm.

Zu 58) A. In Richtung 1

Werden zwei Zahnräder über eine Kette miteinander verbunden, bewegen sie sich in derselben Drehrichtung. Wenn aber ein Zahnrad in ein anderes greift und seine Rotation dadurch überträgt, dreht sich das zweite Rad im entgegengesetzten Drehsinn. Im skizzierten Mechanismus kehrt sich daher der Drehsinn einmal um: und zwar durch den Kontakt der beiden mittleren Zahnkränze. Rad B rotiert demnach entgegengesetzt zu Rad A, das sich im Uhrzeigersinn bewegt.

Zu 59) A. Auf das linke Zahnrad

Ein Antriebsriemen bewegt sich mit der gleichen Eigengeschwindigkeit um jedes der mit ihm verbundenen Antriebsräder. Verbindet er zwei gleich große Räder, laufen beide gleich schnell. Verbindet er jedoch Räder unterschiedlicher Größe, läuft das kleinere stets schneller um die eigene Achse als das größere: Wenn sich beispielsweise ein Rad mit einem Umfang von einem Meter einmal dreht, wird auch der Riemen um einen Meter weiterbewegt. Überträgt er nun diese Bewegung auf ein Rad mit einem Umfang von nur einem halben Meter, muss dieses Rad folgerichtig zweimal vollständig rotieren. Damit sich die untere Achse schneller dreht, muss demnach das kleine Zahnrad links gewählt werden.

Zu 60) C. 7, 5 und 3

Wenn ein Zahnrad in ein zweites greift und seine Rotation dadurch überträgt, dann dreht sich das zweite Rad im entgegengesetzten Drehsinn. Überträgt das zweite Zahnrad seine Rotation wiederum auf ein drittes, bewegt sich dieses entgegengesetzt zum zweiten, also in der gleichen Drehrichtung wie das erste. Anders ausgedrückt: In einer Kette miteinander verbundener Zahnräder rotieren immer die jeweils übernächsten in derselben Drehrichtung. In die gleiche Richtung wie Rad 1 drehen sich demnach die Räder 3, 5 und 7.

Zu 61) A. Schalter 1

Um einen Stromkreis zu schließen – und somit funktionsfähig zu machen –, muss eine durchgängige Verbindung von und zu der durch zwei schwarze Punkte symbolisierten Spannungsquelle hergestellt werden. Diese durchgängige Verbindung ergibt sich, wenn Schalter 1 geschlossen wird.

Zu 62) B. Rad 2 dreht sich schneller als Rad 1.

Greifen zwei Zahnräder ineinander, fasst immer ein Zahn des einen Rades in eine Vertiefung des zweiten. Es gilt also: Das zweite Rad wird um so viele Zähne weiterbewegt, wie durch die Rotation von Rad 1 vorüberlaufen. In einer Kette mehrerer ineinandergreifender Zahnräder lässt sich dies fortsetzen: Ein drittes Rad wird um so viele Zähne weiterbewegt, wie durch die Rotation von Rad 2 vorübergelaufen sind, ein viertes so viel, wie durch die Rotation von Rad 3 vorübergelaufen sind usw. Einfacher ausgedrückt: Jedes Zahnrad in dieser Kette rotiert um gleich viele Zähne weiter. Da der Abbildung nach bei einer vollständigen Umdrehung von Zahnrad 1 viel mehr Zähne vorüberlaufen als bei einer Umdrehung von Rad 2, muss sich dieses Rad entsprechend schneller drehen.

Zu 63) A. Der Zeiger bewegt sich nach links.

Bewegt sich der Kolben in Pfeilrichtung, steigt die Zahnstange aufwärts. Diese Bewegung wird entsprechend an das erste Zahnrad weitergegeben – es bewegt sich also im Uhrzeigersinn. Da beide Zahnräder ineinandergreifen, laufen sie in entgegengesetzten Drehrichtungen, das große Rad rotiert gegen den Uhrzeigersinn. Dementsprechend schlägt der Zeiger nach links aus.

Zu 64) B. System 3

Wie stark eine Feder durch das Anhängen einer Last ausgelenkt („gedehnt") wird, bestimmt sich durch die angehängte Masse und die rücktreibende Kraft der Feder, die so genannte Federkonstante. Da alle Federn identisch sind und dieselbe rücktreibende Kraft besitzen, hängen Unterschiede in ihrer Auslenkung nur von der jeweils angehängten Masse ab.

Werden die Federn „in Reihe" aneinander gehängt, liegt an jeder Feder die gesamte Last der Stahlkugel an. Am stärksten ist die Auslenkung also in dem System mit den meisten aneinander gehängten Federn – Antwort B ist korrekt, hier bewegt sich die Kugel am weitesten nach unten.

Zu 65) D. Wird der Hebel nach unten gedrückt, strömt das Wasser in den Eimer.

In der abgebildeten Stellung befindet sich der Pumphebel an seiner tiefsten Position. Zieht man ihn nach oben, drückt der Pumpkolben gegen das Wasser, das wiederum die Klappe aufdrückt und durch die Leitung in den Eimer fließt. Das Ventil bleibt dabei geschlossen (Antworten A und B sind korrekt). Hat der Hebel seine höchste Position erreicht, enthält der Pumpzylinder praktisch kein Wasser mehr. Drückt man den Pumphebel nun wieder nach unten, bewegt sich der Pumpkolben nach oben, und im Pumpzylinder entsteht ein Unterdruck. Dadurch wird die Klappe in ihre Verschlussposition gezogen und es fließt kein Wasser mehr in den Eimer (Antwort D ist falsch). Dafür öffnet sich das Ventil, sodass Wasser von unten in den Behälter nachströmen kann (Antwort C stimmt).

Arbeitssicherheit (Aufgaben 66–75)

Zu 66) C. Durchgang für Unbefugte untersagt

Dieses Piktogramm ist ein Verbotszeichen, das Unbefugten den Zutritt auf das gekennzeichnete Areal verbietet. Verbotszeichen richten sich in Deutschland nach der Unfallverhütungsvorschrift der Berufsgenossenschaften.

Zu 67) A. Erste Hilfe

Dieses Piktogramm ist ein Rettungszeichen und markiert den Standort eines Erste Hilfe-Kastens bzw. einer anderen Station zur Versorgung im Rahmen der Ersten Hilfe. Rettungszeichen richten sich in Deutschland nach der Unfallverhütungsvorschrift der Berufsgenossenschaften.

Zu 68) B. Feuerlöscher

Dieses Piktogramm ist ein Brandschutzzeichen und markiert den Standort eines Feuerlöschers. Brandschutzzeichen richten sich in Deutschland nach der Verordnung für Brandschutz und Gefahrenzeichen.

Zu 69) D. Gefährliche elektrische Spannung

Dieses Piktogramm warnt vor gefährlicher elektrischer Spannung. Warnzeichen kennzeichnen Hindernisse und Gefahrstellen; ihr Aussehen und ihre Anbringung werden in Deutschland durch die Unfallverhütungsvorschrift der Berufsgenossenschaften geregelt.

Zu 70) A. Schutzbrille benutzen

Dieses Piktogramm ist ein Gebotszeichen, das zum Tragen einer Schutzbrille auffordert. Gebotszeichen dienen allgemein zur Unfallverhütung und zum Gesundheitsschutz und richten sich nach der Unfallverhütungsvorschrift der Berufsgenossenschaften.

Zu 71) A. Schutzerdung

Dieses Symbol kennzeichnet eine Schutzerdung, eine leitfähige Verbindung mit dem elektrischen Potenzial des Erdbodens, die unerwünschte Ströme ableitet und dadurch Menschen, Geräte und Gebäude schützt.

Zu 72) C. Giftiger Stoff

Dieses Piktogramm ist ein Gefahrstoffsymbol. Mit einem Totenkopf weist es auf giftige oder sogar sehr giftige Stoffe hin, die nicht mit dem Körper in Kontakt kommen dürfen. Die Kennzeichnung von Gefahrstoffen wird in Deutschland durch die Gefahrstoffverordnung geregelt und ist mittlerweile europaweit standardisiert.

Zu 73) B. Gehörschutz tragen

Dieses Piktogramm ist ein Gebotszeichen, das zum Tragen eines Gehörschutzes auffordert.

Zu 74) C. Schutzhandschuhe tragen

Dieses Piktogramm ist ein Gebotszeichen, das zum Tragen von Schutzhandschuhen auffordert.

Zu 75) A. Feuergefährlicher Stoff

Dieses Piktogramm ist ein Gefahrstoffsymbol. Es symbolisiert eine Flamme und kennzeichnet feuergefährliche, leicht- oder hochentzündliche Stoffe.

Farben und Formen von Piktogrammen

- Brandschutzzeichen: weiße Symbole auf einem rechteckigen Schild mit rotem Hintergrund und weißem Rand
- Gebotszeichen: weiße Symbole auf einem runden Schild mit blauem Hintergrund und weißem Rand
- Gefahrensymbole: schwarze Symbole auf einem rautenförmigen Schild mit weißem Hintergrund und rotem Rand (neue Version) bzw. auf einem rechteckigen Schild mit orangem Hintergrund und schwarzem Rand (alte Version)
- Rettungszeichen: weiße Symbole auf einem rechteckigen Schild mit grünem Hintergrund und weißem Rand
- Verbotszeichen: schwarze Symbole, durchgestrichen von einem roten Querbalken, auf einem runden Schild mit weißem Hintergrund und rotem Rand
- Warnzeichen: schwarze Symbole auf einem dreieckigen Schild mit gelbem Hintergrund und schwarzem Rand

Sprachbeherrschung

Welche Schreibweise stimmt? *Bearbeitungszeit 7½ Minuten*

In diesem Abschnitt werden Ihre Rechtschreibkenntnisse geprüft.

Wie wird das Wort richtig geschrieben? Beantworten Sie bitte die folgenden Aufgaben, indem Sie jeweils den Lösungsbuchstaben der richtigen Schreibweise markieren.

1)

A. bedeutenter
B. bedeutendser
C. bedeutenster
D. bedeutendster
E. Keine Antwort ist richtig.

2)

A. Strategie
B. Strategi
C. Strattegi
D. Strahtegie
E. Keine Antwort ist richtig.

3)

A. Formulahr
B. Vormular
C. Vormulahr
D. Formular
E. Keine Antwort ist richtig.

4)

A. Maschiene
B. Maschine
C. Machine
D. Machiene
E. Keine Antwort ist richtig.

5)

A. Laminat
B. Lamminat
C. Lamienat
D. Lammienat
E. Keine Antwort ist richtig.

6)

A. Cement
B. Zement
C. Zemment
D. Zäment
E. Keine Antwort ist richtig.

7)

A. Akademi
B. Ackademie
C. Akademie
D. Akardemie
E. Keine Antwort ist richtig.

8)

A. kohärent
B. koherent
C. koerent
D. koherenz
E. Keine Antwort ist richtig.

9)

A. Physiologie
B. Pysiologie
C. Physilogie
D. Pysilogie
E. Keine Antwort ist richtig.

10)

A. Gallerie
B. Galerie
C. Gallerrie
D. Galerrie
E. Keine Antwort ist richtig.

11)

A. Endgeld
B. Endgelt
C. Entgeld
D. Entgelt
E. Keine Antwort ist richtig.

12)

A. Verifickation
B. Verifikation
C. Ferifikation
D. Ferrifikation
E. Keine Antwort ist richtig.

13)

A. Vorstelungsgespräch
B. Vorstellungsgespräch
C. Vorstellungsgesprech
D. Forstellungsgespräch
E. Keine Antwort ist richtig.

14)

A. Animateur
B. Annimateur
C. Animatör
D. Annimatör
E. Keine Antwort ist richtig.

15)

A. Gynekologen
B. Gynäkollogen
C. Gynekollogen
D. Gynäkologen
E. Keine Antwort ist richtig.

Rechtschreibung: Lückentext *Bearbeitungszeit 5 Minuten*

Welcher Ausdruck füllt die Lücke sinnvoll und fehlerfrei? Bitte markieren Sie die richtige Lösung.

16) Das Aussehen eines Menschen ist ________________ festgelegt.

A. genetisch
B. genotisch
C. galaktisch
D. dogmatisch
E. Keine Antwort ist richtig.

17) An heißen Sommertagen ist der Schatten eines ________________ meist angenehmer als der eines Gebäudes.

A. Baum
B. Bäume
C. Baumes
D. Pflanzen
E. Keine Antwort ist richtig.

18) Jede ________________ ist anders als die vorherige.

A. Generationen
B. Generations
C. Generation
D. Generelle
E. Keine Antwort ist richtig.

19) Mit diesem ________________ hast du nirgendwo eine Chance!

A. Zeugniß
B. Zeugnisses
C. Zeugnissen
D. Zeugnis
E. Keine Antwort ist richtig.

20) Zum Glück war er ________________ genug, um die Chance sofort zu nutzen.

A. geistesgegenwertig
B. geistesgegenwärtig
C. geistesgegenwärtige
D. geistesgegenwärtiger
E. Keine Antwort ist richtig.

21) Süße Getränke enthalten Kalorien in Form von ________________.

A. Kohlenhydrate
B. Kohlenhydraten
C. Kohlenhidrat
D. Kolenhydrats
E. Keine Antwort ist richtig.

22) Für den Erfolg eines Films ist es wichtig, dass sich die Zielgruppe mit der Hauptfigur ________________ kann.

A. ersetzen
B. identifizieren
C. kennenlernen
D. verstehen
E. Keine Antwort ist richtig.

23) Wir bieten hochwertige ______________ in über 100 Farben.

A. Tisch
B. Jalousie
C. Jalousin
D. Jalousien
E. Keine Antwort ist richtig.

24) Es kann sein, dass ganz unterschiedliche Familien den gleichen Namen tragen, ohne selbst im weitesten Sinne ______________ zu sein.

A. verwandter
B. verwandt
C. verheiratet
D. bekannt
E. Keine Antwort ist richtig.

25) Dieser Massagesessel ist genial! Die ________________ der Massage lässt sich stufenlos regeln.

A. Intensivität
B. Intenzität
C. Intensität
D. Indensität
E. Keine Antwort ist richtig.

Groß- und Kleinschreibung *Bearbeitungszeit 5 Minuten*

Groß oder klein – welche Schreibweise stimmt? Beantworten Sie bitte die folgenden Aufgaben, indem Sie jeweils den Lösungsbuchstaben des richtig geschriebenen Satzes markieren.

26)

A. Die Mannschaft hat ihr Bestes gegeben.
B. Die Mannschaft hat ihr bestes gegeben.
C. Die mannschaft hat Ihr Bestes gegeben.
D. Die mannschaft hat Ihr bestes gegeben.
E. Keine Antwort ist richtig.

27)

A. Sie ging als letzte durch das Ziel.
B. Sie ging als letzte durch das ziel.
C. Sie ging als Letzte durch das ziel.
D. Sie ging als Letzte durch das Ziel.
E. Keine Antwort ist richtig.

28)

A. Die Untersuchung ergab nichts Neues.
B. Die Untersuchung ergab nichts neues.
C. Die Untersuchung ergab Nichts Neues.
D. Die Untersuchung ergab Nichts neues.
E. Keine Antwort ist richtig.

29)

A. Unsere jüngste ist auch schon fünf Jahre alt.
B. Unsere Jüngste ist auch schon fünf Jahre alt.
C. Unsere jüngste ist auch schon Fünf Jahre alt.
D. Unsere Jüngste ist auch schon Fünf Jahre alt.
E. Keine Antwort ist richtig.

30)

A. Es wurde gestern Abend noch sehr spät.
B. Es wurde gestern abend noch sehr spät.
C. Es wurde Gestern Abend noch sehr spät.
D. Es wurde Gestern abend noch sehr spät.
E. Keine Antwort ist richtig.

31)

A. Sie hat Drei Zweier im Zeugnis.
B. Sie hat drei Zweier im Zeugnis.
C. Sie hat Drei zweier im Zeugnis.
D. Sie hat drei zweier im Zeugnis.
E. Keine Antwort ist richtig.

32)

A. Sie mag am liebsten Sportwagen in Rot.
B. Sie mag am Liebsten Sportwagen in rot.
C. Sie mag am liebsten sportwagen in rot.
D. Sie mag am liebsten sportwagen in Rot.
E. Keine Antwort ist richtig.

33)

A. Die Bezahlung ist im Voraus zu leisten.
B. Die Bezahlung ist im voraus zu leisten.
C. Die bezahlung ist im Voraus zuleisten.
D. Die bezahlung ist im voraus zuleisten.
E. Keine Antwort ist richtig.

34)

A. in bezug auf das schreiben
B. in bezug auf das Schreiben
C. in Bezug auf das schreiben
D. in Bezug auf das Schreiben
E. Keine Antwort ist richtig.

35)

A. Sie ist Aufs äußerste gereizt.
B. Sie ist aufs Äußerste gereizt.
C. Sie ist aufs Äußerste Gereizt.
D. Sie ist aufs äußerste Gereizt.
E. Keine Antwort ist richtig.

Infinitive bilden

Bearbeitungszeit 5 Minuten

Sie erhalten konjugierte Verben. Ihre Aufgabe besteht darin, jeweils den Infinitiv Präsens (Grundform) im nebenstehenden Feld einzutragen.

36) fuhr ____________________

37) tranken ____________________

38) will ____________________

39) flöge ____________________

40) grübe ____________________

41) riet ____________________

42) röche ____________________

43) gewusst ____________________

44) ließ ____________________

45) darfst ____________________

46) hielt ____________________

47) sprecht ____________________

48) geschwollen ____________________

49) geklungen ____________________

50) sähe ____________________

Grammatik: Kurze Sätze

Bearbeitungszeit 5 Minuten

Die folgenden Aufgaben prüfen Ihre Grammatikkenntnisse.

Beantworten Sie bitte die folgenden Aufgaben, indem Sie jeweils den richtigen Lösungsbuchstaben markieren.

51)

A. Statt zu verreisen, blieb ich lieber zu Hause.
B. Statt zu verreisen, bleibte ich lieber zu Hause.
C. Statt zu verreisen, bin ich lieber zu Hause gebleibt.
D. Statt zu verreisen, habe ich lieber zu Hause geblieben.
E. Keine Antwort ist richtig.

52)

A. Nach einen ausgedehnten Spaziergang sitzte sie sich erst einmal hin.
B. Nach einem ausgedehnten Spaziergang saß sie sich erst einmal hin.
C. Nach einem ausgedehnten Spaziergang setzte sie sich erst einmal hin.
D. Nach einen ausgedehnten Spaziergang setzt sie sich erst einmal hin.
E. Keine Antwort ist richtig.

53)

A. Als ich im Herbst nach Hause kommte, fielen schon die Blätter von den Bäumen.
B. Als ich im Herbst nach Hause kam, fällten schon die Blätter von den Bäumen.
C. Als ich im Herbst nach Hause gekommen bin, sind schon die Blätter von den Bäumen gefallt.
D. Als ich im Herbst nach Hause kam, fielen schon die Blätter von den Bäumen.
E. Keine Antwort ist richtig.

54)

A. Ich freue mich, unser neue Kollege begrüßen zu dürfen.
B. Ich freue mich, unseren neuen Kollegen begrüßen zu dürfen.
C. Ich freue mich, unserem neuen Kollegen begrüßen zu dürfen.
D. Ich freue mich, unseren neuen Kollegen zu begrüßen zu dürfen.
E. Keine Antwort ist richtig.

55)

A. Hättest du geschwiegen gehabt, würde die Angelegenheit glimpflicher ausgegangen sein.

B. Hast du geschwiegen, wäre die Angelegenheit glimpflicher ausgegangen.

C. Hättest du geschwiegen, ist die Angelegenheit glimpflicher ausgegangen.

D. Hättest du geschwiegen, wäre die Angelegenheit glimpflicher ausgegangen.

E. Keine Antwort ist richtig.

56)

A. Angesichts ihrer Qualitäten dürfte ihr die Aufgabe nicht schwerfallen.

B. Angesichts ihren Qualitäten dürfte ihr die Aufgabe nicht schwerfallen.

C. Angesichts ihrer Qualitäten dürfte ihr die Aufgabe nicht schwer fallen.

D. Angesichts ihren Qualitäten dürfte ihr die Aufgabe nicht schwer fallen.

E. Keine Antwort ist richtig.

57)

A. Entgegen seinem guten Vorsatz hat er ständig zu schnell gefahren.

B. Entgegen seines guten Vorsatzes fuhr er ständig zu schnell.

C. Entgegen seinem guten Vorsatz ist er ständig zu schnell gefahren.

D. Entgegen seine guten Vorsatz fährt er ständig zu schnell.

E. Keine Antwort ist richtig.

58)

A. Dieses Problem haben viele Leute in bestimmten Situationen.

B. Dieses Problem hat viele Leute in bestimmten Situationen.

C. Dieser Problem hat viele Leute in bestimmten Situationen.

D. Diesen Problem haben viele Leute in bestimmten Situationen.

E. Keine Antwort ist richtig.

59)

A. Vorgestern scheinte die Sonne.

B. Vorgestern hat die Sonne gescheint.

C. Vorgestern schien die Sonne.

D. Vorgestern hatte die Sonne geschient.

E. Keine Antwort ist richtig.

60)

A. Als versierter Kenner griechischer Heldensagen kamen ihm Zweifel ob der Schlichtheit dieses Werks.

B. Als versiertem Kenner griechischer Heldensagen kamen ihm Zweifel ob der Schlichtheit dieses Werks.

C. Als versierte Kenner griechische Heldensagen kamen ihm Zweifel ob die Schlichtheit dieses Werks.

D. Als versierten Kennern griechischen Heldensagen kamen ihm Zweifel ob der Schlichtheit dieses Werks.

E. Keine Antwort ist richtig.

Konjunktionen

Bearbeitungszeit 5 Minuten

Welche Konjunktion füllt die Lücke so, dass der fertige Satz die vorangestellte Aussage sinngemäß wiedergibt?

Der vorgestellte Sachverhalt wird im Lückentext umformuliert.

Hierzu ein Beispiel

Aufgabe

1) und | doch | aber | sondern | denn

Durch das einjährige Auslandsstudium in London verbesserte er seine Sprachkenntnisse in Englisch.

Er spricht gut Englisch, ______________ er war ein Jahr in London.

Antwort

Er spricht gut Englisch, denn er war ein Jahr in London.

Im vorgestellten Beispielsatz ist das Auslandsstudium in London der Grund für die Verbesserung seiner Sprachkenntnisse. Gesucht wird also eine kausale (begründende) Konjunktion; somit kann nur „denn" stimmen.

Bitte bearbeiten Sie nun die Aufgaben: Setzen Sie die richtige Konjunktion in das Feld ein, sodass sich ein grammatisch korrekter Satz ergibt. Der Sinn der vorangestellten Aussage darf dabei nicht verändert werden.

61) So | Ob | Als | Wie | Aber

Er fährt seit Jahren Lkw. Der Unfall hätte ihm daher nicht passieren dürfen.

______ erfahrenem Lkw-Fahrer hätte Herrn Zenker der Unfall nicht passieren dürfen.

62) als ob | wenn | wiewohl | weil | während

Wegen einer Reifenpanne kam Herr Schlegel zu spät zur Arbeit.

Herr Schlegel kam zu spät zur Arbeit, ______________ er eine Reifenpanne hatte.

63) und | oder | aber | schließlich | doch

Bernd war vor einem Jahr in Australien. Vor zwei Jahren war er in Vietnam. Vor drei Jahren hat er ein Praktikum in Südafrika gemacht.

Bernd war schon in Australien, in Vietnam

__________ in

Südafrika.

64) als | und | je | wie | oder

Nach dem Sport hatte Martin großen Hunger. Er verschlang zwei große Schnitzel.

Nach dem Sport aß Martin

______ ein Scheunendrescher

und verschlang zwei große

Schnitzel.

65) denn | während | wobei | als | nachdem

Seit ihrem Fahrradunfall vor einer Woche hat Corinna eine dicke Beule am Knie.

Corinna hat eine Beule am Knie,

__________ sie einen Fahrradunfall hatte.

66) obwohl | dafür | statt | doch | oder

Michael hat vielleicht ein großes Auto. Ich habe dafür ein schnelles Motorrad.

Michael hat vielleicht ein großes Auto, __________ ich habe

ein schnelles Motorrad.

67) ob | auch | oder | wie | als

Der eine Weg führt nach links, der andere nach rechts. Einen von beiden müssen wir nehmen.

Wir können nur nach links

______ nach rechts gehen.

68) indem | obwohl | wenn | falls | damit

Mit dem Ticketkauf im Internet sparte Anna Zeit und Geld – so konnte sie zwei Fliegen mit einer Klappe schlagen.

Anna schlug zwei Fliegen mit

einer Klappe, __________ sie die

Tickets im Internet kaufte.

69) während | sodass | weil | falls | als ob

Bei dem Tempo können wir schon viel früher am Ziel sein. Wir müssen es nur halten.

Wir können früher am Ziel sein, __________ wir weiterhin so schnell sind.

70) bevor | nachdem | während | wie | dabei

Im Einsatz kann ich doch nicht privat telefonieren!

Ich kann doch nicht privat telefonieren, __________ ich im Einsatz bin!

Kommasetzung

Bearbeitungszeit 7½ Minuten

In diesem Abschnitt geht es darum, die richtige Kommasetzung zu erkennen.

Bearbeiten Sie bitte die folgenden Aufgaben, indem Sie jeweils den Lösungsbuchstaben des korrekt interpunktierten Satzes markieren.

71)

A. Sicherlich kann nicht immer alles berücksichtigt werden da das Leben sehr komplex ist.
B. Sicherlich kann nicht immer alles berücksichtigt werden, da das Leben sehr komplex ist.
C. Sicherlich, kann nicht immer alles berücksichtigt werden da das Leben sehr komplex ist.
D. Sicherlich kann nicht immer, alles berücksichtigt werden, da das Leben sehr komplex ist.
E. Keine Antwort ist richtig.

72)

A. Sie ging zu ihrem Ausbildungsplatz und sie freute sich darüber.
B. Sie ging zu ihrem Ausbildungsplatz, und sie freute, sich darüber.
C. Sie ging, zu ihrem Ausbildungsplatz und sie freute sich darüber.
D. Sie ging, zu ihrem Ausbildungsplatz, und sie freute sich darüber.
E. Keine Antwort ist richtig.

73)

A. Sie ging zu ihrem Ausbildungsplatz, legte ihre Jacke ab und zog sich die Arbeitskleidung über.
B. Sie ging zu ihrem Ausbildungsplatz legte ihre Jacke ab und zog sich die Arbeitskleidung über.
C. Sie ging zu ihrem Ausbildungsplatz, legte ihre Jacke ab, und zog sich die Arbeitskleidung über.
D. Sie ging, zu ihrem Ausbildungsplatz, legte ihre Jacke ab, und zog sich die Arbeitskleidung über.
E. Keine Antwort ist richtig.

74)

A. Wir würden es begrüßen wenn es uns gelingt, alle Leser optimal auf die Einstellungstests vorzubereiten.

B. Wir, würden es begrüßen, wenn es uns gelingt, alle Leser optimal auf die Einstellungstests vorzubereiten.

C. Wir würden es begrüßen, wenn es uns gelingt, alle Leser optimal auf die Einstellungstests vorzubereiten.

D. Wir würden es begrüßen, wenn es uns gelingt alle Leser optimal auf die Einstellungstests vorzubereiten.

E. Keine Antwort ist richtig.

75)

A. Man kann davon ausgehen, dass schlecht gebaute Häuser, das nächste Erdbeben nicht überstehen.

B. Man kann davon ausgehen dass schlecht gebaute Häuser das nächste Erdbeben nicht überstehen.

C. Man kann, davon ausgehen, dass schlecht gebaute Häuser, das nächste Erdbeben nicht überstehen.

D. Man kann davon ausgehen, dass schlecht gebaute Häuser das nächste Erdbeben nicht überstehen.

E. Keine Antwort ist richtig.

76)

A. Ein wichtiger Aspekt, der die Konzentration eines Menschen beeinflussen kann, ist Übung.

B. Ein wichtiger Aspekt der die Konzentration eines Menschen beeinflussen kann ist Übung.

C. Ein wichtiger Aspekt der die Konzentration eines Menschen beeinflussen kann, ist Übung.

D. Ein wichtiger Aspekt, der die Konzentration eines Menschen beeinflussen kann ist Übung.

E. Keine Antwort ist richtig.

77)

A. Man weiß, dass der Mensch in der Lage ist viele unerwartete Dinge zu tun.

B. Man weiß, dass der Mensch in der Lage ist, viele unerwartete Dinge zu tun.

C. Man weiß dass der Mensch in der Lage ist viele unerwartete Dinge zu tun.

D. Man weiß dass der Mensch in der Lage ist, viele unerwartete Dinge zu tun.

E. Keine Antwort ist richtig.

78)

A. Begründen Sie bitte, warum Sie Mechatroniker werden, möchten!

B. Begründen Sie bitte, warum Sie Mechatroniker werden möchten!

C. Begründen Sie bitte warum Sie Mechatroniker werden möchten!

D. Begründen Sie, bitte warum Sie Mechatroniker werden möchten!

E. Keine Antwort ist richtig.

79)

A. Ich habe so viel Arbeit, dass ich gar nicht weiß wo ich anfangen soll.

B. Ich habe so viel Arbeit, dass ich gar nicht weiß, wo ich anfangen soll.

C. Ich habe so viel Arbeit, dass ich gar nicht weiß wo, ich anfangen soll.

D. Ich habe so viel Arbeit dass ich gar nicht weiß, wo ich anfangen soll.

E. Keine Antwort ist richtig.

80)

A. Es gibt eine Umleitung weil eine Baustelle eingerichtet wird die es zu umfahren gilt.

B. Es gibt, eine Umleitung, weil eine Baustelle eingerichtet wird, die es zu umfahren gilt.

C. Es gibt eine Umleitung, weil eine Baustelle eingerichtet wird die es zu umfahren gilt.

D. Es gibt eine Umleitung, weil eine Baustelle eingerichtet wird, die es zu umfahren gilt.

E. Keine Antwort ist richtig.

Gegenteilige Begriffe

Bearbeitungszeit 5 Minuten

Ordnen Sie den Begriffen die gegenteilige Bedeutung zu, indem Sie den entsprechenden Lösungsbuchstaben in das zugehörige Kästchen eintragen.

Begriffe		A–J	Gegenteilige Begriffe	
81)	Problem	____	**A.**	Diebstahl
82)	Frage	____	**B.**	Lösung
83)	Weg	____	**C.**	Sicherheit
84)	Beruf	____	**D.**	Ziel
85)	Lyrik	____	**E.**	Einzelperson
86)	Risiko	____	**F.**	Antwort
87)	Vortrag	____	**G.**	Gespräch
88)	Gruppe	____	**H.**	Opfer
89)	Täter	____	**I.**	Hobby
90)	Geschenk	____	**J.**	Prosa

Ein Wort fällt aus der Reihe *Bearbeitungszeit 5 Minuten*

In diesem Abschnitt steht Ihr Sprachgefühl auf dem Prüfstand.

Pro Aufgabe erhalten Sie fünf Wörter, wovon vier sich in einer gewissen Weise entsprechen. Ein Begriff passt nicht in die Reihe – bitte markieren Sie den zugehörigen Lösungsbuchstaben.

Hierzu ein Beispiel

Aufgabe

1)

A. Motorrad
B. Personenkraftwagen
C. Lastkraftwagen
D. Traktor
E. Rose

Antwort

(E.) Rose

Bei den ersten vier Antworten handelt es sich um Kraftfahrzeuge. Bei der fünften Antwort handelt es sich um eine Pflanze. „Rose" passt nicht – Lösungsbuchstabe ist daher das E.

Bitte bearbeiten Sie nun die Aufgaben: Markieren Sie jeweils den Lösungsbuchstaben des aus der Reihe fallenden Wortes.

91)

A. Hitler
B. Stalin
C. Churchill
D. Napoleon I.
E. Roosevelt

92)

A. Rechteck
B. Dreieck
C. Sechseck
D. Viereck
E. Kreis

93)

A. Mango
B. Banane
C. Traube
D. Tomate
E. Pfirsich

94)

A. gehen
B. schwimmen
C. laufen
D. rennen
E. joggen

95)

A. Auto
B. Mofa
C. Motorrad
D. Fahrrad
E. Lkw

96)

A. Kugelschreiber
B. Radiergummi
C. Papier
D. Schule
E. Tinte

97)

A. Ohr
B. Nase
C. Herz
D. Auge
E. Mund

98)

A. Arrest
B. Polizei
C. Haft
D. Freiheitsstrafe
E. Knast

99)

A. eindrucksvoll
B. ungeschickt
C. beeindruckend
D. ungewöhnlich
E. imposant

100)

A. danach
B. darauf
C. gleich
D. hinterher
E. nachher

Sprichwörter

Bearbeitungszeit 7½ Minuten

Was bedeuten die folgenden Sprichwörter und Redensarten? Bitte markieren Sie den richtigen Lösungsbuchstaben.

101) Einem geschenkten Gaul schaut man nicht ins Maul.

A. Geschenke kritisiert man nicht.
B. Geschenke sind meistens von schlechter Qualität.
C. Große Geschenke sollte man besser nicht annehmen.
D. Die inneren Werte sind wichtig.
E. Keine Antwort ist richtig.

102) Übermut tut selten gut.

A. Überheblichkeit bringt Nachteile.
B. Risikobereitschaft lohnt sich nicht.
C. Risikobereitschaft lohnt sich.
D. Viele Leute scheitern aufgrund von Unwissen.
E. Keine Antwort ist richtig.

103) Steter Tropfen höhlt den Stein.

A. Es ist sinnlos zu versuchen, Steine mit Wasser auszuhöhlen.
B. Beharrlichkeit führt zum Erfolg.
C. Wasser ist härter als Stein.
D. Steine durchlöchert man am besten mit Tropfen.
E. Keine Antwort ist richtig.

104) Was du heute kannst besorgen, das verschiebe nicht auf morgen.

A. Kaufe immer möglichst viel auf einmal.
B. Wer schnell ist, bekommt die besten Angebote.
C. Man soll Dinge möglichst gleich erledigen.
D. Man soll nicht so viel an die Zukunft denken.
E. Keine Antwort ist richtig.

105) Zeit ist Geld.

A. Wer Zeit hat, hat auch Geld.
B. Jede Minute ist kostbar.
C. Zeit kann man nicht kaufen.
D. Reiche Menschen haben keine Zeit.
E. Keine Antwort ist richtig.

106) Durst macht aus Wasser Wein.

A. Wenn man verdurstet, bekommt man Halluzinationen.
B. In der Not sinken die Ansprüche.
C. Not macht erfinderisch.
D. Zu viel Wasser trinken ist nicht gesund.
E. Keine Antwort ist richtig.

107) Wie man sich bettet, so liegt man.

A. Es ist wichtig, ein gutes Bett zu haben.
B. Auf weichen Kissen lässt es sich gut schlafen.
C. Betten sind ein wichtiger Bestandteil unseres Lebens, da man viel Zeit im Schlaf verbringt.
D. Es hängt von jedem selbst ab, wie er sein Leben gestaltet.
E. Keine Antwort ist richtig.

108) Der Krug geht so lange zum Brunnen, bis er bricht.

A. Etwas geht meistens gut.
B. Etwas geht nicht auf Dauer gut.
C. Dinge sind ersetzbar.
D. Etwas geht zufällig gut.
E. Keine Antwort ist richtig.

109) Eine Schlange am Busen nähren.

A. Viele Menschen sind falsch.
B. Falschen Freunden vertrauen
C. Es ist gut, jemandem zu vertrauen.
D. Ein krankes Tier aufziehen
E. Keine Antwort ist richtig.

110) Die Katze im Sack kaufen.

A. Man erwirbt etwas, ohne es vorher geprüft zu haben.
B. Risikobereitschaft lohnt sich nicht.
C. Viele Leute scheitern aufgrund zu hoher Risikobereitschaft.
D. Etwas Wertvolles bleibt oft unerkannt.
E. Keine Antwort ist richtig.

Lösungen: Sprachbeherrschung

1) D	31) B	61) Als
2) A	32) A	62) weil
3) D	33) A	63) und
4) B	34) D	64) wie
5) A	35) B	65) nachdem
6) B	36) fahren	66) doch
7) C	37) trinken	67) oder
8) A	38) wollen	68) indem
9) A	39) fliegen	69) falls
10) B	40) graben	70) während
11) D	41) raten	71) B
12) B	42) riechen	72) A
13) B	43) wissen	73) A
14) A	44) lassen	74) C
15) D	45) dürfen	75) D
16) A	46) halten	76) A
17) C	47) sprechen	77) B
18) C	48) schwellen	78) B
19) D	49) klingen	79) B
20) B	50) sehen	80) D
21) B	51) A	81) B
22) B	52) C	82) F
23) D	53) D	83) D
24) B	54) B	84) I
25) C	55) D	85) J
26) A	56) A	86) C
27) D	57) C	87) G
28) A	58) A	88) E
29) B	59) C	89) H
30) A	60) B	90) A

91) D	98) B	105) B
92) E	99) B	106) B
93) D	100) C	107) D
94) B	101) A	108) B
95) D	102) A	109) B
96) D	103) B	110) A
97) C	104) C	

Welche Schreibweise stimmt? (Aufgaben 1–15)

Zu 1) **D.** bedeutendster

Zu 2) **A.** Strategie

Zu 3) **D.** Formular

Zu 4) **B.** Maschine

Zu 5) **A.** Laminat

Zu 6) **B.** Zement

Zu 7) **C.** Akademie

Zu 8) **A.** kohärent

Zu 9) **A.** Physiologie

Zu 10) **B.** Galerie

Zu 11) **D.** Entgelt

Zu 12) **B.** Verifikation

Zu 13) **B.** Vorstellungsgespräch

Zu 14) **A.** Animateur

Zu 15) **D.** Gynäkologen

Rechtschreibung: Lückentext (Aufgaben 16–25)

Zu 16) **A.** genetisch

Die richtige Antwort ist A, da die anderen Möglichkeiten hier inhaltlich keinen Sinn ergeben.

Zu 17) **C.** Baumes

Das gesuchte Substantiv muss ebenso wie der Artikel „eines" im Genitiv Singular stehen. Folglich passt nur Antwort C „Baumes".

Zu 18) **C.** Generation

Nach „jede" muss ein Wort im Singular stehen, das trifft nur auf Antwort C „Generation" zu.

Zu 19) **D.** Zeugnis

Hier kommt nur Antwort D infrage, da B und C den falschen Kasus haben und A falsch geschrieben ist.

Zu 20) B. geistesgegenwärtig

Das Adjektiv darf hier nicht dekliniert sein. Antwort A ist falsch geschrieben, darum bleibt nur B als richtige Lösung.

Zu 21) B. Kohlenhydraten

Die richtige Antwort ist B „Kohlenhydraten", da sie als einzige den richtigen Kasus, nämlich Dativ Plural hat. Alle anderen Formen beinhalten zudem Rechtschreibfehler.

Zu 22) B. identifizieren

Die richtige Lösung lautet B, alle anderen Antworten passen grammatisch und inhaltlich nicht.

Zu 23) D. Jalousien

Da das Adjektiv „hochwertige" im Plural steht, muss auch das zugehörige Objekt im Plural stehen, so kommt als korrekte Antwort nur „Jalousien" in Betracht.

Zu 24) B. verwandt

Inhaltlich und grammatikalisch richtig ist nur Antwort B „verwandt".

Zu 25) C. Intensität

Die richtige Lösung ist C „Intensität", alle anderen Antworten sind falsch geschrieben.

Groß- und Kleinschreibung (Aufgaben 26–35)

Zu 26) A. Die Mannschaft hat ihr Bestes gegeben.

Substantivierte Adjektive („ihr Bestes") werden großgeschrieben.

Zu 27) D. Sie ging als Letzte durch das Ziel.

Substantivierte Adjektive als Ordinalzahlen (z. B. „der Erste", „der Letzte") werden großgeschrieben – sowohl bei Verwendung in wörtlicher als auch in übertragener Bedeutung.

Zu 28) A. Die Untersuchung ergab nichts Neues.

Substantivierte Adjektive („Neues") werden großgeschrieben.

Zu 29) B. Unsere Jüngste ist auch schon fünf Jahre alt.

Substantivierte Adjektive („Jüngste") werden großgeschrieben.

Zu 30) A. Es wurde gestern Abend noch sehr spät.

Zeitadverbien wie „gestern", „heute" oder „morgen" schreibt man klein. Steht dahinter eine Tageszeit, betrachtet man diese als Substantiv und schreibt sie groß („Abend").

Zu 31) **B.** Sie hat drei Zweier im Zeugnis.

Substantivierte Grund- und Ordnungszahlen („Zweier") werden großgeschrieben.

Zu 32) **A.** Sie mag am liebsten Sportwagen in Rot.

Substantivierte Adjektive („Rot") werden großgeschrieben.

Zu 33) **A.** Die Bezahlung ist im Voraus zu leisten.

Substantivisch gebrauchte Adverbien („im Voraus") werden großgeschrieben.

Zu 34) **D.** in Bezug auf das Schreiben

Substantive werden auch in festen Wendungen („in Bezug", „mit Bezug") generell großgeschrieben. Substantivierte Verben („das Schreiben") schreibt man ebenfalls groß.

Zu 35) **B.** Sie ist aufs Äußerste gereizt.

Das Adjektiv „gereizt" und die Präposition-Artikel-Verschmelzung „aufs" schreibt man klein. Superlative in Verbindung mit „aufs" kann man klein- oder großschreiben („aufs Äußerste/äußerste").

Infinitive bilden (Aufgaben 36–50)

Zu 36) fuhr – ***fahren***

Zu 37) tranken – ***trinken***

Zu 38) will – ***wollen***

Zu 39) flöge – ***fliegen***

Zu 40) grübe – ***graben***

Zu 41) riet – ***raten***

Zu 42) röche – ***riechen***

Zu 43) gewusst – ***wissen***

Zu 44) ließ – ***lassen***

Zu 45) darfst – ***dürfen***

Zu 46) hielt – ***halten***

Zu 47) sprecht – ***sprechen***

Zu 48) geschwollen – ***schwellen***

Zu 49) geklungen – ***klingen***

Zu 50) sähe – ***sehen***

Grammatik: Kurze Sätze (Aufgaben 51–60)

Zu 51) A. Statt zu verreisen, blieb ich lieber zu Hause.

Nur in Lösungsvorschlag A findet sich eine korrekte Vergangenheitsform (Präteritum) des Verbs „bleiben".

Zu 52) C. Nach einem ausgedehnten Spaziergang setzte sie sich erst einmal hin.

Die Präposition „nach" zieht den Dativ nach sich, der nur in den Vorschlägen B und C richtig gebildet wird („einem ausgedehnten Spaziergang"). Doch nur Antwort C enthält zugleich auch eine korrekte Vergangenheitsform (Präteritum) von „hinsetzen".

Zu 53) D. Als ich im Herbst nach Hause kam, fielen schon die Blätter von den Bäumen.

Nur in Lösungsvorschlag D finden sich korrekte Vergangenheitsformen (Präteritum) der Verben „kommen" und „fallen". Beide Verben werden unregelmäßig gebeugt.

Zu 54) B. Ich freue mich, unseren neuen Kollegen begrüßen zu dürfen.

Die Substantivgruppe „unser neuer Kollege" muss hier im Akkusativ stehen, und die korrekte Verbkonstruktion lautet „begrüßen zu dürfen". Somit kommt nur Vorschlag B infrage.

Zu 55) D. Hättest du geschwiegen, wäre die Angelegenheit glimpflicher ausgegangen.

Nur in Lösungsvorschlag D finden sich die richtigen Konjunktivformen (Konjunktiv II) von „haben" und „sein".

Zu 56) A. Angesichts ihrer Qualitäten dürfte ihr die Aufgabe nicht schwerfallen.

Die Präposition „angesichts" zieht den Genitiv nach sich, der nur in den Vorschlägen A und C korrekt gebildet wird („ihrer Qualitäten"). Doch nur Antwort A berücksichtigt zugleich, dass das Verb „schwerfallen" in übertragener Bedeutung steht und daher zusammenzuschreiben ist.

Zu 57) C. Entgegen seinem guten Vorsatz ist er ständig zu schnell gefahren.

Die Präposition „entgegen" kann im Plural auch mit Genitiv, im Singular aber nur mit Dativ stehen wie in den Vorschlägen A und C („seinem guten Vorsatz"). In Satz A findet sich jedoch eine falsche Verbkonstruktion, sodass nur Antwort C infrage kommt.

Zu 58) **A.** Dieses Problem haben viele Leute in bestimmten Situationen.

Das Subjekt des Satzes lautet „viele Leute", dementsprechend muss auch das davon abhängige Verb im Plural stehen. Darüber hinaus muss die Substantivgruppe „dieses Problem" im Akkusativ stehen („Wen oder was haben viele Leute?"). Somit kommt nur Vorschlag A infrage.

Zu 59) **C.** Vorgestern schien die Sonne.

In der Umgangssprache sind auch die Formen „scheinte" und „hat gescheint" verbreitet, doch standardsprachlich wird das Verb „scheinen" unregelmäßig gebeugt („schien", „geschienen"): Lösungsvorschlag C stimmt.

Zu 60) **B.** Als versiertem Kenner griechischer Heldensagen kamen ihm Zweifel ob der Schlichtheit dieses Werks.

Die Substantivgruppe „als versierter Kenner" bezieht sich auf das Personalpronomen „ihm" und muss im selben Kasus stehen, nämlich im Dativ („als versiertem Kenner"). Die Substantivgruppe „griechische Heldensagen" muss im Genitiv stehen („griechischer Heldensagen"). „Ob" ist hier keine Konjunktion, sondern eine Präposition, die „wegen" oder „angesichts" bedeutet und üblicherweise den Genitiv nach sich zieht („ob der Schlichtheit"). Somit kommt nur Vorschlag B infrage.

Konjunktionen (Aufgaben 61–70)

Zu 61)

Als erfahrenem Lkw-Fahrer hätte Herrn Zenker der Unfall nicht passieren dürfen.

Hier verbindet die Konjunktion „als" zwei Satzteile miteinander. Alle weiteren Vorschläge sind allein schon grammatisch nicht möglich.

Zu 62)

Herr Schlegel kam zu spät zur Arbeit, *weil* er eine Reifenpanne hatte.

Die Reifenpanne ist der Grund für Herrn Schlegels Verspätung. Gesucht wird also nach einer kausalen (begründenden) Konjunktion – somit kommt nur „weil" infrage.

Zu 63)

Bernd war schon in Australien, in Vietnam *und* in Südafrika.

Hier werden mehrere Orte aufgezählt, die Bernd schon besucht hat. Aufzählungen erfordern eine kopulative (verbindende) Konjunktion wie

„und". Alle anderen Ergänzungen würden den Sinngehalt verändern und/oder einen grammatisch falschen Satz ergeben.

Zu 64)

Nach dem Sport aß Martin ***wie*** ein Scheunendrescher und verschlang zwei große Schnitzel.

Hier verbindet die Konjunktion „wie" zwei Satzteile miteinander. Alle weiteren Vorschläge sind grammatisch („und", „je") oder logisch („als", „oder") nicht möglich.

Zu 65)

Corinna hat eine Beule am Knie, ***nachdem*** sie einen Fahrradunfall hatte.

Der Fahrradunfall ist zum einen der Grund für Corinnas Beule. Doch die in der Auswahl vorgeschlagene nebenordnende kausale Konjunktion „denn" scheidet aus, weil der Satzbau (Hauptsatz + Nebensatz) eine unterordnende Konjunktion erfordert. Zum anderen wird eine zeitliche Abfolge beschrieben, die mit der temporalen Konjunktion „nachdem" korrekt wiedergegeben werden kann.

Zu 66)

Michael hat vielleicht ein großes Auto, ***doch*** ich habe ein schnelles Motorrad.

Hier wird ein Gegensatz ausgedrückt, indem das schnelle Motorrad gegen das große Auto ausgespielt wird. Gesucht wird nach einem adversativen Bindewort, das infolge des Satzbaus (Hauptsatz + Hauptsatz) dazu noch nebenordnend sein muss – das unterordnende „wohingegen" scheidet schon allein daher aus. Die korrekte Lösung lautet „doch".

Zu 67)

Wir können nur nach links ***oder*** nach rechts gehen.

Hier wird eine Auswahl festgelegt: Es kann nur einer von zwei Wegen beschritten werden. Gesucht wird also eine disjunktive Konjunktion, die sich mit „oder" schließlich auch unter den Vorschlägen findet.

Zu 68)

Anna schlug zwei Fliegen mit einer Klappe, ***indem*** sie die Tickets im Internet kaufte.

Der Ticketkauf im Internet beschreibt das Mittel bzw. die Art und Weise, mit der Anna Zeit und Geld sparen und somit zwei Fliegen mit einer Klappe schlagen konnte. Die passende modale Konjunktion lautet „indem".

Zu 69)

Wir können früher am Ziel sein, ***falls*** wir weiterhin so schnell sind.

Der Aufgabensatz legt eine Bedingung fest: Eine frühere Ankunft ist möglich, vorausgesetzt, die Geschwindigkeit bleibt hoch. Die passende konditionale Konjunktion lautet „falls“. Das kausale Bindewort „weil“ ist fehl am Platz, weil es bereits voraussetzt, dass das Tempo auch tatsächlich eingehalten wird. Dies ist aber nicht sicher.

Zu 70)

Ich kann doch nicht privat telefonieren, ***während*** ich im Einsatz bin!

Die vorangestellte Aussage dreht sich um die Gleichzeitigkeit von Handytelefonaten und Einsatzzeit. Die passende temporale Konjunktion lautet „während“.

Erläuterung

Konjunktionen (Bindewörter) verknüpfen Wörter, Wortgruppen oder ganze Sätze, wobei man in neben- und unterordnende Konjunktionen unterscheidet: Nebenordnende Konjunktionen verbinden Hauptsätze sowie gleichrangige Satzglieder, Wortgruppen oder Nebensätze („Er kam zu spät, denn er hatte verschlafen“). Unterordnende Konjunktionen verbinden Hauptsätze mit Nebensätzen oder Nebensätze mit weiteren, untergeordneten Nebensätzen („Er kam zu spät, weil er verschlafen hatte, da der Wecker defekt war“). Aus dem Satzbau können Sie also darauf schließen, ob eine neben- oder unterordnende Konjunktion gesucht wird.

Darüber hinaus geben Konjunktionen Auskunft über die logische Beziehung, die zwischen den verknüpften Elementen besteht. Bindewörter können einen Gegensatz ausdrücken (adversativ: „aber“, „wohingegen“), Möglichkeiten aus einer Auswahl ausschließen (disjunktiv: „oder“, „entweder … oder“), einen Zweck bzw. eine Absicht wiedergeben (final: „um … zu“, „damit“), eine Ursache angeben (kausal: „denn“, „weil“), eine Bedingung einleiten (konditional: „falls“, „wenn“), die Folgen des Vorangegangenen ausführen (konsekutiv: „dass“, „sodass“), einen Hinderungsgrund nennen (konzessiv: „obwohl“, „wenn auch“), mehrere Elemente zu einer Aufzählung verbinden (kopulativ: „und“, „nicht nur … sondern auch“), die Art und Weise einer Handlung beschreiben (modal: „indem“, „ohne … zu“) oder eine zeitliche Reihenfolge wiedergeben (temporal: „als“, „nachdem“).

Manche Konjunktionen („ob", „dass") leiten bisweilen auch nur Nebensätze ein, ohne eine Bedeutung mitzuteilen.

Kommasetzung (Aufgaben 71–80)

Zu 71) B. Sicherlich kann nicht immer alles berücksichtigt werden, da das Leben sehr komplex ist.

Am Anfang steht der Hauptsatz, der durch das Komma vom Kausalnebensatz getrennt wird.

Zu 72) A. Sie ging zu ihrem Ausbildungsplatz und sie freute sich darüber.

Nach der neuen Rechtschreibung müssen zwei gleichrangige Teilsätze, die durch die Konjunktion „und" verbunden sind, nicht mehr durch ein Komma getrennt werden.

Zu 73) A. Sie ging zu ihrem Ausbildungsplatz, legte ihre Jacke ab und zog sich die Arbeitskleidung über.

Das Komma ist durch eine Aufzählung bedingt.

Zu 74) C. Wir würden es begrüßen, wenn es uns gelingt, alle Leser optimal auf die Einstellungstests vorzubereiten.

Das erste und zweite Komma trennen den eingeschobenen Konditionalsatz, der durch „wenn" eingeleitet ist und auf das Verb „gelingt" endet, vom Hauptsatz.

Zu 75) D. Man kann davon ausgehen, dass schlecht gebaute Häuser das nächste Erdbeben nicht überstehen.

Das Komma leitet einen Nebensatz ein.

Zu 76) A. Ein wichtiger Aspekt, der die Konzentration eines Menschen beeinflussen kann, ist Übung.

Die beiden Kommas grenzen einen eingeschobenen Relativsatz vom Hauptsatz ab.

Zu 77) B. Man weiß, dass der Mensch in der Lage ist, viele unerwartete Dinge zu tun.

Das erste Komma steht am Anfang eines Nebensatzes, der mit dem zweiten Komma beendet wird. Zudem beginnt mit dem zweiten Komma ein Infinitivsatz.

Zu 78) **B.** Begründen Sie bitte, warum Sie Mechatroniker werden möchten!

Das Komma trennt zwei Hauptsätze voneinander.

Zu 79) **B.** Ich habe so viel Arbeit, dass ich gar nicht weiß, wo ich anfangen soll.

Das erste Komma trennt den Hauptsatz vom nachfolgenden Nebensatz. Das zweite Komma leitet einen Relativsatz in Form eines lokalen Adverbialsatzes ein.

Zu 80) **D.** Es gibt eine Umleitung, weil eine Baustelle eingerichtet wird, die es zu umfahren gilt.

Das erste Komma trennt den Hauptsatz von einem Kausalnebensatz. Auf das zweite Komma folgt ein Relativsatz, der sich auf die Baustelle bezieht.

Gegenteilige Begriffe (Aufgaben 81–90)

Zu 81) Problem – **B.** Lösung

Zu 82) Frage – **F.** Antwort

Zu 83) Weg – **D.** Ziel

Zu 84) Beruf – **I.** Hobby

Zu 85) Lyrik – **J.** Prosa

Zu 86) Risiko – **C.** Sicherheit

Zu 87) Vortrag – **G.** Gespräch

Zu 88) Gruppe – **E.** Einzelperson

Zu 89) Täter – **H.** Opfer

Zu 90) Geschenk – **A.** Diebstahl

Lösungshinweis

Diese Aufgabe prüft Wortschatz und Sprachgefühl. Gehen Sie dabei sehr konzentriert vor, da ein Fehler eine ganze Reihe anderer Fehler nach sich ziehen kann.

Beginnen Sie systematisch mit dem ersten Begriff in der linken Spalte und überprüfen Sie die rechte Spalte Wort für Wort, bis Sie die gegenteilige Bedeutung gefunden haben. Tragen Sie dann den Buchstaben in das leere Kästchen in der mittleren Spalte ein. Wenn Sie sich nicht ganz sicher sind, dann verschieben Sie Ihre Entscheidung – vielleicht löst sich das Problem am Ende von selbst, da nur noch eine Möglichkeit übrig bleibt.

Wenn nach dem ersten Durchgang noch Lücken klaffen, dann hilft eventuell eine Umkehr des Verfahrens weiter: Man nehme sich das Wort aus der rechten Spalte vor und suche dazu aus der linken Spalte den Begriff mit der gegenteiligen Bedeutung.

Zum Schluss sollte geprüft werden, ob alle Buchstaben einmal eingetragen sind.

Ein Wort fällt aus der Reihe (Aufgaben 91–100)

Zu 91) D. Napoleon I.

Napoleon I. lebte von 1768 bis 1821. Alle anderen Staatsführer dieser Reihe waren während des Zweiten Weltkriegs an der Macht.

Zu 92) E. Kreis

Alle genannten geometrischen Formen außer dem Kreis haben Ecken.

Zu 93) D. Tomate

Alle Lebensmittel außer der Tomate sind Obstarten.

Zu 94) B. schwimmen

Alle Verben außer „schwimmen" beziehen sich auf die Fortbewegung auf festem Boden.

Zu 95) D. Fahrrad

Alle Fahrzeuge – außer dem Fahrrad – haben einen Motor.

Zu 96) D. Schule

Alle Begriffe außer „Schule" stehen für ein Schreibutensil oder -zubehör.

Zu 97) C. Herz

Alle Organe außer dem Herz sind Sinnesorgane.

Zu 98) B. Polizei

Alle Begriffe außer „Polizei" stehen für eine Gefängnisstrafe oder Gefangensein.

Zu 99) B. ungeschickt

Alle Begriffe außer „ungeschickt" sind Synonyme für „außergewöhnlich".

Zu 100) C. gleich

Alle Begriffe außer „gleich" geben einen späteren Zeitpunkt an.

Sprichwörter (Aufgaben 101–110)

Zu 101) A. Geschenke kritisiert man nicht.

Dieses Sprichwort bezieht sich darauf, dass man an den Zähnen eines Pferdes sein Alter erkennen kann. Wenn man dem Pferd nicht ins Maul schauen soll, bedeutet das, dass man Geschenke nicht kritisieren, sondern dankbar annehmen sollte, auch wenn der Wert nicht allzu groß ist.

Zu 102) A. Überheblichkeit bringt Nachteile.

„Übermut tut selten gut" besagt, dass Überheblichkeit und Selbstüberschätzung sich oft nicht gerade positiv auswirken.

Zu 103) B. Beharrlichkeit führt zum Erfolg.

„Steter Tropfen höhlt den Stein" besagt, dass Ausdauer und Beharrlichkeit zum Erfolg führen und Beständigkeit sich auszahlt.

Zu 104) C. Man soll Dinge möglichst gleich erledigen.

Dieses Sprichwort empfiehlt, notwendige Arbeiten nicht aufzuschieben. Je eher man etwas erledigt hat, desto früher kann man sich wieder mit anderen, eventuell angenehmeren Dingen beschäftigen.

Zu 105) B. Jede Minute ist kostbar.

Dieses Sprichwort handelt vom Wert der Zeit: Man soll jede Minute sinnvoll nutzen und die Tage nicht einfach so verstreichen lassen.

Zu 106) B. In der Not sinken die Ansprüche.

Dieses Sprichwort besagt, dass in der Not die Ansprüche sinken. Unter gewissen Umständen gibt man sich also schon mit weniger zufrieden.

Zu 107) D. Es hängt von jedem selbst ab, wie er sein Leben gestaltet.

„Wie man sich bettet, so liegt man" besagt, dass jeder sein Schicksal in der eigenen Hand hat und selbst für die Folgen seines Handelns verantwortlich ist.

Zu 108) B. Etwas geht nicht auf Dauer gut.

Dieses Sprichwort kann verschieden ausgelegt werden. Allgemein bedeutet es, dass alles einmal zu Ende geht. Zugespitzt kann es bedeuten, dass etwas nicht auf Dauer gut geht oder jedes Unrecht irgendwann bestraft wird.

Zu 109) B. Falschen Freunden vertrauen

„Eine Schlange am Busen nähren" bedeutet, unaufrichtigen Personen zu vertrauen, die nur so tun, als ob sie Freunde wären.

Zu 110) A. Man erwirbt etwas, ohne es vorher geprüft zu haben.

„Die Katze im Sack kaufen" bedeutet, etwas zu kaufen, ohne es zuvor gesehen und/oder geprüft zu haben. Man lässt sich auf etwas Unbekanntes ein.

Fremdsprachenkenntnisse

Englisch: Wortbedeutungen *Bearbeitungszeit 7½ Minuten*

Geben Sie die korrekte Bedeutung des englischen Wortes wieder, indem Sie den richtigen Lösungsbuchstaben markieren.

1) fast

A. beinahe
B. schnell
C. kaum
D. ungefähr
E. sicher

2) to brake

A. stören
B. beugen
C. biegen
D. bremsen
E. brechen

3) responsible

A. aufnahmefähig
B. verantwortlich
C. fleißig
D. entschlossen
E. umstritten

4) law

A. Gesetz
B. Erniedrigung
C. Lüge
D. Liege
E. Rasen

5) to hide

A. verzögern
B. aufsteigen
C. abschwächen
D. verbergen
E. bemängeln

6) deal

A. Schwarzmarkt
B. Versicherung
C. Wahl
D. Verbrechen
E. Abkommen

7) intention

A. Beachtung
B. Absicherung
C. Klarheit
D. Verhandlung
E. Absicht

8) eventually

A. möglicherweise
B. schließlich
C. festlich
D. gelegentlich
E. unabhängig

9) ridiculous

A. ritterlich
B. extrem
C. lächerlich
D. herausragend
E. unsicher

10) incident

A. Entscheidung
B. Entzündung
C. Unentschlossenheit
D. Vorfall
E. Auffälligkeit

11) to harm

A. vergnügen
B. übereinstimmen
C. verehren
D. schaden
E. vermeiden

12) unable

A. unnahbar
B. unvollständig
C. unfähig
D. unklar
E. unbeschwert

13) to carry something

A. etwas sammeln
B. etwas tragen
C. etwas vermeiden
D. etwas kaufen
E. sich an etwas erinnern

14) obvious

A. verdächtig
B. abwegig
C. offensichtlich
D. unentschlossen
E. absurd

15) brief

A. entfernt
B. kurz
C. schriftlich
D. persönlich
E. geschickt

Englisch: Rechtschreibung

Bearbeitungszeit 7½ Minuten

Welche Schreibweise stimmt? Beantworten Sie bitte die folgenden Aufgaben, indem Sie jeweils den richtigen Lösungsbuchstaben markieren.

16) Wie schreibt sich das englische Wort für „Sonntag"?

A. Sunday
B. Saturday
C. Sanday
D. Sathurday
E. Sunnday

17) Wie schreibt sich das englische Wort für „Montag"?

A. Monday
B. Manday
C. Mondey
D. Mandey
E. Mannday

18) Wie schreibt sich das englische Wort für „Dienstag"?

A. Tusday
B. Thuesday
C. Teusday
D. Tuesday
E. Toosday

19) Wie schreibt sich das englische Wort für den Monat März?

A. Match
B. Martch
C. Marce
D. March
E. Marty

20) Wie schreibt sich das englische Wort für den Monat Februar?

A. Februar
B. February
C. Februare
D. Februarry
E. Februery

21) Wie schreibt sich das englische Wort für „Vorschlag"?

A. suggestion
B. sudgestion
C. sugesstion
D. suggestien
E. sutiestion

22) Wie schreibt sich das englische Wort für „Gewalt"?

A. violance
B. violense
C. vayolens
D. violence
E. vaiolanse

23) Wie schreibt sich das englische Wort für „Aufgabe", „Übung"?

A. excercice
B. excercize
C. exersize
D. exserzise
E. exercise

24) Wie schreibt sich das englische Wort für „Erfahrung"?

A. experience
B. expearience
C. expiriense
D. experiense
E. expeerience

25) Wie schreibt sich das englische Wort für „Akzeptanz"?

A. axeptance
B. acceptance
C. exeptence
D. ecceptence
E. axeptanse

26) Wie schreibt sich das englische Wort für „verdächtig"?

A. susspicius
B. suspicius
C. suspicious
D. suspetious
E. suspitious

27) Wie schreibt sich das englische Wort für „verschwinden"?

A. disapear
B. dissapeer
C. disappear
D. disseppear
E. disepeer

28) Wie schreibt sich das englische Wort für „garantieren"?

A. garantee
B. guarantee
C. guerantie
D. gueranty
E. guaranty

29) Wie schreibt sich das englische Wort für „besonders"?

A. exspecially
B. espatially
C. especially
D. espetialy
E. especely

30) Wie schreibt sich das englische Wort für „Bekanntschaft“?

A. accuaintance
B. aquaintanse
C. equaintance
D. accquaintance
E. acquaintance

Englisch: Sätze übersetzen *Bearbeitungszeit 7½ Minuten*

Wie lautet der vorgegebene deutsche Satz auf Englisch?

Beantworten Sie bitte die folgenden Aufgaben, indem Sie den Lösungsbuchstaben der korrekten Übersetzung markieren.

31) Entschuldigen Sie bitte, wie viel Uhr ist es?

A. I'm sorry, what is the watch?
B. Excuse me, please, what time is it?
C. Excuse me, please, how much time is it?
D. Execute me, please, how many watches are there?
E. Excuse me, please, what is your name?

32) Du solltest einen Regenschirm mitnehmen, weil es regnen wird.

A. You should take an umbrella, because it is going to rain.
B. You must take an umbrella, while it is going to rain.
C. Because you take an umbrella, it will rain.
D. You must not take an umbrella, because it will rain.
E. We took the umbrella, not to get wet, if it rains.

33) Was kostet das Buch?

A. Where did the book cost?
B. How does the book cost?
C. Where is the library?
D. Why did you get this book?
E. What does the book cost?

34) Es tut mir leid, aber die Ware ist bereits ausverkauft.

A. It makes me sorry, but the ware is ready out selled.
B. I'm sorry, but the goods were sold.
C. I'm sorry, but the goods are already sold out.
D. Are you sorry, you have sold out the goods?
E. I'm glad, you haven't sold out the goods.

35) Fahren Sie bitte an der nächsten Kreuzung rechts.

A. Please turn right at the next crossway.

B. The next turn crossways at right please.

C. Next crossways please right at the turn.

D. At the turn please crossways right next.

E. Next crossways right please turn at the.

36) Wo ist die nächste Bushaltestelle für den Bus zum Flughafen?

A. Who is the next bus station for the bus to the fly harbour?

B. How I get the bus stand for the airport?

C. Which line bus guides to the airport?

D. Where is the next bus stop for the bus line to the airport?

E. What bus goes to the central station?

37) Wir haben bereits gestern darüber geredet.

A. Already yesterday talked about it we have.

B. Talked about it yesterday have we already.

C. Have we talked it about already yesterday?

D. We already talked about it yesterday.

E. We have already yesterday about talked.

38) Bei gutem Wetter sind der Himmel und das Meer blau.

A. Blue are the sky and the lake in good weather.

B. The sea and the sky are blue in weather good.

C. The blue and the sea sky are weather in good.

D. And blue the sea sky are in weather the good.

E. In good weather, the sky and the sea are blue.

39) Während Thomas schlief, hat jemand sein Gepäck geklaut.

A. When Thomas is sleeping, somebody stole his package.

B. While Thomas was sleeping, somebody stealed his baggage.

C. While Thomas was sleeping, somebody stole his baggage.

D. Thomas lost his baggage during the flight.

E. Thomas was stealing somebody's baggage, when he sleeps.

40) Besser spät als nie.

A. Better late than never.

B. Better late as never.

C. Better late then never.

D. Batter late as never.

E. Keine Antwort ist richtig.

41) Das hängt vom Wetter ab.

A. That hangs apart from the weather.

B. That deepens from the weather.

C. That depends on the weather.

D. That departs from the wether.

E. Keine Antwort ist richtig.

42) Nehmen Sie Platz!

A. Take a place!

B. Take a seat!

C. Get a seed!

D. Accept a seat!

E. Keine Antwort ist richtig.

43) Ich bekomme eine gute Note.

A. I become a good note.

B. I get a good note.

C. I get a good grade.

D. I become a good grade.

E. Keine Antwort ist richtig.

44) Wie kommst du denn auf so etwas?

A. How you get this idea?

B. Whatever gave you that idea?

C. How you come on this idea?

D. Where do you find that idea?

E. Do you have a big fantasy?

45) Hatten Sie eine gute Reise?

A. A journey good have had you?

B. Have you had a good journey?

C. Have had you a journey good?

D. You had have a good journey?

E. Had have a journey good you?

Lösungen: Fremdsprachenkenntnisse

1) B	16) A	31) B
2) D	17) A	32) A
3) B	18) D	33) E
4) A	19) D	34) C
5) D	20) B	35) A
6) E	21) A	36) D
7) E	22) D	37) D
8) B	23) E	38) E
9) C	24) A	39) C
10) D	25) B	40) A
11) D	26) C	41) C
12) C	27) C	42) B
13) B	28) B	43) C
14) C	29) C	44) B
15) B	30) E	45) B

Englisch: Wortbedeutungen (Aufgaben 1–15)

Zu 1) **B.** schnell

Zu 2) **D.** bremsen

Zu 3) **B.** verantwortlich

Zu 4) **A.** Gesetz

Zu 5) **D.** verbergen

Zu 6) **E.** Abkommen

Zu 7) **E.** Absicht

Zu 8) **B.** schließlich

Zu 9) **C.** lächerlich

Zu 10) **D.** Vorfall

Zu 11) **D.** schaden

Zu 12) **C.** unfähig

Zu 13) **B.** etwas tragen

Zu 14) **C.** offensichtlich

Zu 15) **B.** kurz

Englisch: Rechtschreibung (Aufgaben 16–30)

Zu 16) A. Sunday

Zu 17) A. Monday

Zu 18) D. Tuesday

Zu 19) D. March

Zu 20) B. February

Zu 21) A. suggestion

Zu 22) D. violence

Zu 23) E. exercise

Zu 24) A. experience

Zu 25) B. acceptance

Zu 26) C. suspicious

Zu 27) C. disappear

Zu 28) B. guarantee

Zu 29) C. especially

Zu 30) E. acquaintance

Englisch: Sätze übersetzen (Aufgaben 31–45)

Zu 31) B. Excuse me, please, what time is it?

Antwort A ist auszuschließen – es geht hier nicht um die Uhr an sich („watch"), sondern um die Zeit („time"). Antwort D macht denselben Fehler und verwendet darüber hinaus anstelle der Höflichkeitsformel „excuse me" („Entschuldigen Sie") die unangebrachte Aufforderung „execute me" („Richten Sie mich bitte hin"). Vorschlag E erkundigt sich fälschlicherweise nach dem Namen („name"), und Antwort C ist zu plump ans Deutsche angelehnt: Im Englischen fragt man nicht „How much time is it?", sondern „What time is it?". Vorschlag B stimmt.

Zu 32) A. You should take an umbrella, because it is going to rain.

Antwort E verwendet ein unangemessenes Personalpronomen („we" – „wir") und ist als Aussagesatz formuliert, nicht als Aufforderung. Antwort C geht unsinnigerweise davon aus, dass der Regen durch die Mitnahme des Schirms hervorgerufen wird. In Antwort B verfehlt der durch „while" („während") eingeleitete Temporalsatz die Absicht des Aufgabensatzes, der eine kausale Verknüpfung herstellt. Möglichkeit D verkehrt die Aussage sogar komplett ins Gegenteil, indem das Tragen eines Regenschirms mit Verweis auf den Regen verboten wird („you must not" – „du darfst nicht"). Somit kommt nur Vorschlag A infrage.

Zu 33) E. What does the book cost?

Antwort B verwendet ein falsches Fragewort („how" – „wie"), ebenso wie Satz A („where" – „wo"), der zudem in der Vergangenheit steht („did"). Die Vorschläge C und D gehen inhaltlich fehl mit „Where is the library?" („Wo ist die Bibliothek?") bzw. „Why did you get this book?" („Warum hast Du dieses Buch bekommen?"). Demnach kann nur Möglichkeit E stimmen.

Zu 34) C. I'm sorry, but the goods are already sold out.

Als Fragesatz scheidet Antwort D aus, und auch Vorschlag B kommt nicht infrage: „were sold" bedeutet „wurden verkauft" und nicht „ist ausverkauft". Antwort A disqualifiziert sich zum einen durch den veralteten Ausdruck „ware" – gebräuchlicher sind „goods", „merchandise" oder „product" – zum anderen durch die falsche Wortbildung: Bei „out selled" (statt „sold out") stimmt weder die Vergangenheitsform noch die Wortreihenfolge. Da Antwort E inhaltlich vollkommen falsch liegt („Ich bin froh, dass Du die Waren nicht ausverkauft hast"), kann nur Vorschlag C korrekt sein.

Zu 35) A. Please turn right at the next crossway.

Die richtige Lösung lautet A: „Please" wird üblicherweise an den Satzanfang oder das Satzende gestellt. Zwar berücksichtigt dies auch Antwort B – doch hier ist die Satzstruktur ansonsten genauso verwirrend und fehlerhaft wie in den Vorschlägen C, D und E.

Zu 36) D. Where is the next bus stop for the bus line to the airport?

Antwort A nennt das falsche Fragewort („who" – „wer") und ebenso wie B die falschen Vokabeln: „Bushaltestelle" heißt „bus stop", nicht „bus station" („Busbahnhof") oder „bus stand", und statt des wörtlich übersetzten „fly harbour" für „Flughafen" müsste es „airport" heißen. Auch einen „line bus" wie in Satz C gibt es im Englischen nicht. Vorschlag E bezieht sich auf einen Zentralbahnhof („central station"). Als richtige Lösung kommt somit nur D infrage.

Zu 37) D. We already talked about it yesterday.

Zeitangaben stehen im Englischen am Satzanfang oder -ende – somit entfallen die Antworten A, B und E. Die in Vorschlag C formulierte Frage kommt als Übersetzung eines Aussagesatzes sicher nicht in Betracht, sodass nur Antwort D übrig bleibt.

Zu 38) E. In good weather, the sky and the sea are blue.

Die Formulierung „bei gutem Wetter" übersetzt man mit „in good weather", sodass die Antworten B, C und D von vornherein ausscheiden. Der Himmel („sky") und das Meer („sea") finden sich zusammen nur in Antwort E – von dem in Antwort A genannten See („lake") ist im vorgegebenen Satz nicht die Rede.

Zu 39) C. While Thomas was sleeping, somebody stole his baggage.

Wie der Aufgabensatz muss auch die Übersetzung in der Vergangenheit stehen: Antwort A mit der Präsensform „is sleeping" – und der Falschübersetzung „package" („Paket") – scheidet daher aus. In Vorschlag B ist das unregelmäßige Verb „to steal" falsch konjugiert. Satz D (übersetzt: „Thomas hat sein Gepäck während des Fluges verloren") schildert eine gänzlich andere Situation, und in Vorschlag E ist Thomas gar selbst der Dieb. Inhaltlich und grammatisch richtig ist allein Antwort C.

Zu 40) A. Better late than never.

Antwort A stimmt. Nur hier sind alle Wörter richtig geschrieben und durch die passende Konjunktion „than" verbunden. „Then" (Antwort C) bedeutet „dann", und „as" (Satz D) wird in Vergleichen ungleicher Elemente („mehr als", „schlechter als", „schneller als") nicht verwendet.

Zu 41) C. That depends on the weather.

Antwort C stimmt. „Deepen" (Antwort B) heißt „vertiefen", „depart from" (Möglichkeit D) bedeutet „abfahren von", und zwar in diesem Fall von einem Hammel („wether"). „That hangs apart" in Satz D schließlich besagt, dass etwas im ganz wörtlichen Sinne aufgehängt ist, und zwar in einiger Entfernung zum Wetter – was ebenfalls keine besonders sinnvolle Aussage ist.

Zu 42) B. Take a seat!

Die korrekte Antwort lautet B, „take a seat". „Nehmen Sie Platz" fordert dazu auf, sich auf einen Stuhl oder eine Couch zu setzen, nicht etwa, einen bestimmten Raum einzunehmen, wie es Antwort A mit „place" suggeriert. „Seed" (Antwort C) bedeutet nicht „Sitz", sondern „Keim" oder „Samen" und „accept" (Antwort D) steht für „entgegennehmen" oder „annehmen" (einen Ratschlag, eine Kreditkarte, eine Herausforderung ...).

Zu 43) C. I get a good grade.

Die korrekte Antwort ist C. „Become" (Vorschläge A und D) bedeutet „werden", mit „note" (Sätze A und B) bezeichnet man Musiknoten oder kurze Textnotizen.

Zu 44) B. Whatever gave you that idea?

Antwort E erscheint nicht als englischer Satz, sondern als mangelhafte Übersetzung der Frage „Hast du eine große Fantasie?". Antwort D verwendet mit „find" („finden") ein unangemessenes Verb. Antwort C ist zu nahe am Deutschen: „How you come on this idea?" ist eine wörtliche (und falsche) Anlehnung an „Wie bist du denn auf die Idee gekommen?". Antwort A kommt dem vorgegebenen Satz zwar recht nahe, doch zur Vollständigkeit fehlt das Hilfsverb „did". Nach dem Ausschlussprinzip kommt nur Antwort B infrage.

Zu 45) B. Have you had a good journey?

Als richtige Antwort kommt nur Vorschlag B in Betracht. Bei allen anderen Antworten stimmt der Satzbau nicht, da „have", „had" und „you" – wenn überhaupt vorhanden – an falschen Positionen stehen.

Mathematik

Grundrechenarten

Bearbeitungszeit 10 Minuten

Die folgenden Aufgaben sind ohne Taschenrechner zu lösen. Als Hilfsmittel sind Papier und Stift für Nebenrechnungen zugelassen.

Beantworten Sie bitte die folgenden Aufgaben, indem Sie jeweils den Lösungsbuchstaben des richtigen Ergebnisses markieren.

1) $10 + 5 \times 10 = ?$

A. 75
B. 150
C. 60
D. 90
E. Keine Antwort ist richtig.

2) $8.948{,}75 + 8.795{,}25 = ?$

A. 14.744
B. 15.844
C. 16.944
D. 17.744
E. Keine Antwort ist richtig.

3) $654.646 - 136.243 = ?$

A. 516.403
B. 507.403
C. 518.403
D. 529.403
E. Keine Antwort ist richtig.

4) $8.648 + 9.576 + 978 = ?$

A. 18.304
B. 18.302
C. 19.202
D. 20.202
E. Keine Antwort ist richtig.

5) $325{,}25 \times 457{,}4 = ?$

A. 147.769,35
B. 148.769,15
C. 148.769,35
D. 149.769,35
E. Keine Antwort ist richtig.

6) $92.880 \div 645 = ?$

A. 142
B. 144
C. 146
D. 156
E. Keine Antwort ist richtig.

7) $9.648 \times 7.487 = ?$

A. 71.234.576
B. 72.234.576
C. 73.334.576
D. 74.344.576
E. Keine Antwort ist richtig.

8) $12.082 + 2.376 + 156 = ?$

A. 14.304
B. 14.614
C. 15.202
D. 16.614
E. Keine Antwort ist richtig.

9) $520.668 \div 18 = ?$

A. 28.916
B. 28.926
C. 29.126
D. 29.326
E. Keine Antwort ist richtig.

10) $(-6) \times 3 + 4 \times (-4) - 3 = ?$

A. –59
B. –53
C. +37
D. –37
E. Keine Antwort ist richtig.

Bruchrechnen

Bearbeitungszeit 10 Minuten

Dieser Abschnitt prüft die wesentlichen Zusammenhänge der Bruchrechnung. Dabei stellt der Bruchstrich nichts anderes dar als ein Teilungszeichen.

Beantworten Sie bitte die folgenden Aufgaben, indem Sie jeweils den richtigen Lösungsbuchstaben markieren.

11) $\frac{3}{4} = ?$

A. 0,25
B. 0,50
C. 0,75
D. 1,00
E. Keine Antwort ist richtig.

12) $\frac{1}{5} = ?$

A. 0,20
B. 0,50
C. 0,75
D. 1,00
E. Keine Antwort ist richtig.

13) $\frac{2}{4} \times 4 = ?$

A. $\frac{2}{4}$
B. 2
C. $\frac{4}{6}$
D. $\frac{6}{4}$
E. Keine Antwort ist richtig.

14) $\frac{10}{4} + \frac{4}{2} = ?$

A. $\frac{14}{4}$
B. $\frac{14}{2}$
C. $\frac{18}{4}$
D. $\frac{14}{6}$
E. Keine Antwort ist richtig.

15) $\frac{3}{4} - \frac{1}{3} = ?$

A. $\frac{5}{12}$
B. $\frac{2}{1}$
C. $\frac{2}{4}$
D. $\frac{4}{4}$
E. Keine Antwort ist richtig.

16) $\frac{20}{5} = ?$

A. 3,25
B. 4,1
C. 4,0
D. 4,25
E. Keine Antwort ist richtig.

17) $\frac{7}{9} \div \frac{3}{9} = ?$

A. $\frac{7}{4}$
B. $\frac{7}{3}$
C. $\frac{7}{7}$
D. $\frac{2}{9}$
E. Keine Antwort ist richtig.

18) $\frac{6}{8} - \frac{2}{6} = ?$

A. $\frac{4}{2}$
B. $\frac{5}{8}$
C. $\frac{5}{12}$
D. $\frac{4}{8}$
E. Keine Antwort ist richtig.

19) $\frac{2}{6} + \frac{3}{4} = ?$

A. $\frac{12}{14}$
B. $\frac{13}{14}$
C. $\frac{13}{12}$
D. $\frac{11}{12}$
E. Keine Antwort ist richtig.

20) $\frac{3}{5} \div \frac{2}{5} = ?$

A. $1\frac{1}{4}$
B. $1\frac{1}{2}$
C. $1\frac{3}{4}$
D. $1\frac{4}{5}$
E. Keine Antwort ist richtig.

Kettenrechnen *Bearbeitungszeit 10 Minuten*

Bei dieser Aufgabe geht es darum, einfache Rechnungen zu lösen.

Bitte benutzen Sie **keinen Taschenrechner**, schriftliche Nebenrechnungen sind erlaubt. Die **Punkt-vor-Strich-Regel gilt hier nicht!**

Beantworten Sie bitte die folgenden Aufgaben, indem Sie jeweils das richtige Ergebnis eintragen.

21) $3 \times 6 \div 9 + 3 \times 9 \div 3 \times 2 - 3 \times 2 \div 9 =$ ________

22) $30 \div 6 + 23 + 46 - 2 \div 8 \times 9 + 9 + 909 \div 3 =$ ________

23) $1 \times 2 + 3 \times 4 - 5 \times 2 + 15 \div 9 \times 10 - 11 \div 3 =$ ________

24) $9 \times 8 \div 6 - 5 \times 7 + 6 \div 5 + 9 \times 3 \div 2 - 1 =$ ________

25) $27 \div 3 + 18 \div 3 \times 2 + 118 - 30 \div 2 + 3 \div 7 \div 2 + 16 =$ ________

26) $1.550 - 26 + 12 \div 3 \times 2 \div 4 - 156 - 20 \div 16 =$ ________

27) $4 + 8 \times 6 + 5 \div 7 + 6 \times 4 - 16 \div 4 + 12 \div 5 \times 4 + 3 - 7 \times 3 =$ ________

28) $9 \times 2 + 9 \div 3 \times 9 - 3 \div 6 + 15 \div 4 \times 5 + 11 \div 2 - 5 \div 6 + 78 \div 9 =$ ________

29) $18 + 4 \div 2 + 9 - 3 \times 4 - 2 \div 2 + 2 - 5 \div 5 \times 3 \div 2 =$ ________

30) $4 + 8 \times 3 \div 6 + 9 \div 5 + 6 - 5 \times 4 + 4 \div 5 \times 6 =$ ________

Kopfrechnen

Bearbeitungszeit 10 Minuten

Nun müssen Sie einfache Rechnungen im Kopf lösen.

Bitte benutzen Sie **keinen Taschenrechner** und machen Sie **keine schriftlichen Nebenrechnungen**!

Beantworten Sie bitte die folgenden Aufgaben, indem Sie jeweils den richtigen Lösungsbuchstaben markieren.

31) $20 \div 0{,}5 + 20 = ?$

A. 30
B. 40
C. 50
D. 60
E. Keine Antwort ist richtig.

32) $21 + 12 \times 3 = ?$

A. 99
B. 36
C. 57
D. 56
E. Keine Antwort ist richtig.

33) $6 - (3 + 2) \times 3 = ?$

A. 3
B. 15
C. −9
D. −15
E. Keine Antwort ist richtig.

34) $(6 - (3 + 2)) \times 3 = ?$

A. 3
B. 15
C. −9
D. −15
E. Keine Antwort ist richtig.

35) $12.082 + 2.376 + 156 = ?$

A. 14.304
B. 14.614
C. 15.202
D. 16.614
E. Keine Antwort ist richtig.

36) $9 - (2 + 4) \times 4 = ?$

A. −15
B. −9
C. 12
D. 44
E. Keine Antwort ist richtig.

37) $(7 - (4 + 2)) \times 4 = ?$

A. -9
B. 4
C. 9
D. 15
E. Keine Antwort ist richtig.

38) $\frac{2}{8} + 3\frac{3}{4} = ?$

A. $3\frac{5}{12}$
B. $3\frac{5}{4}$
C. $\frac{16}{4}$
D. $\frac{18}{4}$
E. $\frac{12}{4}$

39) $-4^3 = ?$

A. -64
B. -12
C. 12
D. 64
E. Keine Antwort ist richtig.

40) $-5 \times 3 - (-2) \times 3 = ?$

A. -39
B. -9
C. 51
D. 90
E. Keine Antwort ist richtig.

Rechenzeichen ergänzen *Bearbeitungszeit 7½ Minuten*

Welche Rechenzeichen (+, −, ×, ÷) müssen in die Felder eingefügt werden, damit das jeweilige Endergebnis stimmt?

Bedenken Sie, dass dabei die Punkt-vor-Strich-Regel gilt.

Hierzu ein Beispiel

Aufgabe

1) 2 ____ 6 ____ 3 = 15

Antwort

1) 2 × 6 + 3 = 15

Es gibt nur eine Möglichkeit, die Aufgabe korrekt zu vervollständigen.

Beantworten Sie bitte die folgenden Aufgaben, indem Sie jeweils die richtigen Operatoren eintragen.

41) 6 ____ 2 ____ 3 = 12

42) 12 ____ 3 ____ 4 = 9

43) 5 ____ 8 ____ 6 = 34

44) 2 ____ 8 ____ 7 = 9

45) 6 ____ 4 ____ 5 = 19

46) 12 ____ 2 ____ 8 = 16

47) 7 ____ 2 ____ 9 = 5

48) 8 ____ 7 ____ 4 = 14

49) 9 ____ 3 ____ 5 = 8

50) 7 ____ 8 ____ 4 = 5

51) 17 ____ 3 ____ 5 = 2

52) 1 ____ 4 ____ 4 = 17

53) 7 ____ 9 ____ 3 = 10

54) 14 ____ 2 ____ 7 = 4

55) 18 ____ 3 ____ 2 = 4

Maßeinheiten umrechnen *Bearbeitungszeit 7½ Minuten*

Beantworten Sie bitte die folgenden Aufgaben, indem Sie jeweils den richtigen Lösungsbuchstaben markieren.

56) Die Maße eines DIN-A4-Blattes betragen 210 mm zu 297 mm. Wie lang ist die längere Seite?

A. 2,97 cm
B. 29,7 cm
C. 210 mm
D. 29,7 dm
E. Keine Antwort ist richtig.

57) Wie viele Milligramm sind 0,078 Gramm?

A. 78
B. 7,8
C. 780
D. 0,78
E. Keine Antwort ist richtig.

58) Wie viele Meter sind 41,4 Kilometer?

A. 414.000 m
B. 41.400 m
C. 4.140 m
D. 414 m
E. Keine Antwort ist richtig.

59) Wie viele Kilogramm sind 0,69 Tonnen?

A. 6,9
B. 690
C. 6.900
D. 69.000
E. Keine Antwort ist richtig.

60) Wie viele Meter sind 21,6 Dezimeter?

A. 216
B. 0,216
C. 2,16
D. 4,32
E. Keine Antwort ist richtig.

61) Die Tragkraft einer Hebebühne beträgt 1,05 Tonnen. Wie vielen Kilogramm entspricht das?

A. 105 kg
B. 1.050 kg
C. 1.500 kg
D. 15.000 kg
E. Keine Antwort ist richtig.

62) Im Nachbarort wird ein 1,7 Hektar großes Gewerbegrundstück angeboten. Wie vielen Quadratmetern entspricht das?

A. 1.700 m^2
B. 11.700 m^2
C. 17.000 m^2
D. 117.000 m^2
E. Keine Antwort ist richtig.

63) Wie viele Deziliter sind 0,25 Liter?

A. 250
B. 25
C. 2,5
D. 5
E. Keine Antwort ist richtig.

64) Wie viele Tonnen sind 82 Zentner?

A. 0,82
B. 41
C. 4,1
D. 8,2
E. Keine Antwort ist richtig.

65) Wie viele Stunden sind 32 Minuten und 240 Sekunden?

A. 0,75
B. 0,66
C. 0,6
D. 0,8
E. Keine Antwort ist richtig.

Dreisatz

Bearbeitungszeit 10 Minuten

Beantworten Sie bitte die folgenden Aufgaben, indem Sie jeweils den richtigen Lösungsbuchstaben markieren.

66) Für einen Kundenauftrag benötigt Herr Mayer 40 Stunden mit vier Mitarbeitern. Wie lange würde ein Mitarbeiter benötigen?

A. 120 Stunden
B. 140 Stunden
C. 160 Stunden
D. 180 Stunden
E. Keine Antwort ist richtig.

67) Herr Mayer möchte für einen Wochenendurlaub in England einen Betrag von 260 € in Pfund tauschen. Der Wechselkurs liegt bei 1 GBP = 1,30 €. Wie viel ausländisches Geld erhält Herr Mayer?

A. 160 GBP
B. 180 GBP
C. 200 GBP
D. 220 GBP
E. Keine Antwort ist richtig.

68) Herr Mayer benötigt für die Produktion von Ersatzteilen ein bestimmtes Blech. 100 Ersatzteile erfordern 1,5 Tonnen dieses Blechs. Wie viel Blech benötigt er für einen Kundenauftrag von 140 Ersatzteilen?

A. 1.600 kg
B. 1.700 kg
C. 2.100 kg
D. 2.600 kg
E. Keine Antwort ist richtig.

69) Drei Maler brauchen 1,5 Stunden, um eine Fläche von 63 Quadratmetern zu streichen. Wie lange brauchen fünf Maler dafür?

A. 60 Minuten
B. 54 Minuten
C. 48 Minuten
D. 36 Minuten
E. Keine Antwort ist richtig.

70) Zum Aussortieren von Obst brauchen zwölf Mitarbeiter vier Stunden. Wie viele Mitarbeiter bräuchten sechs Stunden für die gleiche Arbeit?

A. 6 Mitarbeiter
B. 8 Mitarbeiter
C. 10 Mitarbeiter
D. 12 Mitarbeiter
E. Keine Antwort ist richtig.

71) Ein Angestellter bearbeitet 20 Anträge in 60 Minuten. Wie lange wird er bei gleicher Arbeitsleistung für 240 Anträge benötigen?

A. 600 min
B. 10 h
C. 12 h
D. 780 min
E. Keine Antwort ist richtig.

72) Herrn Mayers Lieferwagen verbraucht im Durchschnitt 10 l Benzin auf 100 km. Wie viel Benzin verbraucht Herr Mayer pro Monat, wenn er monatlich an 22 Werktagen jeweils 60 km unterwegs ist?

A. 85 l
B. 128 l
C. 132 l
D. 156 l
E. Keine Antwort ist richtig.

73) Zum Abladen eines Sattelzuges setzt Herr Mayer gewöhnlich zehn Arbeiter gleichzeitig ein, die sechs Stunden benötigen. Wegen eines Engpasses kann Herr Mayer dieses Mal nur sechs Arbeiter zum Abladen einsetzen. Wie viel Stunden benötigen sechs Arbeiter für die gleiche Arbeit?

A. 8
B. 10
C. 12
D. 14
E. Keine Antwort ist richtig.

74) Herr Mayer möchte einen wichtigen Kundenauftrag rechtzeitig fertigstellen. Sechs Mitarbeiter würden für den Auftrag 50 Stunden benötigen. Da Herr Mayer den Termin einhalten möchte, müssen zwei weitere Mitarbeiter eingesetzt werden. Wie lange dauert jetzt die Fertigstellung des Auftrags?

A. 24 h und 30 min
B. 30 h und 50 min
C. 37 h und 50 min
D. 37 h und 30 min
E. Keine Antwort ist richtig.

75) Zum Bearbeiten von 500 Paletten werden 10 Mitarbeiter eingesetzt. Jeder Mitarbeiter schafft pro Stunde 5 Paletten. Nach fünf Stunden wird die Hälfte der Mitarbeiter für einen anderen Auftrag benötigt. Wie lange dauert die Bearbeitung der 500 Paletten insgesamt?

A. 10 h

B. 15 h

C. 20 h

D. 5 h

E. Keine Antwort ist richtig.

Prozent- und Zinsrechnen *Bearbeitungszeit 10 Minuten*

Bei der kaufmännischen Zinsrechnung werden dem Monat 30 Tage und dem Jahr 360 Tage zugrunde gelegt. Der Zinseszins kann unberücksichtigt bleiben, sofern die Aufgabenstellung nicht ausdrücklich etwas anderes verlangt.

Beantworten Sie bitte die folgenden Aufgaben, indem Sie jeweils den richtigen Lösungsbuchstaben markieren.

76) Bei einer Geburtenzahl von 100 Kindern werden in Deutschland 51 Jungen geboren. Wie viel Prozent beträgt der Anteil an Mädchen?

A. 50 %
B. 51 %
C. 48 %
D. 49 %
E. Keine Antwort ist richtig.

77) Herr Mayer hat für die Betriebsratsversammlung einen Raum inklusive Bewirtung angemietet. Da Herr Mayer ein Stammkunde ist, erhält er das Angebot abzüglich 10 Prozent Rabatt für 3.600 €. Wie viel Euro hätte Herr Mayer regulär zahlen müssen?

A. 3.500 €
B. 4.000 €
C. 4.500 €
D. 5.500 €
E. Keine Antwort ist richtig.

78) Herr Mayer möchte einen gebrauchten Pkw für 12.000 € erwerben. Da Herr Mayer ein guter Kunde ist, bekommt er einen Rabatt von 8 Prozent. Wie viel Euro spart er durch den Rabatt?

A. 500 €
B. 960 €
C. 1.000 €
D. 1.200 €
E. Keine Antwort ist richtig.

79) Herr Mayer möchte eine Rechnung unter Abzug von drei Prozent Skonto zahlen. Der Rechnungsbetrag würde dann 19.400 € lauten. Wie hoch ist die Rechnung ohne Skontoabzug?

A. 15.000 €
B. 17.500 €
C. 19.500 €
D. 20.000 €
E. Keine Antwort ist richtig.

80) Nach Abzug von 15 % Rabatt zahlt Herr Mayer nur noch 11.900 € für eine Maschine. Wie viel hat die Maschine regulär ohne Rabatt gekostet?

A. 14.000 €
B. 14.500 €
C. 15.000 €
D. 15.500 €
E. Keine Antwort ist richtig.

81) Herr Mayer möchte einen Betrag von 20.000 € zu fünf Prozent fest anlegen. Wie viel Zinsen erhält er pro Jahr?

A. 800 €
B. 900 €
C. 1.000 €
D. 1.100 €
E. Keine Antwort ist richtig.

82) Herr Mayer erhält für einen fest angelegten Betrag bei einem Zinssatz von fünf Prozent einen jährlichen Zins von 1.100 Euro. Wie groß ist demnach der Anlagebetrag?

A. 20.000 €
B. 22.000 €
C. 24.000 €
D. 26.000 €
E. Keine Antwort ist richtig.

83) Für eine Geldanlage von 60.000 € hat Herr Mayer nach acht Monaten einen Zins von 2.400 € erhalten. Wie hoch ist der Zinssatz?

A. 3,50 %
B. 4,00 %
C. 5,00 %
D. 6,00 %
E. Keine Antwort ist richtig.

84) Wegen einem Liquiditätsengpass muss Herr Mayer vorzeitig auf sein Erspartes zurückgreifen. Auf einen Betrag von 26.000 € hat er bei einem Zinssatz von fünf Prozent 325 € Zinsen erhalten. Wie lange war das Geld angelegt?

A. 80 Tage
B. 90 Tage
C. 100 Tage
D. 110 Tage
E. Keine Antwort ist richtig.

85) Um sich ein neues Auto leisten zu können, möchte Herr Mayer eine Geldanlage von 30.000 € kündigen. Bei einem Jahreszins von sechs Prozent würde er 750 € Zinsen erhalten. Wie lange besteht die Anlage?

A. 100 Tage
B. 120 Tage
C. 160 Tage
D. 180 Tage
E. Keine Antwort ist richtig.

Schätzaufgaben *Bearbeitungszeit 10 Minuten*

Versuchen Sie nicht, die folgenden Aufgaben vollständig auszurechnen: Sie sollen die Ergebnisse geschickt schätzen! Einen **Taschenrechner dürfen Sie dazu nicht benutzen**, auch **schriftliche Nebenrechnungen sind unzulässig.**

Bearbeitungstipps

Konzentrieren Sie sich auf die Endziffern der Operanden, um die letzte Stelle des Ergebnisses zu ermitteln.

Ergebnisbereiche lassen sich durch eine Überschlagsrechnung mit gerundeten Werten abschätzen. Aber Vorsicht: Kleine Abweichungen bei Faktoren, Dividenden und Divisoren können das Ergebnis stark verändern.

Bitte bearbeiten Sie die folgenden Aufgaben, indem Sie jeweils den Lösungsbuchstaben des richtigen Antwortvorschlags markieren.

86) $21 \times 21 = ?$

A. 438
B. 441
C. 432
D. 444
E. 447

87) $648.527 - 648.421 = ?$

A. 102
B. 106
C. 1.102
D. 1.106
E. 118

88) $24.612 + 12.388 = ?$

A. 36.935
B. 37.111
C. 37.000
D. 37.076
E. 38.002

89) $22.223 \times 8 = ?$

A. 641.684
B. 741.781
C. 177.784
D. 745.681
E. 1.778.784

90) In welchem Bereich liegt das Ergebnis von:
8.576.725 – 4.392.124?

A. Zwischen 4.170.000 und 4.180.000
B. Zwischen 4.180.000 und 4.190.000
C. Zwischen 4.190.000 und 4.200.000
D. Zwischen 4.200.000 und 4.210.000
E. Zwischen 4.210.000 und 4.220.000

91) 77 % von 130 % = ?

A. 95,2 %
B. 100,1 %
C. 114 %
D. 112,8 %
E. Keine Antwort ist richtig.

92) $5 \times 4{,}9 \times 14 = ?$

A. 243
B. 250
C. 350
D. 343
E. 450

93) In welchem Bereich liegt das Ergebnis von:
21.533 + 12.678 + 2.041?

A. Zwischen 34.000 und 34.500
B. Zwischen 34.500 und 35.000
C. Zwischen 35.000 und 35.500
D. Zwischen 35.500 und 36.000
E. Zwischen 36.000 und 36.500

94) In welchem Bereich liegt das Ergebnis von:
$125 \div 35$?

A. Zwischen 2,8 und 3,1
B. Zwischen 3,1 und 3,4
C. Zwischen 3,4 und 3,7
D. Zwischen 3,7 und 4,0
E. Zwischen 4,0 und 4,3

95) $\sqrt{48.400} = ?$

A. 120
B. 200
C. 220
D. 320
E. 400

Gemischte Textaufgaben

Bearbeitungszeit 15 Minuten

Beantworten Sie bitte die folgenden Aufgaben, indem Sie jeweils den richtigen Lösungsbuchstaben markieren.

96) Herr Mayer möchte den durchschnittlichen Zeitbedarf für das Auszeichnen einer Standardlieferung ermitteln. Dazu ermittelt er während einer Woche folgende Zeiten:

Mo	Di	Mi	Do	Fr
4 h	5 h	4 h	6 h	8 h

Wie hoch ist der durchschnittliche Zeitbedarf zum Auszeichnen einer Standardlieferung?

A. 4,00 h
B. 4,50 h
C. 5,40 h
D. 6,00 h
E. Keine Antwort ist richtig.

97) Für einen Geschäftswagen fallen monatlich 40 € Kfz-Steuern an. Wie hoch ist der Kfz-Steuersatz pro Kilometer, wenn monatlich 400 km gefahren werden?

A. 5 Cent
B. 10 Cent
C. 15 Cent
D. 20 Cent
E. Keine Antwort ist richtig.

98) Der Auszubildende Müller möchte für ein Auszubildenden-Frühstück eine bestimmte Sorte Wurst organisieren. Die Waage zeigt bei einem Gewicht von 750 g einen Preis von 5,10 € an. Welcher kg-Preis ist in der Waage hinterlegt?

A. 5 €
B. 6,80 €
C. 8,80 €
D. 9 €
E. Keine Antwort ist richtig.

99) Herr Müller möchte eine Geschenkbox mit einhundert 10-Cent-Stücken und Sand befüllen. Da die Bank nicht ausreichend 10-Cent-Stücke vorrätig hat, muss Herr Müller auf 20-Cent-Stücke ausweichen. Mit wie vielen 20-Cent-Stücken kann Herr Müller die Geschenkbox befüllen, wenn sie im Wert gleich bleiben soll?

A. 10
B. 15
C. 50
D. 5
E. Keine Antwort ist richtig.

100) In den Dörfern leidet jeder neunte Einwohner unter Kopfschmerzen. In Deutschland leidet im Durchschnitt jeder zwölfte Einwohner an Kopfschmerzen. Welche der Aussagen unten ist richtig?

A. Im Dorf leiden im Durchschnitt weniger Menschen unter Kopfschmerzen.

B. In der Gesamtbevölkerung leiden im Durchschnitt mehr Menschen unter Kopfschmerzen als in den Dörfern.

C. In der Gesamtbevölkerung leiden im Durchschnitt weniger Menschen unter Kopfschmerzen als in den Dörfern.

D. Das Verhältnis ist bei beiden gleich.

E. Keine Antwort ist richtig.

101) Herr Mayer benötigt mit dem Auto von zu Hause bis zur Arbeit bei einer Durchschnittsgeschwindigkeit von 80 km/h genau 30 Minuten. Wie groß ist die Distanz?

A. 20 km

B. 30 km

C. 40 km

D. 50 km

E. Keine Antwort ist richtig.

102) Eine Wohngemeinschaft von drei Personen möchte einen neuen Fernseher kaufen. Der Preis von 1.110 € soll durch drei Personen geteilt werden. Person A zahlt doppelt so viel wie Person C, Person C zahlt 300 €, der Anteil von Person B beträgt 30 % weniger als der von Person C. Wie hoch ist der Anteil von Person A?

A. 500 €

B. 1.110 €

C. 600 €

D. 400 €

E. Keine Antwort ist richtig.

103) Herr Mayer beliefert täglich fünf Kunden. Er legt dabei eine Strecke von 60 km zurück. Seine Durchschnittsgeschwindigkeit mit dem Lieferwagen beträgt 40 km/h. Wie lange dauert die reine Fahrtzeit?

A. 45 min

B. 60 min

C. 75 min

D. 90 min

E. Keine Antwort ist richtig.

104) Herr Mayer möchte wissen, wie lange es dauert, bis 30 Liter Benzin in seinen Tank laufen, wenn in 6 Sekunden durchschnittlich 3 Liter aus dem Schlauch kommen.

A. 40 Sekunden
B. 50 Sekunden
C. 1 Minute
D. 1:20 Minuten
E. Keine Antwort ist richtig.

105) Herr Mayer verbraucht mit seinem Pkw auf 100 km genau 6 Liter. Wie viel Liter würde das Fahrzeug bei gleichem Fahrverhalten auf einer Strecke von 240 km verbrauchen?

A. 12,5 l
B. 14,4 l
C. 16,6 l
D. 18,2 l
E. Keine Antwort ist richtig.

106) Herr Mayer benötigt für eine Strecke sechs Stunden, wenn er durchschnittlich mit 120 km/h fährt. Wie schnell müsste er durchschnittlich fahren, wenn er die Strecke in vier Stunden schaffen möchte?

A. 140 km/h
B. 160 km/h
C. 180 km/h
D. 190 km/h
E. Keine Antwort ist richtig.

107) Herr Mayer verbraucht täglich 6 Liter Benzin für fünf Kundenbesuche. Nun steigt der Benzinpreis um 50 Cent pro Liter. Wie viel muss Herr Mayer jedem Kunden pro Lieferung mehr berechnen, um die gestiegenen Benzinkosten weiterzugeben?

A. 0,50 €
B. 0,60 €
C. 1,00 €
D. 2,50 €
E. Keine Antwort ist richtig.

108) Eine Straße wird von beiden Enden gleichzeitig gebaut. Vom einen Ende werden täglich fünf Meter und vom anderen Ende sieben Meter fertiggestellt. Wie lange dauert der Straßenbau, wenn insgesamt 1.200 Meter zu fertigen sind?

A. 70 Tage
B. 90 Tage
C. 100 Tage
D. 120 Tage
E. Keine Antwort ist richtig.

109) In einer Kleinstadt gibt es 9.000 Haushalte. In drei Vierteln der Haushalte leben Kinder. In drei Fünfteln der Haushalte mit Kindern leben Jungen. In wie vielen Haushalten leben Jungen?

A. 4.100
B. 4.700
C. 3.500
D. 4.050
E. Keine Antwort ist richtig.

110) Der Firmenwagen der Mayer Großhandelsgesellschaft hat einen Tank mit 60 Liter Volumen. Bei einer sparsamen Fahrweise reicht eine Tankfüllung für 960 km. Wie viel Liter verbraucht das Fahrzeug im Durchschnitt auf 100 Kilometer?

A. 8,25 Liter
B. 7,25 Liter
C. 15,83 Liter
D. 6,25 Liter
E. Keine Antwort ist richtig.

Angebote vergleichen

Bearbeitungszeit 5 Minuten

Sie erhalten als Auszubildender von Ihrem Chef die Aufgabe, einen Lastkraftwagen (Lkw) anzumieten, um damit einen Umzug zu organisieren.

Hierzu liegen Ihnen folgende Angebote vor:

Angebot 1

Montag bis Freitag je 24 h, inkl. 100 km
155,00 EUR

Wochenende Fr. 17 Uhr – Mo. 9 Uhr inkl. 200 km
275,00 EUR

1 Woche (5 Tage) inkl. 300 km
555,00 EUR

Mehrkilometer je 0,50 EUR

Angebot 2

Montag bis Freitag je 24 h, inkl. 300 km
179,00 EUR

Wochenende Fr. 17 Uhr – Mo. 9 Uhr inkl. 300 km
299,00 EUR

1 Woche (5 Tage) inkl. 500 km
599,00 EUR

Mehrkilometer je 0,69 EUR

111) Die Entfernung vom Hauptsitz bis zum neuen Standort der Firma beträgt 55 km. Für den gesamten Umzug müsste die Strecke 6-mal gefahren werden. Wie hoch sind die Mietkosten bei Angebot 1, wenn der Umzug an einem Werktag in 24 Stunden vollzogen werden soll?

A. 115 €
B. 150 €
C. 270 €
D. 290 €
E. Keine Antwort ist richtig.

112) Die Entfernung vom Hauptsitz der Firma bis zum neuen Standort der Firma beträgt 55 km. Für den gesamten Umzug müsste die Strecke 6-mal gefahren werden. Wie viel € betragen die Mietkosten bei Angebot 2, wenn der Umzug an einem Werktag in 24 Stunden vollzogen werden soll?

A. 179 €
B. 199,70 €
C. 201,50 €
D. 206,50 €
E. Keine Antwort ist richtig.

113) Um wie viel Euro ist das preiswertere Angebot günstiger, wenn der Umzug an einem Wochenende vollzogen werden soll?

A. 20,30 €
B. 21,40 €
C. 32,50 €
D. 34,70 €
E. Keine Antwort ist richtig.

114) Um wie viel Euro ist das preiswertere Angebot günstiger, wenn der Umzug an einem Werktag vollzogen werden soll?

A. 50,70 €
B. 70,30 €
C. 80,60 €
D. 90,70 €
E. Keine Antwort ist richtig.

115) Wie viel Prozent ist der Wochenpreis ohne Berücksichtigung von gefahrenen Kilometern bei Angebot 2 höher als bei Angebot 1? Runden Sie das Ergebnis auf ganze Zahlen.

A. Rund 6 %
B. Rund 7 %
C. Rund 8 %
D. Rund 9 %
E. Keine Antwort ist richtig.

Rechnungen prüfen

Bearbeitungszeit 10 Minuten

Auf dieser Seite finden Sie einen Kassenbon.

Bitte prüfen Sie die Beträge auf ihre Richtigkeit und beantworten Sie die folgenden Aufgaben, indem Sie jeweils den richtigen Buchstaben markieren.

Herr Mayer erhält nach einem Besuch seiner Autowerkstatt folgende Abrechnung:

minuscule autohaus

Unendlichkeitsschleife 1 - 24217 Kalifornien
Telefon 04021-1234567

2×48,24	Scheibenbremsen vorne	96,48
2×41,76	Bremsbelag	82,52
2×10,50	Wischblatt	20,50
4,5 l	4,20 € pro l Öl	18,90
1×0,50	Ölfilter	1,00
18,0 h	4,75 € pro h Arbeitslohn	85,50
	SUMME	EUR

116) Wie hoch ist der Preis laut Rechnung für die Scheibenbremsen und die Bremsbeläge?

A. 160 €
B. 169 €
C. 179 €
D. 190 €
E. Keine Antwort ist richtig.

117) Wie hoch ist der tatsächliche Preis für die Wischblätter?

A. 20,50 €
B. 21 €
C. 22,50 €
D. 23 €
E. Keine Antwort ist richtig.

118) Wie viel würden Herrn Mayer 5 l Öl kosten?

A. 20,50 €
B. 21 €
C. 22,50 €
D. 23 €
E. Keine Antwort ist richtig.

119) Wie hoch ist der Gesamtpreis für die Arbeitszeit, wenn noch 19 % Mehrwertsteuer dazugerechnet werden?

A. 2,38 €
B. 4,57 €
C. 16,25 €
D. 101,75 €
E. Keine Antwort ist richtig.

120) Wie hoch ist der Preis laut Rechnung für die Ölfilter zuzüglich 19 Prozent Mehrwertsteuer?

A. 0,49 €
B. 0,99 €
C. 1,19 €
D. 1,59 €
E. Keine Antwort ist richtig.

121) Welchen Gesamtbetrag hat Herr Mayer laut Rechnung zu zahlen?

A. 207,90
B. 267,90
C. 304,90
D. 309,90
E. Keine Antwort ist richtig.

122) Wie hoch ist der Gesamtpreis laut Rechnung zuzüglich 19 Prozent Mehrwertsteuer? Runden Sie das Ergebnis bitte auf zwei Nachkommastellen.

A. 57,93 €
B. 304,9 €
C. 362,83 €
D. 378,2 €
E. Keine Antwort ist richtig.

123) Wie hoch ist die Differenz zwischen dem Rechnungsbetrag und dem Betrag bei korrekter Rechnung?

A. 0,50 €
B. 1,00 €
C. 1,50 €
D. 2,00 €
E. Keine Antwort ist richtig.

124) Wie hoch ist die Rechnung insgesamt, wenn auf den korrekten Rechnungsbetrag 19 % Mehrwertsteuer zu zahlen sind? Runden Sie das Ergebnis bitte auf zwei Nachkommastellen.

A. 362,00 €
B. 370,20 €
C. 364,20 €
D. 364,02 €
E. Keine Antwort ist richtig.

125) Herr Mayer gibt dem Mechaniker 5 € Trinkgeld. Wie viel Prozent sind das vom korrekten Rechnungsbetrag (inkl. Mehrwertsteuer)? Runden Sie das Ergebnis bitte auf zwei Nachkommastellen.

A. 0,77 %
B. 1,37 %
C. 1,77 %
D. 2,37 %
E. Keine Antwort ist richtig.

Mengenkalkulation

Bearbeitungszeit 10 Minuten

Zur Herstellung eines Fertigerzeugnisses braucht man verschiedene Elemente und Materialien.

Folgendes Schaubild gibt Aufschluss über die Einzelteile, die zur Herstellung des Fertigerzeugnisses C benötigt werden:

Material A

e_1 = 2 Stk.

e_3 = 1 Stk.

e_6 = 3 Stk.

Material B

e_2 = 2 Stk.

e_4 = 4 Stk.

e_5 = 3 Stk.

e_7 = 3 Stk.

Fertigerzeugnis C

Material A = 3 Stk.

Material B = 4 Stk.

e_1 = 2 Stk.

e_4 = 1 Stk.

e_8 = 3 Stk.

Hinweis: Angegeben ist der Einzelbedarf in (Stk.) von Elementen (e_n) bzw. Materialien (A, B) je (Stk.) eines Fertigerzeugnisses (C).

Bitte beantworten Sie die folgenden Aufgaben, indem Sie jeweils den richtigen Lösungsbuchstaben markieren. Sie haben dafür **10 Minuten** Zeit.

126) Wie viele Teile „e_n" werden für die Herstellung des Materials A insgesamt benötigt?

A. 4
B. 6
C. 10
D. 18
E. Keine Antwort ist richtig.

127) Wie viele Teile „e_n" werden für die Herstellung der Materialien A und B insgesamt benötigt?

A. 5
B. 10
C. 12
D. 18
E. Keine Antwort ist richtig.

128) Wie viele Elemente „e_2" sind im Fertigerzeugnis C insgesamt enthalten?

A. 2
B. 4
C. 8
D. 16
E. Keine Antwort ist richtig.

129) Wie viele Elemente „e_4" sind im Fertigerzeugnis C insgesamt enthalten?

A. 4
B. 16
C. 17
D. 18
E. Keine Antwort ist richtig.

130) Wie viele Elemente „e_5" sind in 5 Fertigerzeugnissen C insgesamt enthalten?

A. 4
B. 8
C. 12
D. 60
E. Keine Antwort ist richtig.

131) Wie viele Elemente „e_n" sind insgesamt in einem Fertigerzeugnis C enthalten?

A. 6
B. 12
C. 24
D. 72
E. Keine Antwort ist richtig.

132) Wie viele Elemente „e_1" sind in 3 Fertigerzeugnissen C enthalten?

A. 8
B. 16
C. 24
D. 30
E. Keine Antwort ist richtig.

133) Für einen Kunden müssen 5 Fertigerzeugnisse C hergestellt werden. Wie viele Elemente „e_n" werden zur Herstellung insgesamt benötigt?

A. 24
B. 90
C. 240
D. 360
E. Keine Antwort ist richtig.

134) Welches Element „e_n" hat den größten Anteil am Fertigerzeugnis C?

A. e_4 mit 16 Teilen
B. e_2 mit 19 Teilen
C. e_2 mit 18 Teilen
D. e_4 mit 17 Teilen
E. Keine Antwort ist richtig.

135) Wie viel Prozent der Einzelteile eines Fertigerzeugnisses C machen die Elemente „e_4" und „e_5" zusammen aus?

A. Ca. 20 %
B. Ca. 30 %
C. Ca. 40 %
D. Ca. die Hälfte
E. Keine Antwort ist richtig.

Tabellen auswerten

Bearbeitungszeit 5 Minuten

Welche Informationen liefert die Tabelle?

Bitte analysieren Sie die Angaben und beantworten Sie die nachfolgenden Aufgaben, indem Sie jeweils den richtigen Buchstaben markieren.

Einwohnerzahl und Bruttonationaleinkommen (BNE)

Kaufkraftbereinigtes BNE pro Kopf in US-Dollar (Stand 2021)

Land	BNE/Kopf in US-$	Einwohnerzahl in Mio.
Schweiz	90.360	8,7
USA	70.430	331,9
Österreich	52.210	8,9
Deutschland	51.040	83,1
Belgien	50.510	11,6
Vereinigtes Königreich	45.380	67,3
Frankreich	43.880	67,5
Japan	42.620	125,7
Italien	35.710	59,1
Südkorea	34.980	51,7
Spanien	29.740	47,3
Welt	12.070	7.836,6
Volksrepublik China	11.890	1.412,4
Russland	11.600	143,4
Türkei	9.830	85,0
Indien	2.170	1.393,4

Quelle: Statistisches Bundesamt, Weltbank

136) Welches Land hat die zweitgrößte Bevölkerung?

A. Volksrepublik China
B. Russland
C. USA
D. Indien
E. Keine Antwort ist richtig.

137) Das US-amerikanische BNE/Kopf ist fast …?

A. 8-mal so groß wie das indische.
B. 5-mal so groß wie das chinesische.
C. 3-mal so groß wie das deutsche.
D. 2-mal so groß wie das italienische.
E. Keine Antwort ist richtig.

138) Damit Russland das BNE/Kopf der USA erreicht, müsste sich das russische BNE/Kopf im Vergleich zu 2021 ungefähr …?

A. verdoppeln.
B. versiebenfachen.
C. versechsfachen.
D. verachtfachen.
E. Keine Antwort ist richtig.

139) Wenn das BNE/Kopf in der Schweiz um 20 % sinkt, während es in den anderen Ländern konstant bleibt, würde die Schweiz auf Platz …?

A. zwei der Tabelle stehen.
B. eins der Tabelle stehen.
C. vier der Tabelle stehen.
D. drei der Tabelle stehen.
E. Keine Antwort ist richtig.

140) Wenn das französische BNE/Kopf um 20 % wächst, während es in den anderen Ländern stagniert, würde Frankreich auf Platz …?

A. zwei der Tabelle stehen.
B. drei der Tabelle stehen.
C. vier der Tabelle stehen.
D. fünf der Tabelle stehen.
E. Keine Antwort ist richtig.

Diagramm-Aufgaben

Bearbeitungszeit 5 Minuten

Welche Informationen liefert das Diagramm?

Bitte analysieren Sie das Schaubild und beantworten Sie die nachfolgenden Aufgaben, indem Sie jeweils den richtigen Buchstaben markieren.

Trinkwasserverwendung im Haushalt

Durchschnittswerte in Deutschland pro Einwohner und Tag, Angaben in Liter (Stand 2021)

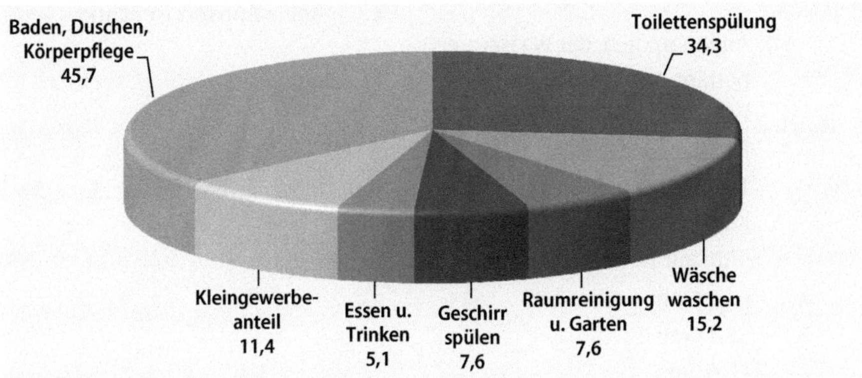

Quelle: Bundesverband der Energie- und Wasserwirtschaft e. V.

141) Wie viele Liter Wasser werden pro Kopf und Tag durchschnittlich verbraucht?

A. 126,9 l
B. 95,9 l
C. 143,8 l
D. 105,2 l
E. Keine Antwort ist richtig.

142) Wie groß ist der Prozentanteil der Toilettenspülung am durchschnittlichen Wasserverbrauch? Runden Sie das Ergebnis bitte auf zwei Nachkommastellen.

A. 30,25 %
B. 19,75 %
C. 23,54 %
D. 27,03 %
E. Keine Antwort ist richtig.

143) Wie viele Liter Wasser verbraucht eine vierköpfige Familie im Monat (30 Tage) allein zum Essen und Trinken?

A. 477 l
B. 612 l
C. 533 l
D. 718 l
E. Keine Antwort ist richtig.

144) Angenommen, der Wasserpreis beträgt 2,90 € pro Kubikmeter: Wie viel gibt eine vierköpfige Familie durchschnittlich am Tag für Baden, Duschen und Körperpflege aus? Runden Sie bitte auf 1/10 Cent.

A. 67,5 Cent
B. 58,4 Cent
C. 46,4 Cent
D. 53,0 Cent
E. Keine Antwort ist richtig.

145) Wie hoch sind die Ausgaben der Familie für den jährlichen Wasserverbrauch (365 Tage)? Runden Sie bitte auf zwei Nachkommastellen.

A. 553,60 €
B. 537,28 €
C. 470,36 €
D. 580,67 €
E. Keine Antwort ist richtig.

Geometrie

Bearbeitungszeit 10 Minuten

Nun müssen Sie geometrische Zusammenhänge überprüfen.

Beantworten Sie bitte die folgenden Aufgaben, indem Sie jeweils den richtigen Lösungsbuchstaben markieren.

146) Wie groß ist das Volumen des abgebildeten Quaders?

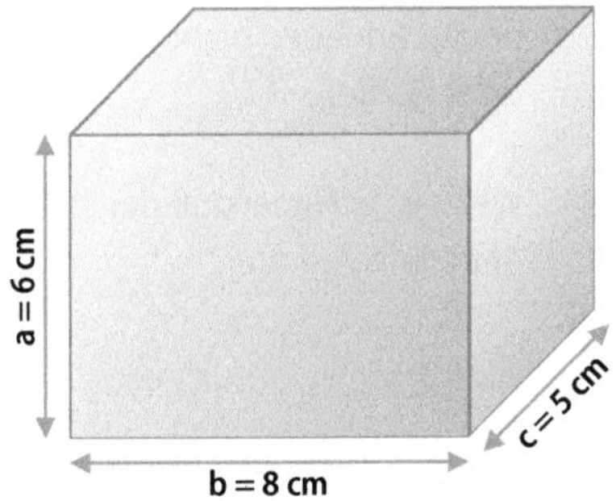

A. $48\ cm^3$
B. $88\ cm^3$
C. $216\ cm^3$
D. $240\ cm^3$
E. Keine Antwort ist richtig.

147) Ein Versandkarton ist 12 Zentimeter lang, 6 Zentimeter breit und 5 Zentimeter hoch. Wie groß ist die Oberfläche (A) des Kartons?

A. $280\ cm^2$
B. $246\ cm^2$
C. $162\ cm^2$
D. $418\ cm^2$
E. $324\ cm^2$

148) Herr Klein möchte in seinem rechteckigen Wohnzimmer neue Parkettleisten verlegen. Das Zimmer ist 5,40 Meter lang und 4,50 Meter breit. Die Tür – Breite: 1,20 Meter – will er aussparen. Wie viele Meter Parkettleiste benötigt er?

A. 11,50 m
B. 15,20 m
C. 17,40 m
D. 18,60 m
E. 19,30 m

149) Ein Kreis hat einen Radius von 3 Metern. Wie groß ist sein Umfang? Der Umfang eines Kreises berechnet sich nach der Formel: $U = \pi \times d$.

A. Rund 18,84 Meter
B. Rund 16,06 Meter
C. Rund 15,28 Meter
D. Rund 11,14 Meter
E. Rund 9,42 Meter

150) Welches Volumen hat eine zylindrische Dose mit einem Durchmesser von 5 Zentimetern und einer Höhe von 10 Zentimetern? Der Rauminhalt von Zylindern berechnet sich nach der Formel:
$V = \pi \times r^2 \times h$.

A. Rund 158 cm^3
B. Rund 253 cm^3
C. Rund 196 cm^3
D. Rund 250 cm^3
E. Rund 50 cm^3

151) Das Volumen (V) eines Würfels beträgt 512 cm^3. Welchen Flächeninhalt (A) haben seine Seitenflächen?

A. 32 cm^2
B. 206 cm^2
C. Rund 171 cm^2
D. Rund 164,3 cm^2
E. 64 cm^2

152) Die Oberfläche eines Würfels beträgt 96 cm^2. Wie groß ist seine Kantenlänge (a)?

A. 32 cm
B. 8 cm
C. 16 cm
D. 4 cm
E. 6,5 cm

153) In einem Dreieck beträgt ein Innenwinkel 32°, ein zweiter 46°. Wie groß ist der dritte Winkel?

A. 56°
B. 45°
C. 90°
D. 102°
E. Das lässt sich aus den vorhandenen Angaben nicht eindeutig schließen.

154) Welches Volumen hat der abgebildete Zylinder?

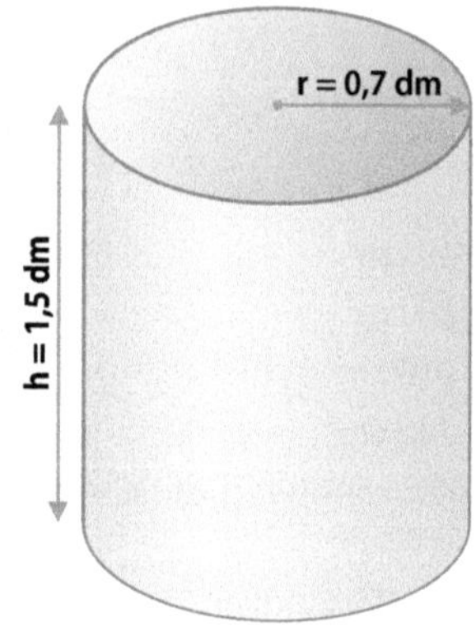

A. Rund 2,58 dm^3
B. Rund 2,50 dm^3
C. Rund 2,31 dm^3
D. Rund 1,94 dm^3
E. Rund 3,63 dm^3

155) Wie groß ist die Oberfläche eines Quaders mit den Kantenlängen 3 dm, 9 cm und 0,24 m?

A. 926 cm^2
B. 1.206 cm^2
C. 2.412 cm^2
D. 2.548 cm^2
E. Keine Antwort ist richtig.

Lösungen: Mathematik

1) C
2) D
3) C
4) C
5) C
6) B
7) B
8) B
9) B
10) D
11) C
12) A
13) B
14) C
15) A
16) C
17) B
18) C
19) C
20) B
21) 6
22) 333
23) 13
24) 29
25) 20
26) 5
27) 48
28) 9
29) 9
30) 24
31) D
32) C
33) C
34) A
35) B
36) A
37) B
38) C
39) A
40) B
41) + | ×
42) × | ÷
43) × | −
44) × | −
45) × | −
46) × | −
47) × | −
48) × | ÷
49) ÷ | +
50) − | ÷
51) − | ×
52) + | ×
53) + | ÷
54) × | ÷
55) ÷ | −
56) B
57) A
58) B
59) B
60) C
61) B
62) C
63) C
64) C
65) C
66) C
67) C
68) C
69) B
70) B
71) C
72) C
73) B
74) D
75) B
76) D
77) B
78) B
79) D
80) A
81) C
82) B
83) C
84) B
85) E
86) B
87) B
88) C
89) C
90) B

91) B	113) A	135) C
92) D	114) B	136) D
93) E	115) C	137) D
94) C	116) C	138) C
95) C	117) B	139) A
96) C	118) B	140) B
97) B	119) D	141) A
98) B	120) C	142) D
99) C	121) C	143) B
100) C	122) C	144) D
101) C	123) B	145) B
102) C	124) D	146) D
103) D	125) B	147) E
104) C	126) B	148) D
105) B	127) D	149) A
106) C	128) C	150) C
107) B	129) C	151) E
108) C	130) D	152) D
109) D	131) D	153) D
110) D	132) C	154) C
111) C	133) D	155) C
112) B	134) D	

Grundrechenarten (Aufgaben 1–10)

Zu 1) C. 60

Es gilt die Punkt-vor-Strich-Regel.

$10 + 5 \times 10 = 10 + 50 = 60$

Zu 2) D. 17.744

$$\begin{array}{r} 8.948,75 \\ +\ \ 8.795,25 \\ {\scriptstyle +\quad 1\ 1\ 1\ 1\ 1} \\ \hline =17.744,00 \end{array}$$

Zu 3) **C.** 518.403

654.646
− 136.243
− 1
= 518.403

Zu 4) **C.** 19.202

8.648
+ 9.576
+ 978
+ 2 2 2
= 19.202

Zu 5) **C.** 148.769,35

325,25 × 457,40
1301000000
+ 162625000
+ 22767500
+ 1301000
+ 1 1
= 148769,3500

Zu 6) **B.** 144

92880 ÷ 645 = 144
645
1
2838
2580
1
2580
2580
0

Zu 7) **B.** 72.234.576

9648 × 7487
67536000
+ 3859200
+ 771840
+ 67536
+ 1 2 2 2 1
= 72234576

Zu 8) **B.** 14.614

12.082
+ 2.376
+ 156
+ 2 1
= 14.614

Zu 9) **B.** 28.926

520668 ÷ 18 = 28926
36
160
144
166
162
46
36
108
108
0

Zu 10) **D.** −37

Es gilt die Punkt-vor-Strich-Regel.

$-6 \times 3 = -18$

$4 \times (-4) = -16$

$-18 + (-16 - 3) = -18 - 19 = -37$

Bruchrechnen (Aufgaben 11–20)

Zu 11) C. 0,75

Zähler geteilt durch Nenner:

$$\frac{3}{4}=0{,}75$$

Zu 12) A. 0,20

Zähler geteilt durch Nenner:

$$\frac{1}{5}=1\div 5=0{,}20$$

Zu 13) B. 2

Ein Bruch wird mit einer ganzen Zahl multipliziert, indem man den Nenner beibehält und den Zähler mit der ganzen Zahl multipliziert. Das Ergebnis ist so weit wie möglich zu kürzen:

$$\frac{2}{4}\times 4=\frac{8}{4}=2$$

Zu 14) C. $\frac{18}{4}$

Brüche werden addiert, indem man den kleinsten gemeinsamen Nenner findet, die Zähler addiert und den Nenner beibehält:

$$\frac{10}{4}+\frac{4}{2}=\frac{10}{4}+\frac{8}{4}=\frac{18}{4}$$

Zu 15) A. $\frac{5}{12}$

Brüche werden subtrahiert, indem man den gemeinsamen Nenner findet, diesen beibehält und die Zähler voneinander subtrahiert. Das Ergebnis ist so weit wie möglich zu kürzen:

$$\frac{3}{4}-\frac{1}{3}=\frac{9}{12}-\frac{4}{12}=\frac{5}{12}$$

Zu 16) C. 4,0

Zähler geteilt durch Nenner:

$$20\div 5=4$$

Zu 17) B. $\frac{7}{3}$

Brüche werden dividiert, indem man mit dem Kehrwert multipliziert. Das Ergebnis ist so weit wie möglich zu kürzen:

$$\frac{7}{9}\div\frac{3}{9}=\frac{7}{9}\times\frac{9}{3}=\frac{7}{3}$$

Zu 18) C. $\frac{5}{12}$

Brüche werden subtrahiert, indem man den gemeinsamen Nenner findet, diesen beibehält und die Zähler voneinander subtrahiert. Das Ergebnis ist so weit wie möglich zu kürzen:

$$\frac{6}{8}-\frac{2}{6}=\frac{3}{4}-\frac{1}{3}=\frac{9}{12}-\frac{4}{12}=\frac{5}{12}$$

Zu 19) C. $\frac{13}{12}$

Brüche werden addiert, indem man den gemeinsamen Nenner findet, diesen beibehält und die Zähler miteinander addiert. Das Ergebnis ist so weit wie möglich zu kürzen:

$$\frac{2}{6}+\frac{3}{4}=\frac{4}{12}+\frac{9}{12}=\frac{13}{12}$$

Zu 20) B. $1\frac{1}{2}$

Brüche werden dividiert, indem man mit dem Kehrwert multipliziert. Anschließend ist das Ergebnis hier so weit wie möglich zu kürzen und als gemischte Zahl zu schreiben.

$$\frac{3}{5}\div\frac{2}{5}=\frac{3}{5}\times\frac{5}{2}=\frac{15}{10}=\frac{3}{2}=1\frac{1}{2}$$

Kettenrechnen (Aufgaben 21–30)

Zu 21) $3\times6\div9+3\times9\div3\times2-3\times2\div9=$ ***6***

Zu 22) $30\div6+23+46-2\div8\times9+9+909\div3=$ ***333***

Zu 23) $1\times2+3\times4-5\times2+15\div9\times10-11\div3=$ ***13***

Zu 24) $9\times8\div6-5\times7+6\div5+9\times3\div2-1=$ ***29***

Zu 25) $27\div3+18\div3\times2+118-30\div2+3\div7\div2+16=$ ***20***

Zu 26) $1.550-26+12\div3\times2\div4-156-20\div16=$ ***5***

Zu 27) $4+8\times6+5\div7+6\times4-16\div4+12\div5\times4+3-7\times3=$ ***48***

Zu 28) $9\times2+9\div3\times9-3\div6+15\div4\times5+11\div2-5\div6+78\div9=$ ***9***

Zu 29) $18+4\div2+9-3\times4-2\div2+2-5\div5\times3\div2=$ ***9***

Zu 30) $4+8\times3\div6+9\div5+6-5\times4+4\div5\times6=$ ***24***

Kopfrechnen (Aufgaben 31–40)

Zu 31) D. 60

$20\div0{,}5=40$

$40+20=60$

Zu 32) C. 57

Es gilt die Punkt-vor-Strich-Regel.

$21+12\times3=21+36=57$

Zu 33) C. –9

Es gilt die Punkt-vor-Strich-Regel.

$6-(3+2)\times3=6-5\times3=6-15=-9$

Zu 34) A. 3

Zuerst sind die Klammern auszurechnen – angefangen bei der kleinen Klammer.

$(6-(3+2))\times3=(6-5)\times3=1\times3=3$

Zu 35) B. 14.614

$$\begin{array}{lr} & 12.082 \\ + & 2.376 \\ + & 156 \\ + & 21 \\ \hline = & 14.614 \end{array}$$

Zu 36) A. –15

Es gilt die Punkt-vor-Strich-Regel.

$9 - (2 + 4) \times 4 = 9 - 6 \times 4 = 9 - 24 = -15$

Zu 37) B. 4

Zuerst sind die Klammern auszurechnen – angefangen bei der kleinen Klammer.

$(7 - (4 + 2)) \times 4 = (7 - 6) \times 4 = 1 \times 4 = 4$

Zu 38) C. $\frac{16}{4}$

$$\frac{2}{8} + 3\frac{3}{4} = \frac{1}{4} + \frac{15}{4} = \frac{16}{4}$$

Gemischte Zahlen sollten in Brüche umgewandelt werden. Danach werden die Brüche addiert, indem man den gemeinsamen Nenner findet, diesen beibehält und die Zähler miteinander addiert.

Zu 39) A. –64

Potenzrechnung geht in diesem Fall vor Strichrechnung:

$-4^3 = -(4^3) = -(4 \times 4 \times 4) = -64$

Zu 40) B. –9

Beachten Sie die Punkt-vor-Strich-Regel und berücksichtigen Sie die entsprechenden Vorzeichen.

$-5 \times 3 - (-2) \times 3 = -15 - (-6) = -15 + 6 = -9$

Rechenzeichen ergänzen (Aufgaben 41–55)

Zu 41) $6 \underline{+} 2 \underline{\times} 3 = 6 + 6 = 12$

Zu 42) $12 \underline{\times} 3 \underline{\div} 4 = 36 \div 4 = 9$

Zu 43) $5 \underline{\times} 8 \underline{-} 6 = 40 - 6 = 34$

Zu 44) $2 \underline{\times} 8 \underline{-} 7 = 16 - 7 = 9$

Zu 45) $6 \underline{\times} 4 \underline{-} 5 = 24 - 5 = 19$

Zu 46) $12 \underline{\times} 2 \underline{-} 8 = 24 - 8 = 16$

Zu 47) $7 \underline{\times} 2 \underline{-} 9 = 14 - 9 = 5$

Zu 48) $8 \underline{\times} 7 \underline{\div} 4 = 56 \div 4 = 14$

Zu 49) $9 \underline{\div} 3 \underline{+} 5 = 3 + 5 = 8$

Zu 50) $7 \underline{-} 8 \underline{\div} 4 = 7 - 2 = 5$

Zu 51) $17 \underline{-} 3 \underline{\times} 5 = 17 - 15 = 2$

Zu 52) $1 \underline{+} 4 \underline{\times} 4 = 1 + 16 = 17$

Zu 53) $7 \underline{+} 9 \underline{\div} 3 = 7 + 3 = 10$

Zu 54) $14 \underline{\times} 2 \underline{\div} 7 = 28 \div 7 = 4$

Zu 55) $18 \underline{\div} 3 \underline{-} 2 = 6 - 2 = 4$

Maßeinheiten umrechnen (Aufgaben 56–65)

Zu 56) B. 29,7 cm

Die gesuchte Seite ist 29,7 cm lang.

Ein Millimeter entspricht 0,1 Zentimetern, also ergeben 297 Millimeter 29,7 Zentimeter:

$297 \times 0{,}1 \text{ cm} = 29{,}7 \text{ cm}$

Zu 57) A. 78

Ein Gramm entspricht 1.000 Milligramm, also ergeben 0,078 Gramm 78 Milligramm:

$0{,}078 \times 1.000 \text{ mg} = 78 \text{ mg}$

Zu 58) B. 41.400 m

Ein Kilometer entspricht 1.000 Metern, also ergeben 41,4 Kilometer 41.400 Meter:

$41{,}4 \times 1.000 \text{ m} = 41.400 \text{ m}$

Zu 59) B. 690

Eine Tonne entspricht 1.000 Kilogramm, also entsprechen 0,69 Tonnen 690 Kilogramm:

$0{,}69 \times 1.000 \text{ kg} = 690 \text{ kg}$

Zu 60) C. 2,16

Ein Dezimeter entspricht 0,1 Metern, also ergeben 21,6 Dezimeter 2,16 Meter:

$21{,}6 \times 0{,}1 \text{ m} = 2{,}16 \text{ m}$

Zu 61) B. 1.050 kg

Eine Tonne entspricht 1.000 Kilogramm, also ergeben 1,05 Tonnen 1.050 Kilogramm:

$1{,}05 \times 1.000 \text{ kg} = 1.050 \text{ kg}$

Zu 62) C. 17.000 m^2

Das Gewerbegrundstück im Nachbarort hat eine Grundfläche von 17.000 m^2.

$1 \text{ ha} = 10.000 \text{ m}^2$

$10.000 \text{ m}^2 \times 1{,}7 = 17.000 \text{ m}^2$

Zu 63) C. 2,5

Ein Liter entspricht 10 Dezilitern, also ergeben 0,25 Liter 2,5 Deziliter:

$0{,}25 \times 10 \text{ dl} = 2{,}5 \text{ dl}$

Zu 64) C. 4,1

Ein Zentner entspricht 50 Kilogramm bzw. 0,05 Tonnen, also ergeben 82 Zentner 4,1 Tonnen:

$82 \times 0{,}05 \text{ t} = 4{,}1 \text{ t}$

Zu 65) C. 0,6

240 Sekunden entsprechen 4 Minuten, also beträgt die Zeitspanne insgesamt 32 Minuten + 4 Minuten = 36 Minuten. Da eine Stunde aus 60 Minuten besteht, lässt sich der Anteil von 36 Minuten wie folgt berechnen:

$$\frac{36 \text{ min}}{60 \text{ min}} = \frac{3}{5} = 0{,}6$$

Ausgedrückt in Dezimalen, sind 32 Minuten und 240 Sekunden zusammengenommen 0,6 Stunden.

Dreisatz (Aufgaben 66–75)

Zu 66) **C.** 160 Stunden

Ein Mitarbeiter würde 160 Stunden für den Auftrag benötigen.

$4 \times 40\ h = 160\ h$

Zu 67) **C.** 200 GBP

Herr Mayer erhält 200 GBP.

Wechselkurs von 1 GBP = 1,30 €

260 € ÷ 1,30 €/GBP = 200 GBP

Zu 68) **C.** 2.100 kg

Herr Mayer benötigt für diesen Auftrag 2.100 kg Blech.

1.500 kg ÷ 100 Teile = 15 kg pro Ersatzteil

15 kg × 140 Ersatzteile = 2.100 kg

Zu 69) **B.** 54 Minuten

Ein einziger Maler benötigt zum Anstreichen derselben Fläche das Dreifache der Zeit:

$3 \times 1{,}5\ h = 4{,}5\ h$

Fünf Maler benötigen wiederum ein Fünftel dieser Zeit:

$4{,}5\ h \div 5 = 0{,}9\ h$

Fünf Maler brauchen 0,9 Stunden – oder 54 Minuten – um eine Fläche von 63 Quadratmetern zu streichen.

Zu 70) **B.** 8 Mitarbeiter

8 Mitarbeiter bräuchten für die gleiche Arbeit sechs Stunden.

12 Mitarbeiter × 4 h = 48 h

48 h ÷ 6 h = 8 Mitarbeiter

Zu 71) **C.** 12 h

Er wird zwölf Stunden benötigen.

60 min ÷ 20 = 3 min pro Antrag

240 × 3 min = 720 min

720 min ÷ 60 = 12 h

Zu 72) **C.** 132 l

Herr Mayer verbraucht unter den genannten Bedingungen 132 Liter Benzin.

22 × 60 km = 1.320 km pro Monat

1.320 km ÷ 100 km × 10 l = 132 l

Zu 73) **B.** 10

Sechs Arbeiter brauchen zehn Stunden für die gleiche Arbeit.

10 Arbeiter × 6 h = 60 h Gesamtzeit

60 h ÷ 6 Arbeiter = 10 h

Zu 74) **D.** 37 h und 30 min

Die Fertigstellung des Auftrages würde 37,5 Stunden dauern.

6 × 50 h = 300 h Gesamtzeit

$300\,h \div 8 = 37{,}5\,h = 37\,h$ und 30 min

Zu 75) B. 15 h

Nach 5 Stunden sind 250 Paletten bearbeitet:
10 Mitarbeiter × 5 Paletten/h × 5 h = 250 Paletten

Für die übrigen 250 Paletten brauchen 5 Mitarbeiter 10 Stunden:

250 Paletten ÷ (5 Mitarbeiter × 5 Paletten pro Stunde) = 5 h

5 h + 10 h = 15 h

Prozent- und Zinsrechnen (Aufgaben 76–85)

Zu 76) D. 49 %

Bei einer Geburtenzahl von 100 Kindern werden 49 Mädchen geboren.

100 % – 51 % = 49 %

Zu 77) B. 4.000 €

Herr Mayer hätte regulär 4.000 € zahlen müssen.

$$\text{Grundwert} = \frac{\text{Prozentwert} \times 100}{\text{Prozentsatz}}$$

$$\text{Grundwert} = \frac{3.600\,€ \times 100}{90\,\%} = 4.000\,€$$

Zu 78) B. 960 €

Herr Mayer spart durch den Rabatt einen Betrag von 960 €.

$$\text{Prozentwert} = \frac{\text{Grundwert} \times \text{Prozentsatz}}{100}$$

$$\text{Prozentwert} = \frac{12.000\,€ \times 8}{100} = 960\,€$$

Zu 79) D. 20.000 €

Die Rechnung ohne Skontoabzug würde 20.000 € betragen.

$$\text{Grundwert} = \frac{\text{Prozentwert} \times 100}{\text{Prozentsatz}}$$

$$\text{Grundwert} = \frac{19.400\,€ \times 100}{97\,\%} = 20.000\,€$$

Zu 80) A. 14.000 €

Ohne Abzug von Rabatt hätte die Maschine 14.000 € gekostet.

$$\text{Grundwert} = \frac{\text{Prozentwert} \times 100}{\text{Prozentsatz}}$$

$$\text{Grundwert} = \frac{11.900\,€ \times 100}{85\,\%} = 14.000\,€$$

Zu 81) C. 1.000 €

Herr Mayer erhält pro Jahr 1.000 € Zinsen.

$$\text{Zinsen} = \frac{\text{Kapital} \times \text{Zinssatz} \times \text{Tage}}{100 \times 360\,d}$$

$$\text{Zinsen} = \frac{20.000\,€ \times 5\,\% \times 360\,d}{100 \times 360\,d} = 1.000\,€$$

Zu 82) B. 22.000 €

Herr Mayer hat einen Betrag von 22.000 € angelegt.

$$\text{Kapital} = \frac{\text{Zinsen} \times 100 \times 360\,\text{d}}{\text{Zinssatz} \times \text{Tage}}$$

$$\text{Kapital} = \frac{1.100\,€ \times 100 \times 360\,\text{d}}{5\,\% \times 360\,\text{d}} = 22.000\,€$$

Zu 83) C. 5,00 %

Herr Mayer hat einen Jahreszins von sechs Prozent erhalten.

$$\text{Zinssatz} = \frac{\text{Zinsen} \times 100 \times 360\,\text{d}}{\text{Kapital} \times \text{Tage}}$$

$$\text{Zinssatz} = \frac{2.400\,€ \times 100 \times 360\,\text{d}}{60.000\,€ \times 240\,\text{d}} = 6\,\%$$

Zu 84) B. 90 Tage

Das Geld war insgesamt 90 Tage angelegt.

$$\text{Tage} = \frac{\text{Zinsen} \times 100 \times 360\,\text{d}}{\text{Kapital} \times \text{Zinssatz}}$$

$$\text{Tage} = \frac{325\,€ \times 100 \times 360\,\text{d}}{26.000\,€ \times 5\,\%} = 90\,\text{d}$$

Zu 85) E. Keine Antwort ist richtig.

Die Anlage besteht seit 150 Tagen.

$$\text{Tage} = \frac{\text{Zinsen} \times 100 \times 360\,\text{d}}{\text{Kapital} \times \text{Zinssatz}}$$

$$\text{Tage} = \frac{750\,€ \times 100 \times 360\,\text{d}}{30.000\,€ \times 6\,\%} = 150\,\text{d}$$

Schätzaufgaben (Aufgaben 86–95)

Zu 86) B. 441

Hier erhält man die Lösung am schnellsten, indem man nur die letzten Ziffern betrachtet: $1 \times 1 = 1$ – die Endziffer des Ergebnisses lautet 1.

Zu 87) B. 106

Beide Werte sind in den ersten drei Stellen identisch, also muss ihre Differenz kleiner als 1.000 sein. Betrachtet man nur die letzten Ziffern, erhält man als Endziffer der Lösung $7 - 1 = 6$. Somit kann nur Vorschlag B stimmen.

Zu 88) C. 37.000

Die Addition der letzen Ziffern ergibt 10. Die Endziffer des Lösungswerts muss demnach Null lauten, sodass nur Vorschlag C in Betracht kommt.

Zu 89) C. 177.784

Durch die Multiplikation der letzten Ziffern beider Zahlen erhält man $3 \times 8 = 24$. Die Endziffer der gesuchten Zahl lautet also 4. Da $20.000 \times 8 = 160.000$ ergibt, muss das Ergebnis außerdem in der Nähe von 160.000 liegen. Als richtige Lösung kommt somit nur Antwort C infrage.

Zu 90) B. Zwischen 4.180.000 und 4.190.000

Die angegebenen Zahlenblöcke decken jeweils 10.000er-Bereiche ab, daher empfiehlt sich der Überschlag mit Tausenderwerten: 8.576 – 4.392 = 4.184. Durch die vernachlässigten Hunderter, Zehner und Einer kann das Ergebnis auf keinen Fall kleiner als 4.180.000 oder größer als 4.190.000 werden. Antwort B stimmt.

Zu 91) B. 100,1 %

77 % entsprechen ungefähr drei Vierteln (75 %). 130 % entsprechen ungefähr vier Dritteln (133 %). Bringt man die Werte in Bruchform, lässt sich das Ergebnis schnell abschätzen:

$\frac{3}{4} \times \frac{4}{3} = \frac{12}{12} = 1 = 100\ \%$

Zu 92) D. 343

Fassen Sie zuerst zusammen:

$5 \times 14 = 70$

5×70 ergibt 350. 4,9 ist ein wenig kleiner als 5, also muss das Endergebnis etwas kleiner sein als 350. Als richtige Lösung kommt somit nur Antwort D infrage.

Zu 93) E. Zwischen 36.000 und 36.500

Die angegebenen Zahlenblöcke decken jeweils 500er-Bereiche ab, daher empfiehlt sich der Überschlag mit Hunderterwerten: 215 + 126 + 20 = 361 (also 36.100). Somit muss die richtige Antwort E lauten: Alle übrigen Lösungsvorschläge liegen unter dem geschätzten Wert, doch das tatsächliche Ergebnis ist aufgrund der vernachlässigten Zehner und Einer sogar noch etwas höher.

Zu 94) C. Zwischen 3,4 und 3,7

Die erste Stelle des Ergebnisses muss 3 lauten, da der Divisor dreimal vollständig in den Dividenden hineinpasst: $3 \times 35 = 105$. Es verbleibt ein Rest von 20 (125 – 105). Die erste Nachkommastelle des Ergebnisses berechnen Sie, indem Sie den Rest mit 10 multiplizieren und prüfen, wie oft der Divisor in den erhaltenen Wert hineinpasst: $200 \div 35 = 5$, Rest 25. Das Ergebnis beginnt also mit 3,5 und liegt demnach zwischen 3,4 und 3,7; Antwort C stimmt.

Zu 95) C. 220

Da $200 \times 200 = 40.000$ ergibt und $300 \times 300 = 90.000$ ergibt, muss das Ergebnis zwischen 200 und 300 liegen. Als richtige Lösung kommt somit nur Antwort C infrage.

Gemischte Textaufgaben (Aufgaben 96–110)

Zu 96) C. 5,40 h

Für die Auszeichnung werden im Durchschnitt 5,4 Stunden benötigt.

$4\,h + 5\,h + 4\,h + 6\,h + 8\,h = 27\,h$

$27\,h \div 5 = 5{,}4\,h$

Zu 97) B. 10 Cent

Der Steuersatz pro Kilometer beträgt in diesem Fall 10 Cent.

40€ ÷ 400 km = 0,10 €/km

Zu 98) B. 6,80 €

Es ist ein kg-Preis von 6,80 € hinterlegt.

750 g = 0,75 kg

5,10 € ÷ 0,75 kg = 6,80 €/kg

Zu 99) C. 50

Herr Müller bräuchte fünfzig 20-Cent-Stücke.

100 Stk. × 10 Cent/Stk. = 1.000 Cent

1.000 Cent ÷ 20 Cent/Stk. = 50 Stk.

Zu 100) C. In der Gesamtbevölkerung leiden im Durchschnitt weniger Menschen unter Kopfschmerzen als in den Dörfern.

In der Gesamtbevölkerung leidet jeder Zwölfte unter Kopfschmerzen. Von hundert Menschen sind betroffen: 100 ÷ 12 = 8,33 (entspricht 8,33 %).

In der Dorfbevölkerung leidet jeder Neunte unter Kopfschmerzen. Von hundert Menschen sind betroffen: 100 ÷ 9 = 11,11 (entspricht 11,11 %).

Zu 101) C. 40 km

Die Strecke beträgt 40 Kilometer.

30 min = 0,5 h

0,5 h × 80 km/h = 40 km

Zu 102) C. 600 €

Der Anteil von Person A beträgt 600 €.

2 × 300 € = 600 €

Zu 103) D. 90 min

Herr Mayer benötigt 90 Minuten Fahrtzeit.

60 km ÷ 40 km/h = 1,5 h = 90 min

Zu 104) C. 1 Minute

Es würde eine Minute dauern.

6 s ÷ 3 l × 30 l = 60 s

Zu 105) B. 14,4 l

Das Fahrzeug hätte einen Verbrauch von 14,4 Litern auf einer Strecke von 240 km.

6 l ÷ 100 km = 0,06 Liter pro km

0,06 l/km × 240 km = 14,4 Liter

Zu 106) C. 180 km/h

Herr Mayer müsste mit einer Durchschnittsgeschwindigkeit von 180 km/h fahren.

6 h × 120 km/h = 720 km

720 km ÷ 4 h = 180 km/h

Zu 107) B. 0,60 €

Herr Mayer müsste jedem Kunden pro Lieferung 0,60 € mehr berechnen, um die Kosten für den gestiegenen Benzinpreis weiterzugeben.

10 l ÷ 100 km × 60 km = 6 l Verbrauch pro Tag

6 l ÷ 5 Kunden × 0,50 € = 0,60 € pro Kunde

Zu 108) C. 100 Tage

Die Straße ist nach 100 Tagen fertiggestellt.

5 m + 7 m = 12 m

1.200 m ÷ 12 m/Tag = 100 Tage

Zu 109) D. 4.050

In 4.050 Haushalten leben Jungen.

9.000 × ¾ = 6.750 Haushalte mit Kindern

6.750 × ⅗ = 4.050 Haushalte mit Jungen

Zu 110) D. 6,25 Liter

Das Fahrzeug hat einen Durchschnittsverbrauch von 6,25 Litern auf 100 Kilometern.

60 l ÷ 960 km × 100 km = 6,25 l

Angebote vergleichen (Aufgaben 111–115)

Zu 111) C. 270 €

Die Mietkosten würden 270 € betragen.

55 km × 6 = 330 km (Gesamtstrecke)

330 km – 100 km = 230 km (Mehrkilometer)

230 km × 0,50 €/km = 115 € (Kosten für Mehrkilometer)

155 € + 115 € = 270 €

Zu 112) B. 199,70 €

Die Mietkosten würden 199,70 € betragen.

55 km × 6 = 330 km (Gesamtstrecke)

330 km – 300 km = 30 km (Mehrkilometer)

30 km × 0,69 €/km = 20,70 € (Kosten für Mehrkilometer)

179 € + 20,70 € = 199,70 €

Zu 113) A. 20,30 €

Das Angebot 2 ist um 20,30 € günstiger als Angebot 1.

Angebot 1:

55 km × 6 = 330 km (Gesamtstrecke)

330 km – 200 km = 130 km (Mehrkilometer)

130 km × 0,50 €/km = 65 € (Kosten für Mehrkilometer)

275 € + 65 € = 340 €

Angebot 2:

55 km × 6 = 330 km (Gesamtstrecke)

330 km – 300 km = 30 km (Mehrkilometer)

30 km × 0,69 €/km = 20,70 € (Kosten für Mehrkilometer)

299 € + 20,70 € = 319,70 €

340 € – 319,70 € = 20,30 € (Differenz)

Zu 114) B. 70,30 €

Das Angebot 2 ist um 70,30 € günstiger als Angebot 1.

Angebot 1:

55 km × 6 = 330 km (Gesamtstrecke)

330 km – 100 km = 230 km (Mehrkilometer)

230 km × 0,50 €/km = 115 € (Kosten für Mehrkilometer)

155 € + 115 € = 270 €

Angebot 2:

55 km × 6 = 330 km (Gesamtstrecke)

330 km – 300 km = 30 km (Mehrkilometer)

30 km × 0,69 €/km = 20,70 € (Kosten für Mehrkilometer)

179 € + 20,70 € = 199,70 €

270 € – 199,70 € = 70,30 € (Differenz)

Zu 115) C. Rund 8 %

Das Angebot 2 ist etwa 8 Prozent teurer als Angebot 1.

$$\text{Prozentsatz} = \frac{\text{Prozentwert} \times 100}{\text{Grundwert}}$$

$$\text{Prozentsatz} = \frac{599\,€ \times 100}{555\,€} = 107{,}93\,\%$$

$107{,}93\,\% - 100\,\% \approx 8\,\%$

Rechnungen prüfen (Aufgaben 116–125)

Zu 116) C. 179 €

Der Preis für die Scheibenbremsen und die Bremsbeläge beträgt laut Rechnung 179 €.

96,48 € + 82,52 € = 179 €

Zu 117) B. 21 €

Der tatsächliche Preis für die Wischblätter beträgt 21 €.

2 × 10,50 € = 21 €

Zu 118) B. 21 €

5 l Öl würden Herrn Mayer 21 € kosten.

4,20 € × 5 l = 21 €

Zu 119) D. 101,75 €

Der Gesamtpreis für die Arbeitszeit inklusive Mehrwertsteuer beträgt 101,75 €.

$$\text{Prozentwert} = \frac{\text{Grundwert} \times \text{Prozentsatz}}{100}$$

$$\text{Prozentwert} = \frac{85{,}50\,€ \times 19\,\%}{100} = 16{,}25\,€$$

85,50 € + 16,25 € = 101,75 €

Zu 120) C. 1,19 €

Der Gesamtpreis laut Rechnung für den Ölfilter zuzüglich 19 Prozent Mehrwertsteuer beträgt 1,19 €.

$$\text{Prozentwert} = \frac{\text{Grundwert} \times \text{Prozentsatz}}{100}$$

$$\text{Prozentwert} = \frac{1\,€ \times 19\,\%}{100} = 1{,}19\,€$$

1,00 € + 19 Cent = 1,19 €

Zu 121) C. 304,90

Herr Mayer hat laut Rechnung 304,90 € zu zahlen.

96,48 € + 82,52 € + 20,50 € + 18,90 € + 1,00 € + 85,50 € = 304,90 €

Zu 122) C. 362,83 €

Der Gesamtpreis laut Rechnung zuzüglich 19 Prozent Mehrwertsteuer beträgt 362,83 €.

Rechnungsbetrag = 96,48 € + 82,52 € + 20,50 € + 18,90 € + 1,00 € + 85,50 € = 304,90 €

$$\text{Prozentwert} = \frac{\text{Grundwert} \times \text{Prozentsatz}}{100}$$

$$\text{Prozentwert} = \frac{304{,}90\,€ \times 19\,\%}{100} = 57{,}93\,€$$

304,90 € + 57,93 € = 362,83 €

Zu 123) B. 1,00 €

Der Unterschied beträgt 1,00 €, die zu wenig von Herrn Mayer verlangt wurden.

Gesamtbetrag laut Rechnung = 304,90 €

Tatsächlicher Betrag = 96,48 + 83,52 + 21 + 18,90 + 0,50 + 85,50 = 305,90 €

Differenz = 305,90 € - 304,90 € = 1,00 €

Zu 124) D. 364,02 €

Herr Mayer hätte eigentlich 364,02 € zahlen müssen.

96,48 + 83,52 + 21,00 + 18,90 + 0,50 + 85,50 = 305,90 €

$$\text{Prozentwert} = \frac{\text{Grundwert} \times \text{Prozentsatz}}{100}$$

$$\text{Prozentwert} = \frac{305{,}90\,€ \times 19\,\%}{100} = 58{,}12\,€$$

305,90 € + 58,12 € = 364,02 €

Zu 125) B. 1,37 %

Herr Mayer hat dem Mechaniker 1,37 % des Gesamtbetrags als Trinkgeld gegeben.

$$\text{Prozentsatz} = \frac{\text{Prozentwert} \times 100}{\text{Grundwert}}$$

$$\text{Prozentsatz} = \frac{5\,€ \times 100}{364{,}02\,€} = 1{,}37\,\%$$

Mengenkalkulation (Aufgaben 126–135)

Zu 126) B. 6

Es werden 6 Teile der Elemente „e_n" zur Herstellung des Materials A benötigt.

$2 + 1 + 3 = 6$

Zu 127) D. 18

Es werden 18 Teile der Elemente „e_n" zur Herstellung der Materialien A und B benötigt.

$2 + 1 + 3 + 2 + 4 + 3 + 3 = 18$

Zu 128) C. 8

Im Fertigerzeugnis C sind 8 Teile des Elements „e_2" enthalten.

$2 \times 4 = 8$

Zu 129) C. 17

Im Fertigerzeugnis C sind 17 Teile des Elements „e_4" enthalten.

$4 \times 4 + 1 = 17$

Zu 130) D. 60

Es werden 60 Teile des Elements „e_5" zur Herstellung von 5 Fertigerzeugnissen C benötigt.

$3 \times 4 \times 5 = 60$

Zu 131) D. 72

Es werden insgesamt 72 Teile der Elemente „e_n" zur Herstellung von einem Fertigerzeugnis C benötigt.

Material A: $2 + 1 + 3 = 6$

Material B: $2 + 4 + 3 + 3 = 12$

Fertigerzeugnis C = (3 × Material A) + (4 × Material B) + (2 + 1 + 3)

Fertigerzeugnis C = $(3 \times 6) + (4 \times 12) + 6 = 72$

Zu 132) C. 24

Es sind 24 Elemente „e_1" in 3 Fertigerzeugnissen C enthalten.

$(2 \times 3) \times 3 + (2 \times 3) = 24$

Zu 133) D. 360

Es werden 360 Teile der Elemente „e_n" zur Herstellung von 5 Fertigerzeugnissen C benötigt.

$((6 \times 3) + (12 \times 4) + (6)) \times 5 = 360$

Zu 134) D. e_4 mit 17 Teilen

Das Element „e_4" hat mit 17 Teilen den größten Teileanteil am Fertigerzeugnis C.

$4 \times 4 + 1 = 17$

Zu 135) C. Ca. 40 %

Die Elemente „e_4" und „e_5" machen zusammen ca. 40 Prozent der Einzelteile am Fertigerzeugnis C aus.

e_1: $(2 \times 3) + 2 = 8$ Teile

e_2: $2 \times 4 = 8$ Teile

e_3: $1 \times 3 = 3$ Teile

e_4: $(4 \times 4) + 1 = 17$ Teile

e_5: $3 \times 4 = 12$ Teile

e_6: $3 \times 3 = 9$ Teile

e_7: $3 \times 4 = 12$ Teile

e_8: 3 Teile

Summe: $8 + 8 + 3 + 17 + 12 + 9 + 12 + 3 = 72$ Teile

Anteil e_4 und e_5: $= 17 + 12 = 29$ Teile

$$\text{Prozentsatz} = \frac{\text{Prozentwert} \times 100}{\text{Grundwert}}$$

$$\text{Prozentsatz} = \frac{29\,\text{T} \times 100}{72\,\text{T}} = 40{,}28\,\%$$

Tabellen auswerten (Aufgaben 136–140)

Zu 136) D. Indien

Platz eins der Bevölkerungs-Rangliste belegte 2021 die Volksrepublik China mit 1,41 Milliarden Einwohnern vor Indien mit 1,39 Milliarden Einwohnern.

Zu 137) D. 2-mal so groß wie das italienische.

Das BNE/Kopf der USA ist fast zweimal so groß wie jenes Italiens.

USA = 70.430 US-\$; Italien = 35.710 US-\$

$70.430 \div 35.710 = 1{,}97 \approx 2$

Zu 138) C. versechsfachen.

Um das BNE/Kopf der USA zu erreichen, müsste sich der russische Wert im Vergleich zu 2021 mehr als versechsfachen.

USA = 70.430 US-\$; Russland = 11.600 US-\$

$70.430 \div 11.600 = 6{,}07$

Zu 139) A. zwei der Tabelle stehen.

Die Schweiz würde mit einem um 20 % verminderten BNE/Kopf auf Platz 2 der Tabelle landen.

Schweiz – 20 %:

$$\text{Prozentwert} = \frac{\text{Grundwert} \times \text{Prozentsatz}}{100}$$

$$\text{Prozentwert} = \frac{90.360\,\text{US-\$} \times 80\,\%}{100}$$

$= 72.288$ US-\$

Zu 140) B. drei der Tabelle stehen.

Wenn das französische BNE/Kopf um 20 % wächst, während es in den anderen Ländern stagniert, würde Frankreich mit einem BNE/Kopf von

52.656 US-$ auf Platz drei der Tabelle landen.

Frankreich + 20 %:

$$\text{Prozentwert} = \frac{\text{Grundwert} \times \text{Prozentsatz}}{100}$$

$$\text{Prozentwert} = \frac{43.880\,\text{US-\$} \times 120\,\%}{100}$$

$$= 52.656\,\text{US-\$}$$

Diagramm-Aufgaben (Aufgaben 141–145)

Zu 141) A. 126,9 l

Der Gesamtverbrauch berechnet sich durch die Addition der Einzelposten:

45,7 l + 11,4 l + 5,1 l + 7,6 l + 7,6 l + 15,2 l + 34,3 l = 126,9 l

Im Durchschnitt werden pro Kopf und Tag 126,9 Liter Wasser verbraucht.

Zu 142) D. 27,03 %

Der Gesamtverbrauch liegt bei 126,9 Litern täglich, die Toilettenspülung allein verbraucht im Schnitt 34,3 Liter. Der Prozentanteil berechnet sich wie folgt:

$$\text{Prozentsatz} = \frac{\text{Prozentwert} \times 100}{\text{Grundwert}}$$

$$\text{Prozentsatz} = \frac{34{,}3 \times 100}{126{,}9} = 27{,}03\,\%$$

Die Toilettenspülung verbraucht im Schnitt 27,03 % des insgesamt pro Kopf und Tag verbrauchten Wassers.

Zu 143) B. 612 l

Der Durchschnittswert des Verbrauchs für Essen und Trinken pro Kopf und Tag wird mit der Anzahl der Köpfe (4) und Tage (30) multipliziert:

5,1 l × 4 × 30 = 612 l

In einem Monat verbraucht die Familie im Schnitt 612 Liter Wasser zum Essen und Trinken.

Zu 144) D. 53,0 Cent

Eine vierköpfige Familie verbraucht im Schnitt 4 × 45,7 Liter = 182,8 Liter pro Tag für Baden, Duschen und Körperpflege. Ein Kubikmeter entspricht 1.000 Litern; die Ausgaben berechnen sich wie folgt:

182,8 ÷ 1.000 × 2,90 € = 0,53012 €

Die Familie hat pro Tag rund 53,0 Cent Wasserkosten für Baden, Duschen und Körperpflege.

Zu 145) B. 537,28 €

Pro Jahr verbraucht die Familie 185.274 Liter bzw. 185,27 Kubikmeter Wasser.

126,9 l × 4 × 365 = 185.274 l = 185,27 m^3

185,27 × 2,90 € = 537,28 €

Die Familie zahlt 537,28 € für ihren Jahreswasserverbrauch.

Geometrie (Aufgaben 146–155)

Zu 146) D. 240 cm^3

Um das Volumen eines Quaders zu berechnen, benötigt man seine Länge, Breite und Höhe. Das Volumen ergibt sich aus der Multiplikation der drei Werte:

$\text{Volumen} = a \times b \times c = 6\text{ cm} \times 8\text{ cm} \times 5\text{ cm} = 240\text{ cm}^3$

Das Volumen des abgebildeten Quaders beträgt 240 cm^3.

Zu 147) E. 324 cm^2

Die gesamte Oberfläche des Kartons besteht aus 6 rechteckigen Einzelflächen, wobei jeweils gegenüberliegende Flächen gleiche Abmessungen und dementsprechend auch den gleichen Flächeninhalt besitzen. Man muss also nicht den Inhalt aller 6 Flächen einzeln ausrechnen, sondern nur die 3 unterschiedlichen Flächeninhalte, die anschließend verdoppelt und addiert werden:

$O = 2\,(l \times b) + 2\,(b \times h) + 2\,(l \times h)$

Durch Einsetzen ergibt sich:

$O = 2\,(12\text{ cm} \times 6\text{ cm}) + 2\,(6\text{ cm} \times 5\text{ cm}) + 2\,(12\text{ cm} \times 5\text{ cm}) = 2 \times 72\text{ cm}^2 + 2 \times 30\text{ cm}^2 + 2 \times 60\text{ cm}^2 = 144\text{ cm}^2 + 60\text{ cm}^2 + 120\text{ cm}^2 = 324\text{ cm}^2$

Die Gesamtoberfläche des Kartons beträgt 324 Quadratzentimeter.

Zu 148) D. 18,60 m

Der Umfang (U) des Zimmers ergibt sich aus der doppelten Länge und doppelten Breite:

$U = 2 \times l + 2 \times b$

Durch Einsetzen erhält man:

$U = 2 \times 5{,}4\text{ m} + 2 \times 4{,}5\text{ m} = 10{,}8\text{ m} + 9\text{ m} = 19{,}8\text{ m}$

Nun muss noch die Türbreite abgezogen werden:

$19{,}8\text{ m} - 1{,}2\text{ m} = 18{,}6\text{ m}$

Herr Klein benötigt 18,60 Meter Parkettleiste.

Zu 149) A. Rund 18,84 Meter

Die angegebene Formel bezieht sich auf den Durchmesser des Kreises. In der Aufgabenstellung wird jedoch der Radius genannt, der die halbe Länge des Durchmessers besitzt:

$d = 2 \times r = 2 \times 3\text{ m} = 6\text{ m}$

Nun lässt sich der Umfang durch Einsetzen berechnen:

$U = \pi \times d \approx 3{,}14 \times 6\text{ m} \approx 18{,}84\text{ m}$

Der Umfang des Kreises beträgt rund 18,84 Meter.

Zu 150) C. Rund 196 cm^3

Die angegebene Formel bezieht sich auf den Radius (r) des Kreises. In der Aufgabenstellung wird jedoch der

Durchmesser genannt, der die doppelte Länge des Radius besitzt:

$$r = \frac{d}{2} = 2{,}5\ \text{cm}$$

Nun lässt sich das Volumen der zylindrischen Dose durch Einsetzen berechnen:

$$V = \pi \times r^2 \times h = \pi \times (2{,}5\ \text{cm})^2 \times 10\ \text{cm}$$
$$= \pi \times 6{,}25^2 \times 10\ \text{cm} \approx 3{,}14 \times 62{,}5\ \text{cm}^3$$
$$\approx 196\ \text{cm}^3$$

Das Volumen der Dose beträgt ca. 196 Kubikzentimeter.

Zu 151) E. 64 cm²

Das Volumen eines Würfels ergibt sich aus der Multiplikation seiner Länge, Breite und Höhe – Größen, die bei einem Würfel identisch sind. Kennt man sein Volumen, kann man daraus also mühelos auf seine Kantenlänge (a) schließen:

$$V = l \times b \times h = a \times a \times a = a^3$$

$$a = \sqrt[3]{V} = \sqrt[3]{512\ \text{cm}^3} = 8\ \text{cm}$$

Da die Seitenflächen eines Würfels Quadrate sind, ergibt sich ihr Flächeninhalt aus dem Quadrat der Seiten- bzw. Kantenlänge a:

$$A = a \times a = 8\ \text{cm} \times 8\ \text{cm} = 64\ \text{cm}^2$$

Die Seitenflächen des Würfels haben einen Flächeninhalt von 64 cm².

Zu 152) D. 4 cm

Die gesamte Oberfläche eines Würfels setzt sich – da seine Länge, Breite und Höhe gleich sind – aus 6 identischen Seitenflächen zusammen. Kennt man also die Gesamtoberfläche des Würfels, kann man mühelos auf den Flächeninhalt einer einzigen Seite schließen:

$$A_{\text{Seite}} = \frac{A_{\text{gesamt}}}{6} = \frac{96\ \text{cm}^2}{6} = 16\ \text{cm}^2$$

Da die Seitenflächen eines Würfels Quadrate sind, beträgt die gesuchte Kantenlänge die Wurzel aus dem Inhalt einer Seitenfläche:

$$A_{\text{Seite}} = a \times a = a^2$$

$$a = \sqrt{A_{\text{Seite}}} = \sqrt{16\ \text{cm}^2} = 4\ \text{cm}$$

Die Kantenlänge des Würfels beträgt 4 Zentimeter.

Zu 153) D. 102°

Die Summe der Innenwinkel eines Dreiecks beträgt immer 180°. Der dritte Winkel lässt sich daher durch einfaches Subtrahieren berechnen:

$$180° - 32° - 46° = 180° - 78° = 102°$$

Der dritte Winkel beträgt 102°.

Zu 154) C. Rund 2,31 dm³

Das Zylindervolumen (V) berechnet sich nach der Formel $V = \pi \times r^2 \times h$. Durch Einsetzen ergibt sich:

$V = \pi \times r^2 \times h = \pi \times (0{,}7\ dm)^2$
$\times 1{,}5\ dm = \pi \times 0{,}49\ dm^2 \times 1{,}5\ dm$
$= \pi \times 0{,}735\ dm^3 \approx 2{,}31\ dm^3$

Das Volumen des abgebildeten Zylinders beträgt rund 2,31 Kubikdezimeter.

Zu 155) C. 2.412 cm^2

Die gesamte Oberfläche eines Quaders besteht aus 6 Einzelflächen, wobei jeweils gegenüberliegende Flächen gleiche Abmessungen und dementsprechend auch den gleichen Flächeninhalt besitzen. Man muss also nicht den Inhalt aller 6 Flächen einzeln ausrechnen, sondern nur die 3 unterschiedlichen Flächeninhalte, die anschließend verdoppelt und addiert werden. Natürlich sind die Werte vorher in die gleiche Einheit zu bringen:

$O = 2\ (l \times b) + 2\ (b \times h) + 2\ (l \times h)$

Durch Einsetzen ergibt sich:

$O = 2\ (3\ dm \times 9\ cm) + 2\ (3\ dm$
$\times 0{,}24\ m) + 2\ (9\ cm \times 0{,}24\ m)$
$= 2\ (30\ cm \times 9\ cm) + 2\ (30\ cm$
$\times 24\ cm) + 2\ (9\ cm \times 24\ cm) = 2$
$\times 270\ cm^2 + 2 \times 720\ cm^2 + 2$
$\times 216\ cm^2 = 540\ cm^2 + 1.440\ cm^2$
$+ 432\ cm^2 = 2.412\ cm^2$

Die Gesamtoberfläche des Quaders beträgt 2.412 Quadratzentimeter.

Logisches Denkvermögen

Zahlenreihen

Bearbeitungszeit 10 Minuten

Jede Zahlenreihe ist sinnvoll nach einer bestimmten Bildungsregel aufgebaut. Welche Zahl setzt die Reihe logisch fort?

Hierzu ein Beispiel

Aufgabe

1)

1	2	3	4	5	?

A. 6
B. 7
C. 8
D. 9
E. Keine Antwort ist richtig.

Antwort

(A.) 6

Gesucht ist die 6: Jede Zahl ist um 1 größer als ihre Vorgängerin.

Bitte bearbeiten Sie nun die Aufgaben: Setzen Sie die Zahlenreihen sinnvoll fort, indem Sie jeweils den richtigen Lösungsbuchstaben markieren.

1)

14	21	27	32	36	?

A. 40
B. 36
C. 39
D. 13
E. Keine Antwort ist richtig.

2)

7	11	14	7	11	14	?

A. 17
B. 7
C. 9
D. 116
E. Keine Antwort ist richtig.

3)

32	8	12	3	?

A. 7
B. 8
C. –8
D. 9
E. Keine Antwort ist richtig.

4)

2	4	6	9	12	16	?

A. 20
B. 24
C. 27
D. 17
E. Keine Antwort ist richtig.

5)

44	**40**	**43**	**39**	**42**	**?**

A. 38
B. 34
C. 44
D. 42
E. Keine Antwort ist richtig.

6)

4	**7**	**12**	**19**	**?**

A. 26
B. 27
C. 28
D. 32
E. Keine Antwort ist richtig.

7)

80	**8**	**70**	**16**	**60**	**24**	**?**

A. –12
B. 60
C. 50
D. 40
E. Keine Antwort ist richtig.

8)

4	8	14	18	24	?

A. 30
B. 26
C. 28
D. 32
E. Keine Antwort ist richtig.

9)

6	18	36	5	15	30	4	?

A. 12
B. 20
C. 3
D. 34
E. Keine Antwort ist richtig.

10)

$1/4$	$1/2$	$1/8$	$1/4$	$1/16$	?

A. $1/4$
B. $1/8$
C. $1/32$
D. $1/64$
E. Keine Antwort ist richtig.

Zahlenmatrizen

Bearbeitungszeit 10 Minuten

Die Zahlenmatrizen in diesem Abschnitt sind nach festen Regeln gebildet. Bitte stellen Sie sicher, dass jede Matrix richtig aufgestellt ist.

Hierzu ein Beispiel

Aufgabe

1) Welche Zahl fehlt?

1	2	2
3	2	?
3	4	12

A. 4
B. 2
C. 8
D. 6
E. Keine Antwort ist richtig.

Antwort

D. 6

In jeder Reihe ergeben die zwei linken Zahlen multipliziert die rechte Zahl. In jeder Spalte ergeben die zwei oberen Zahlen multipliziert die untere Zahl.

Bearbeitungstipp

Konzentrieren Sie sich zuerst auf eine einzige Reihe oder Spalte. Wie hängen die Zahlen darin rechnerisch zusammen, wird addiert, subtrahiert, multipliziert, dividiert? Wenn Sie eine Regel gefunden haben, versuchen Sie diese auf alle übrigen Reihen bzw. Spalten zu übertragen. Bei pyramidenförmigen Matrizen ist jede Zahl meist mit den beiden Zahlen unmittelbar darunter verknüpft.

Bitte bearbeiten Sie nun die Aufgaben: Markieren Sie jeweils den Lösungsbuchstaben des richtigen Antwortvorschlags. Sie haben dafür **10 Minuten** Zeit.

11) Die weißen Zahlen in den dunkelgrauen Feldern müssen addiert jeweils von oben nach unten, diagonal und von links nach rechts die schwarzen Zahlen in den hellgrauen Feldern ergeben.

38	54	92
42	24	66
80	88	62

Welche Zahl im Quadrat ist falsch?

A. 80
B. 88
C. 66
D. 92
E. 62

12) In jeder Reihe und Spalte sind Zahlen durch bestimmte Rechenoperationen verknüpft. Prüfen Sie bitte alle Werte und kreuzen Sie den Antwortbuchstaben der falschen Zahl an.

64	32	16
16	8	4
5	2	1

Welche Zahl im Quadrat ist falsch?

A. 16
B. 4
C. 1
D. 2
E. 5

13) Welche Zahl fehlt?

98	87	76
?	54	43
32	21	10

A. 65
B. 56
C. 64
D. 48
E. Keine Antwort ist richtig.

14) Welche Zahl fehlt (in beiden Lücken)?

2	4	8
4	8	?
8	?	256

A. 4
B. 8
C. 16
D. 32
E. Keine Antwort ist richtig.

15) Welche Zahl fehlt?

1
9 8
20 ? 3
33 13 24 21

A. 9
B. 7
C. 13
D. 8
E. 11

16) Welche Zahl fehlt?

1	2
3	9

3	?
2	8

A. 1
B. 2
C. 3
D. 4
E. 5

17) Welche Zahl fehlt?

2	3	4	5
7	5	7	9
16	12	12	16
32	?	24	28

A. 24
B. 28
C. 30
D. 32
E. Keine Antwort ist richtig.

18) Welche Zahl fehlt? Hinweis: Berücksichtigen Sie die Quersummen der einzelnen Zahlen.

	?		
	9	9	
23	22	14	
43	97	24	80

A. 9
B. 21
C. 18
D. 27
E. Keine Antwort ist richtig.

19) Welche Zahl fehlt?

15	4	3	11
3	11	12	7
10	?	5	13
5	13	13	2

A. 12
B. 8
C. 5
D. 4
E. Keine Antwort ist richtig.

20) Welche Zahl fehlt?

10	5	5	4
2	10	10	5
5	4	?	5
10	5	2	10

A. 5
B. 4
C. 2
D. 10
E. Keine Antwort ist richtig.

Ein Element passt nicht hinein *Bearbeitungszeit 10 Minuten*

In jeder Reihe befindet sich ein Element, das dort nicht hineingehört – um welches es sich handelt, sollen Sie herausfinden. Bitte streichen Sie es durch.

Hierzu ein Beispiel

Aufgabe

1)	Aa	Bb	CC	Dd

Antwort

~~CC~~

Es handelt sich um eine alphabetisch fortlaufende Reihe mit Buchstabenpaaren aus einem Groß- und einem Kleinbuchstaben. Das dritte Element passt nicht hinein; statt „CC" müsste es „Cc" heißen.

Bitte bearbeiten Sie nun die Aufgaben: Streichen Sie in jeder Reihe das Element durch, das dort nicht hineinpasst.

21)	S	RR	Q	P	O	NN	M	LL	K
22)	F	G	G	G	H	H	I	I	J
23)	1	5	2	6	3	7	2	8	5
24)	z	j	y	i	x	i	w	i	v
25)	Mo	Ma	Mi	Me	Mu	Mä	Ma	Me	Mi

26)	x	24	j	53	w	46	g	80	d
27)	23	x	39	l	52	z	65	s	78
28)	Z	A	Y	A	B	A	W	A	V
29)	B	d	U	c	W	k	X	K	O
30)	Y	v	S	p	M	k	G	d	A

Wörter erkennen

Bearbeitungszeit 5 Minuten

Die folgenden Aufgaben prüfen Ihr Sprachgefühl und Ihren Wortschatz.

Ihre Aufgabe besteht darin, Wörter in durcheinander gewürfelten Buchstabenfolgen zu erkennen.

Bitte markieren Sie den Buchstaben, von dem Sie denken, dass es der Anfangsbuchstabe des gesuchten Begriffs sein könnte.

Hierzu ein Beispiel

Aufgabe

1)

R	S	P	U	T

A. R
B. S
C. P
D. U
E. T

Antwort

B. S

In dieser Buchstabenreihe versteckt sich das Wort „SPURT" und die richtige Antwort lautet B.

Bitte bearbeiten Sie nun die Aufgaben: Markieren Sie jeweils den Lösungsbuchstaben, der zum Anfangsbuchstaben des gesuchten Begriffs gehört. Sie haben dafür **5 Minuten** Zeit.

31)

A	**C**	**O**	**H**	**S**

A. A
B. C
C. O
D. H
E. S

32)

D	**B**	**N**	**O**	**E**

A. D
B. B
C. N
D. O
E. E

33)

L	**E**	**K**	**O**	**W**

A. L
B. E
C. K
D. O
E. W

34)

C	H	O	W	E

A. C
B. H
C. O
D. W
E. E

35)

C	H	R	A	U

A. C
B. H
C. R
D. A
E. U

36)

P	F	R	E	O

A. P
B. F
C. R
D. E
E. O

37)

R	C	K	A	H

A. R
B. C
C. K
D. A
E. H

38)

L	I	L	O	G	A	R

A. L
B. I
C. G
D. A
E. R

39)

F	D	R	P	E

A. F
B. D
C. R
D. P
E. E

40)

G	I	H	N	O

A. G
B. I
C. H
D. N
E. O

Wortanalogien

Bearbeitungszeit 5 Minuten

In diesem Abschnitt wird Ihre Fähigkeit zu logischem Denken im sprachlichen Bereich geprüft.

Pro Aufgabe erhalten Sie zwei Wörter, die in einer bestimmten Beziehung zueinander stehen. Eine ähnliche Beziehung besteht zwischen einem dritten und vierten Wort. Das dritte Wort wird Ihnen vorgegeben, das vierte sollen Sie in den Antworten A bis E selbst ermitteln.

Hierzu ein Beispiel

Aufgabe

1) **dick** : **dünn** wie
lang : ?

A. hell
B. dunkel
C. schmal
D. kurz
E. schlank

Antwort

(D.) kurz

Gesucht wird ein Begriff, zu dem sich „lang" genauso verhält wie „dick" zu „dünn". Da „dick" das Gegenteil von „dünn" ist, muss nun ein Gegenbegriff zu „lang" gefunden werden. Von den Wahlwörtern kommt dafür nur „kurz" infrage; Lösungsbuchstabe ist daher das D.

Bitte bearbeiten Sie nun die Aufgaben: Vervollständigen Sie die Wortgleichung, indem Sie den richtigen Lösungsbuchstaben markieren.

41) **Motor** : **Auto** wie
Triebwerk : ?

A. Motorrad
B. Flugzeug
C. Motorboot
D. Schiff
E. Rennwagen

42) **Brücke** : **Fluss** wie
Tunnel : ?

A. Zugspitze
B. Alpen
C. Tal
D. Berg
E. Eisenbahn

43) **Rind** : **Kalb** wie
Schaf : ?

A. Ziege
B. Hammel
C. Bock
D. Lamm
E. Eber

44) **Maler** : **Pinsel** wie
Handwerker : ?

A. Küche
B. Baustelle
C. Rohbau
D. Bild
E. Werkzeug

45) **Eisen** : **Rost** wie
Pflaume : ?

A. Obst
B. Verwesung
C. Loch
D. Fäulnis
E. Wurzel

46) **erinnern** : **vergessen** wie
finden : ?

A. schweigen
B. vergessen
C. behalten
D. entdecken
E. verlieren

47) **Organismus** : **Stoffwechsel**
wie **Motor** : ?

A. Benzin
B. Öl
C. Wasser
D. Gänge
E. Verbrennung

48) **Newton** : **Physik** wie
Darwin : ?

A. Anglistik
B. Geologie
C. Mathematik
D. Biologie
E. Philosophie

49) **Verein** : **Mitglied** wie
Zeitung : ?

A. Käufer
B. Kommentar
C. Interesse
D. Abonnent
E. lesen

50) **Tasse** : **Löffel** wie
Pfeife : ?

A. Pfeifenstopfer
B. Tabak
C. Zigaretten
D. Filter
E. Zigarre

Oberbegriffe

Bearbeitungszeit 5 Minuten

Zu jeder Aufgabe erhalten Sie zwei Begriffe. Bitte ermitteln Sie den dazu passenden Oberbegriff und markieren Sie den richtigen Lösungsbuchstaben.

51) Bremse, Motor

A. Auto
B. Geschwindigkeit
C. Werkzeug
D. Motorboot
E. Keine Antwort ist richtig.

52) Sommer, Winter

A. Wetter
B. Garten
C. Sonne
D. Jahreszeit
E. Keine Antwort ist richtig.

53) Asien, Europa

A. Afrika
B. Länder
C. Kontinente
D. Bevölkerung
E. Keine Antwort ist richtig.

54) Auge, Ohr

A. Brille
B. Zähne
C. Nase
D. Sinnesorgane
E. Keine Antwort ist richtig.

55) Mango, Avocado

A. Regenwald
B. Eisengehalt
C. Gemüse
D. Obst
E. Keine Antwort ist richtig.

56) Mars, Jupiter

A. Sonnensystem
B. Mond
C. Sonne
D. Planet
E. Keine Antwort ist richtig.

57) Zentimeter, Meter

A. Weite
B. Maßeinheiten
C. Breite
D. Fläche
E. Keine Antwort ist richtig.

58) Bit, Byte

A. Technik
B. Dateneinheit
C. Digital
D. Laptop
E. Keine Antwort ist richtig.

59) Thermometer, Barometer

A. Kompass
B. Messgerät
C. Chronograf
D. Maßband
E. Keine Antwort ist richtig.

60) Gelb, Rot

A. Blau
B. Grundfarben
C. Vollfarben
D. Komplementärfarben
E. Keine Antwort ist richtig.

Schlussfolgerungen

Bearbeitungszeit 10 Minuten

Jede Aufgabe konfrontiert Sie mit mehreren Aussagen. Welche Schlussfolgerung lässt sich daraus ziehen? Ob die Aussagen in einem sinnvollen Bezug zur Realität stehen, ist hierbei unerheblich.

61) Welches Auto ist das langsamste?

¬ Auto D ist langsamer als Auto C, aber schneller als Auto B.

¬ Auto A ist mindestens so schnell wie Auto C.

A. Auto A
B. Auto B
C. Auto C
D. Auto D
E. Keine Antwort ist richtig.

62) Welche Schlussfolgerung ist logisch richtig, wenn die folgende Behauptung zugrunde gelegt wird? „Marc ist unbegabt. Wenn Marc unbegabt ist, dann malt er gerne."

A. Marc ist begabt und malt gerne.
B. Marc ist unbegabt und malt gerne.
C. Marc malt nicht gerne.
D. Marc ist begabt und malt nicht gerne.
E. Keine Antwort ist richtig.

63) Welche Schlussfolgerung ist logisch richtig, wenn die folgende Behauptung zugrunde gelegt wird? „Alle Vögel können nicht fliegen, alle Vögel haben Füße."

A. Alle Vögel, die Füße haben, können fliegen.
B. Alle Vögel, die Füße haben, können nicht fliegen.
C. Alles, was Füße besitzt, ist ein Vogel.
D. Alle Vögel, die keine Füße haben, können fliegen.
E. Keine Antwort ist richtig.

64) Welches Hobby ist am spannendsten?

¬ Briefmarken sammeln ist spannender als Basteln.

¬ Malen ist langweiliger als Tanzen.

¬ Tanzen ist spannender als Briefmarken sammeln.

A. Malen
B. Basteln
C. Briefmarken sammeln
D. Tanzen
E. Keine Antwort ist richtig.

65) Wer weiß am meisten?

¬ Sinan weiß mehr als Anja.

¬ Pierre weiß weniger als Anja.

¬ Pierre weiß mehr als Sarah.

¬ Charlene weiß fast genauso viel wie Pierre.

A. Anja
B. Sinan
C. Sarah
D. Pierre
E. Keine Antwort ist richtig.

66) „Marcello spielt Fußball oder trifft sich mit seinen Freunden. Wenn er sich mit seinen Freunden trifft, ist er mit dem Fahrrad unterwegs. Heute ist er nicht mit dem Fahrrad unterwegs. Also …"

A. spielt Marcello nicht Fußball.
B. trifft sich Marcello nicht mit seinen Freunden.
C. trifft sich Marcello mit seinen Freunden zum Fußballspielen.
D. geht Marcello zu Fuß zu seinen Freunden.
E. Keine Antwort ist richtig.

67) „Wenn Mehmet auf seinen Lehrer hört und die Mathearbeit ernst nimmt, wird er heute Mittag nicht zum Training kommen. Mehmet wird heute Mittag nicht zum Training kommen. Also …"

A. nimmt Mehmet die Mathearbeit nicht ernst.
B. nimmt Mehmet die Mathearbeit ernst.
C. hört Mehmet nicht auf seinen Lehrer und nimmt die Mathearbeit ernst.
D. kann man nicht sicher wissen, ob Mehmet die Mathearbeit ernst nimmt.
E. Keine Antwort ist richtig.

68) „Kühe können fliegen, weil sie Flügel haben. Vögel haben keine Flügel. Also …"

A. ist Fliegen ohne Flügel nicht möglich.
B. können alle Vögel nicht fliegen.
C. können alle Kühe auch ohne Flügel fliegen.
D. können Kühe fliegen.
E. Keine Antwort ist richtig.

69) „Schuhe können nur lesen. Socken können nur schreiben. Hosen können beides. Also …"

A. können Socken von den Hosen nicht zum Schreiben eingesetzt werden.
B. können Schuhe von den Hosen nicht zum Lesen eingesetzt werden.
C. können Socken von den Hosen nicht zum Lesen eingesetzt werden.
D. können Socken und Schuhe weder lesen noch schreiben.
E. Keine Antwort ist richtig.

70) Welche Zahl ist am größten (die mathematische Realität ist hier natürlich außer Kraft gesetzt)?

¬ Die 1 ist ein wenig größer als die 4.

¬ Die 7 ist die größte einstellige Primzahl.

¬ Die 3 ist fast doppelt so groß wie die 17.

¬ Die 3 ist größer als die 7.

¬ Die 17 ist halb so groß wie die 4, aber nicht am kleinsten.

A. 7

B. 1

C. 17

D. 3

E. Keine Antwort ist richtig.

Flussdiagramme

Bearbeitungszeit 2×5 Minuten

Flussdiagramme sind ein Mittel, um Vorgänge mit verschiedenen Verlaufsalternativen anschaulich abzubilden: So lassen sich verzweigte Abläufe planen, steuern und erklären.

Hierzu ein Beispiel

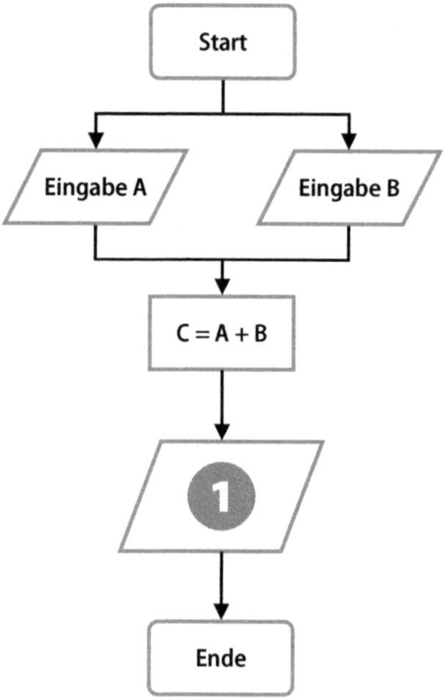

Aufgabe

1) Wofür steht die Zahl 1 im Flussdiagramm?

A. Ausgabe C
B. Ausgabe A
C. Ausgabe B
D. Eingabe A
E. Keine Antwort ist richtig.

Antwort

A. Ausgabe C

Im abgebildeten Prozess werden zwei Variablen A und B eingegeben und zum Ergebnis C addiert. Sinnvollerweise wird dieses Ergebnis anschließend ausgegeben, also z. B. auf einem Monitor angezeigt.

Wie funktionieren Flussdiagramme?

Ein Flussdiagramm besteht aus verschiedenen Symbolen, die beschriftet und durch waagerechte oder senkrechte Verlaufspfeile miteinander verbunden sind. Die Symbole lassen sich grob in fünf Gruppen einordnen:

- **Rechtecke mit abgerundeten Ecken** stehen für Prozessbeginn und -ende.
- **Rauten** stellen Bedingungen dar.
- **Rechtecke** symbolisieren eigene, in sich geschlossene Unterprozesse.
- **Ovale** kennzeichnen Entscheidungen oder Konsequenzen.
- **Parallelogramme** stehen für prozessinterne Ein- und Ausgaben (Inputs/Outputs).

I. Zinsrechner

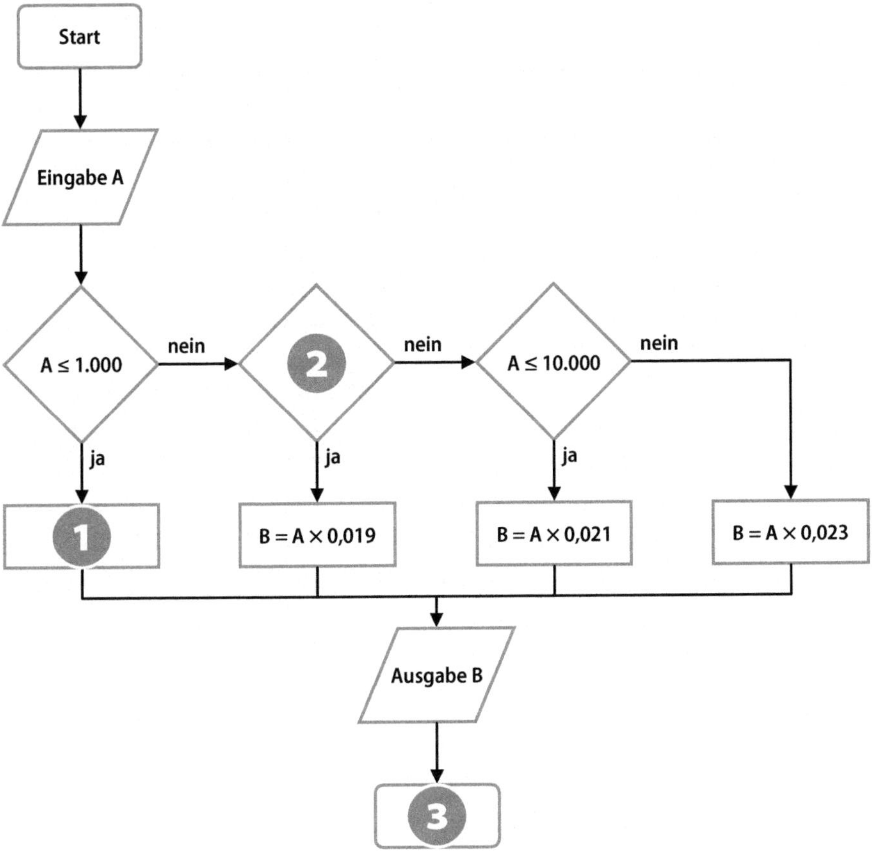

Bitte bearbeiten Sie nun die Aufgaben: Markieren Sie jeweils den Lösungsbuchstaben des richtigen Antwortvorschlags. Sie haben dafür **5 Minuten** Zeit.

71) Durch welche Antwort wird die Zahl 1 im Flussdiagramm sinnvoll ersetzt?

A. Variable A ist eine Zahl größer 1.000
B. C = A × B
C. Ausgabe A
D. Eingabe C
E. B = A × 0,015

72) Durch welche Antwort wird die Zahl 2 im Flussdiagramm sinnvoll ersetzt?

A. Variable A ist eine Zahl größer 5.000
B. C = A × B
C. A ≤ 5.000
D. Eingabe B
E. B = A × 0,015

73) Durch welche Antwort wird die Zahl 3 im Flussdiagramm sinnvoll ersetzt?

A. Ende
B. C = A × B
C. Ausgabe B
D. Eingabe B
E. B = A × 0,015

74) Welches Ergebnis erhalten Sie, wenn für Variable A die Zahl 1.000 eingegeben wird?

A. 15 €
B. 19 €
C. 21 €
D. 150 €
E. 190 €

75) Welches Ergebnis erhalten Sie, wenn für Variable A die Zahl 10.000 eingegeben wird?

A. 19 €
B. 21 €
C. 150 €
D. 190 €
E. 210 €

II. Heizungsregelung

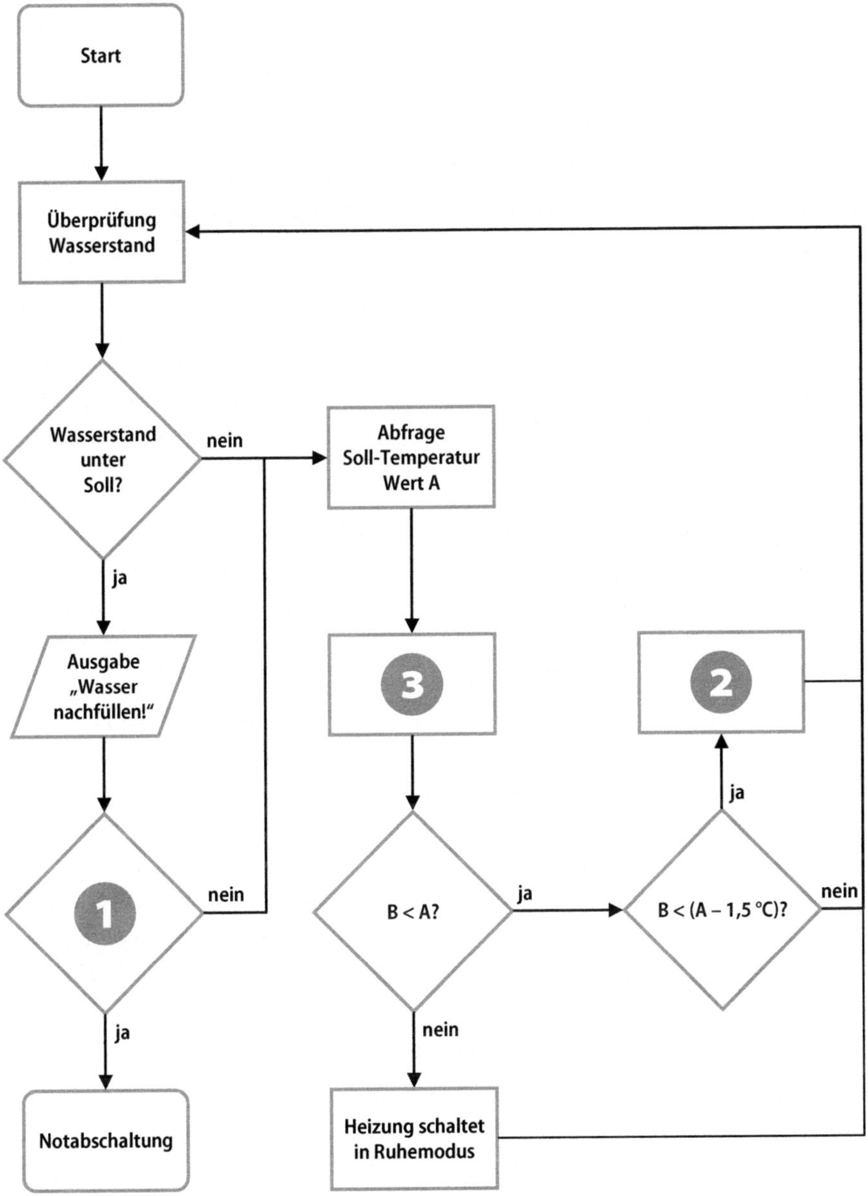

Bitte bearbeiten Sie nun die Aufgaben: Markieren Sie jeweils den Lösungsbuchstaben des richtigen Antwortvorschlags. Sie haben dafür **5 Minuten** Zeit.

76) Durch welche der Antworten wird die Zahl 1 im Flussdiagramm sinnvoll ersetzt?

A. Abfrage Ist-Temperatur / Wert B?
B. Wasser nachgefüllt?
C. B > A?
D. Wasserstand kritisch?
E. Wasserstand prüfen

77) Durch welche der Antworten wird die Zahl 2 im Flussdiagramm sinnvoll ersetzt?

A. Heizung geht an
B. B < (A – 5 °C)?
C. Ausgabe „Heizung geht an"
D. Überprüfung Wasserstand
E. Wasser nachgefüllt?

78) Durch welche der Antworten wird die Zahl 3 im Flussdiagramm sinnvoll ersetzt?

A. Ist-Temperatur abfragen?
B. Abfrage Ist-Temperatur / Wert B
C. B = A?
D. Wasser wird nachgefüllt
E. Heizung springt an

79) Was geschieht, wenn die gemessene Temperatur 1 °C unterhalb des festgelegten Soll-Werts liegt?

A. Die Heizung springt an.
B. Die Heizung schaltet in den Ruhemodus.
C. Die Heizung schaltet sich ab.
D. Ausgabe „Wasser nachfüllen!"
E. Die Heizung springt noch nicht an, das System schaltet aber auch nicht in den Ruhemodus.

80) Was geschieht bei einer Raumtemperatur von 17 °C und einer Soll-Temperatur von 19 °C, wenn der Wasserstand kritisch ist?

A. Die Heizung springt an.
B. Die Heizung schaltet in den Ruhemodus.
C. Der Benutzer wird aufgefordert, Wasser nachzufüllen.
D. Die Heizung schaltet sich sicherheitshalber selbst ab.
E. Der Benutzer wird zur Abschaltung aufgefordert.

Lösungen: Logisches Denkvermögen

1) C	28) B	55) D
2) B	29) K	56) D
3) A	30) k	57) B
4) A	31) B	58) B
5) A	32) B	59) B
6) C	33) E	60) B
7) C	34) D	61) B
8) C	35) C	62) B
9) A	36) E	63) B
10) B	37) C	64) D
11) B	38) C	65) B
12) E	39) D	66) B
13) A	40) C	67) D
14) D	41) B	68) D
15) E	42) D	69) C
16) A	43) D	70) B
17) B	44) E	71) E
18) C	45) D	72) C
19) C	46) E	73) A
20) D	47) E	74) A
21) P	48) D	75) E
22) G	49) D	76) D
23) 2	50) A	77) A
24) j	51) A	78) B
25) Mä	52) D	79) E
26) 53	53) C	80) D
27) 23	54) D	

Zahlenreihen (Aufgaben 1–10)

Zu 1) C. 39

+7 | +6 | +5 | +4 | +3

Zu 2) B. 7

+4 | +3 | ÷2 | +4 | +3 | ÷2

Zu 3) A. 7

÷4 | +4 | ÷4 | +4

Zu 4) A. 20

+2 | +2 | +3 | +3 | +4 | +4

Zu 5) A. 38

–4 | +3 | –4 | +3 | –4

Zu 6) C. 28

+3 | +5 | +7 | +9

Zu 7) C. 50

x | y | x – 10 | y × 2 | x – 10 – 10 | y × 3 | x – 10 – 10 – 10

Zu 8) C. 28

+4 | +6 | +4 | +6 | +4

Zu 9) A. 12

x | x × 3 | x × 6 | y | y × 3 | y × 6 | z | z × 3

Zu 10) B. $\frac{1}{8}$

×2 | ÷4 | ×2 | ÷4 | ×2

Zahlenmatrizen (Aufgaben 11–20)

Zu 11) B. 88

Anstelle der 88 müsste die 78 stehen. Richtige Rechnung: 54 + 24 = 78.

38	+	54	=	92
+	+	+		
42	+	24	=	66
=		=	=	
80		78		62

Zu 12) E. 5

In jeder Spalte wird von oben nach unten bei jedem Schritt durch 4 geteilt. In jeder Reihe wird von links nach rechts bei jedem Schritt durch 2 geteilt. Anstelle der 5 müsste links unten eine 4 stehen.

64	÷2	32	÷2	16
÷4		÷4		÷4
16	÷2	8	÷2	4
÷4		÷4		÷4
4	÷2	2	÷2	1

Zu 13) A. 65

Die Reihen werden nach folgendem Prinzip gebildet: Von 98 aus wird von links nach rechts und über die Zeilengrenzen hinweg immer 11 subtrahiert.

Zu 14) D. 32

Die Zahlen der rechten Spalte sowie der unteren Reihe ergeben sich aus der Multiplikation der zwei anderen Zahlen der jeweiligen Spalte bzw. Reihe.

Zu 15) E. 11

Jede Zahl ist die Differenz der beiden Zahlen darunter. Im fraglichen Feld erhält man: 24 – 13 = 11.

1. Reihe: 9 – 8 = 1

2. Reihe: 20 – 11 = 9; 11 – 3 = 8

3. Reihe: 33 – 13 = 20; 24 – 13 = 11; 24 – 21 = 3

Zu 16) A. 1

Beide Quadrate sind gleich aufgebaut: Multiplizieren Sie die Summe der zwei oberen Zahlen mit der linken unteren Zahl, und Sie erhalten die rechte untere Zahl.

Linkes Quadrat: (1 + 2) × 3 = 9

Rechtes Quadrat: (3 + 1) × 2 = 8

Zu 17) B. 28

Die obere Reihe und die linke Spalte sind vorgegeben. Jede weitere Zahl erhält man, indem man die jeweils darüber stehende Zahl mit ihrem linken Nachbarn addiert. So berechnet sich die gesuchte Zahl aus 12 + 16 = 28.

Zu 18) C. 18

Die Quersummen zweier benachbarten Zahlen einer Ebene ergeben addiert die jeweils darüber stehende Zahl. Beispiel links unten: (4 + 3) + (9 + 7) = 23. An der Spitze ergibt 9 + 9 = 18.

18

9+9=18

9 9

5+4=9 4+5=9

2+3=5 2+2=4 1+4=5

7+16=23 16+6=22 6+8=14

4+3=7 9+7=16 2+4=6 8+0=8

Zu 19) C. 5

Die Addition der Zahlen einer Spalte, einer Zeile oder einer Diagonalen führt immer zum Ergebnis 33.

Zu 20) D. 10

Die Multiplikation der Zahlen einer Reihe oder Spalte führt immer zum Ergebnis 1.000.

Ein Element passt nicht hinein (Aufgaben 21–30)

Zu 21)	S	RR	Q	~~P~~	O	NN	M	LL	K

Die Reihe läuft alphabetisch rückwärts, wobei jeder zweite Buchstabe doppelt genannt wird. Anstelle des P müsste daher PP stehen.

Zu 22)	F	~~G~~	G	G	H	H	I	I	J

Die Reihe besteht aus jeweils doppelt angegebenen Buchstaben in alphabetischer Folge. Anstelle des ersten G müsste daher das wiederholte F stehen.

Zu 23)	1	5	2	6	3	7	~~2~~	8	5

Hier wird im Wechsel 4 addiert und 3 subtrahiert. Das siebte Element ist fehl am Platze; anstelle der „2" müsste eine „4" stehen.

Zu 24)	z	~~j~~	y	i	x	i	w	i	v

Hier wechselt sich das „i" ab mit einer alphabetisch rückwärts laufenden Buchstabenfolge. Das zweite Element passt nicht in die Reihe; statt „j" müsste es „i" lauten.

Zu 25)	Mo	Ma	Mi	Me	Mu	~~Mä~~	Ma	Me	Mi

Jedes Element besteht aus einem großen „M" und einem kleinen Vokal – das sechste Element enthält stattdessen einen Umlaut und fällt daher aus der Reihe.

Zu 26)	x	24	j	~~53~~	w	46	g	80	d

Hier wechseln sich Kleinbuchstaben mit geraden Zahlen ab. Das vierte Element fällt mit einer ungeraden Zahl aus der Reihe.

Zu 27)	~~23~~	x	39	l	52	z	65	s	78

Hier stehen Kleinbuchstaben im Wechsel mit einer Zahlenfolge, die mit jedem Schritt um 13 wächst. Das erste Element fällt daher aus der Reihe; anstelle der „23" müsste eine „26" stehen.

Zu 28)									
	Z	A	Y	A	~~B~~	A	W	A	V

Hier wechselt sich eine Buchstabenreihe, die alphabetisch rückwärts läuft (Z, Y, X ...) mit dem Buchstaben A ab. Anstelle des B müsste daher ein X stehen.

Zu 29)									
	B	d	U	c	W	k	X	~~K~~	O

Hier wechseln sich groß- (B, U, W ...) und kleingeschriebene Buchstaben (d, c, k ...) ab, das K fällt daher aus der Reihe.

Zu 30)									
	Y	v	S	p	M	~~k~~	G	d	A

Die Reihe läuft in Dreierschritten alphabetisch rückwärts, wobei jeder zweite Buchstabe kleingeschrieben wird. Anstelle des k müsste demnach ein j stehen.

Wörter erkennen (Aufgaben 31–40)

Zu 31) B. C

Chaos

Zu 32) B. B

Boden

Zu 33) E. W

Wolke

Zu 34) D. W

Woche

Zu 35) C. R

Rauch

Zu 36) E. O

Opfer

Zu 37) C. K

Krach

Zu 38) C. G

Gorilla

Zu 39) D. P

Pferd

Zu 40) C. H

Honig

Wortanalogien (Aufgaben 41–50)

Zu 41) B. Flugzeug

Der Motor dient dem Antrieb des Autos, beim Flugzeug übernimmt das Triebwerk den Antrieb.

Zu 42) D. Berg

Die Brücke ist eine künstliche Passage zur Überquerung von Flüssen, der

Tunnel ist eine künstliche Passage zur Durchquerung von Bergen.

Zu 43) D. Lamm

Junge Rinder heißen Kälber, junge Schafe bezeichnet man als Lämmer.

Zu 44) E. Werkzeug

Der Maler ist ein Handwerker und ein Pinsel sein Werkzeug.

Zu 45) D. Fäulnis

Rost ist das Produkt der Zersetzung von Metallen durch den Einfluss von Sauerstoff und Wasser, Fäulnis ist die Zersetzung von organischen Substanzen wie z. B. einer Pflaume.

Zu 46) E. verlieren

„Erinnern" ist das Gegenteil zu „vergessen", so wie „finden" das Gegenteil von „verlieren" ist.

Zu 47) E. Verbrennung

Durch den Stoffwechsel gewinnt ein Organismus die Energie, die er für seine Aktivitäten braucht. Durch die Verbrennung eines Kraftstoffs erzeugt ein (Verbrennungs-)Motor Bewegungsenergie.

Zu 48) D. Biologie

Sir Isaac Newton (1643–1727) war ein wegweisender Vertreter der modernen Physik, Charles Darwin (1809–1882) revolutionierte die Biologie.

Zu 49) D. Abonnent

Ein Vereinsmitglied hat sich entschlossen, einem Verein für eine gewisse Dauer beizutreten; ein Zeitungsabonnent bezieht während der Laufzeit seines Abonnements regelmäßig die gewünschte Publikation.

Zu 50) A. Pfeifenstopfer

Ein Löffel ist ein Werkzeug, das sich z. B. zum Umrühren von Flüssigkeiten in einer Tasse verwenden lässt. Einen Pfeifenstopfer nutzt man, um Tabak in einen Pfeifenkopf zu stopfen.

Oberbegriffe (Aufgaben 51–60)

Zu 51) A. Auto

Bremse und Motor sind Teile des Autos.

Zu 52) D. Jahreszeit

Sommer und Winter sind Jahreszeiten.

Zu 53) C. Kontinente

Asien und Europa sind Kontinente.

Zu 54) D. Sinnesorgane

Das Auge und das Ohr sind Sinnesorgane – so wie die Haut, die Zunge und die Nase. Sie nehmen Informationsreize aus der Umwelt auf und wandeln sie in elektrische Signale um, die über Nervenfasern ins Gehirn geleitet werden.

Zu 55) D. Obst

Mango und Avocado sind Obstarten.

Zu 56) D. Planet

Der Mars und der Jupiter sind Planeten.

Zu 57) B. Maßeinheiten

Zentimeter und Meter sind Maßeinheiten zur Bestimmung von Längen.

Zu 58) B. Dateneinheit

Ein Bit ist die kleinste Dateneinheit, deren Information entweder eine 0 oder eine 1 ist. Ein Byte besteht aus acht Bit.

Zu 59) B. Messgerät

Thermometer und Barometer sind Messgeräte zur Bestimmung der Temperatur und des Luftdrucks.

Zu 60) B. Grundfarben

Gelb, Rot und Blau zählen zu den Grundfarben, aus denen sich alle anderen Farben mischen lassen.

Schlussfolgerungen (Aufgaben 61–70)

Zu 61) B. Auto B

Auto B ist am langsamsten, da die Autos C und D schneller sind und Auto A mindestens genauso schnell wie Auto C ist.

Zu 62) B. Marc ist unbegabt und malt gerne.

Hier handelt es sich um die logische Form des Modus ponens, der bestimmt: Wenn die Bedingung X erfüllt ist („wenn Marc unbegabt ist“), dann gilt auch Y („dann malt er gerne“). Da Marc laut den angegebenen Prämissen unbegabt ist, malt er demzufolge auch gerne – Antwort B stimmt. Die Antworten A und D fallen weg, da „Marc ist begabt“ nicht zutrifft, denn er ist laut den Prämissen unbegabt. Zudem trifft Antwort C nicht zu, da sich wie gezeigt schlussfolgern lässt, dass Marc gerne malt.

Zu 63) B. Alle Vögel, die Füße haben, können nicht fliegen.

Beide vorgestellten Aussagen – „Alle Vögel können nicht fliegen“ und „Alle Vögel haben Füße“ – beziehen sich auf die gleiche Gruppe, nämlich die Gesamtheit der Vögel. Also lässt sich ableiten: Alle Vögel, die Füße haben – d. h. sämtliche Vögel –, können nicht fliegen.

Zu 64) D. Tanzen

Tanzen ist am spannendsten: Es ist spannender als Malen und Briefmarken sammeln, was wiederum spannender ist als Basteln.

Zu 65) B. Sinan

Sinan weiß am meisten. Er weiß mehr als Anja, die wiederum mehr weiß als Pierre, und der weiß mehr als Sarah und Charlene. Die Reihenfolge der Personen nach Wissensstand lautet: Sinan, Anja, Pierre, Sarah und Charlene.

Zu 66) B. trifft sich Marcello nicht mit seinen Freunden.

Lösung B stimmt. Marcello ist nicht mit dem Fahrrad unterwegs, also trifft er sich nicht mit seinen Freunden, sondern spielt Fußball. Antwort A behauptet fälschlicherweise das Gegenteil. Vorschlag C ignoriert, dass Marcello Fußball spielt oder seine Freunde trifft, aber nicht beides gleichzeitig. Dass er zu Fuß zu seinen Freunden gehen könnte, wie Möglichkeit D behauptet, wird in der Aufgabenstellung überhaupt nicht erwähnt.

Zu 67) D. kann man nicht sicher wissen, ob Mehmet die Mathearbeit ernst nimmt.

Vorsicht, Falle: „Wenn Mehmet die Mathearbeit ernst nimmt" ist nicht dasselbe wie „nur wenn Mehmet die Mathearbeit ernst nimmt". Es könnte noch andere Gründe geben, die Mehmet vom Training abhalten – zum Beispiel eine strenge Mutter oder ein Unfall. Man kann also nicht sicher wissen, ob Mehmet auf seinen Lehrer hört und die Mathearbeit ernst nimmt; Vorschlag D stimmt.

Zu 68) D. können Kühe fliegen.

Die Vorschläge A, B und C sind falsch: Es wird nicht festgestellt, dass Fliegen nur mit Flügeln möglich ist – vielleicht gibt es dafür noch andere Hilfsmittel und Techniken. Somit bleibt nur Antwort D übrig, die den Inhalt der ersten Aussage wiedergibt.

Zu 69) C. können Socken von den Hosen nicht zum Lesen eingesetzt werden.

Antwort C „Socken können von den Hosen nicht zum Lesen eingesetzt werden" ist korrekt, denn Socken können nicht lesen, sondern nur schreiben. Antwort A ist falsch, weil Socken schreiben können, und Antwort B stimmt nicht, da Schuhe lesen können. So ist auch Antwort D falsch, da Socken und Schuhe sowohl schreiben als auch lesen können.

Zu 70) B. 1

Die 4 ist kleiner als die 1, die 7 ist kleiner als die 3 und die 17 ist kleiner als die 3 und die 7. Somit bleiben zwei Zahlen übrig: die 1 und die 3. Die entscheidenden Informationen finden sich in der dritten und in der letzten Aussage: Die 3 ist fast doppelt so groß wie die 17, während die 4 genau doppelt so groß ist – die 4 ist also größer als die 3. Absteigend nach Größe sortiert: 1, 4, 3, 17, 7.

Flussdiagramme (Aufgaben 71–80)

I. Zinsrechner

Zu 71) E. B = A × 0,015

Da das Symbol Rechteck einen Prozess kennzeichnet, kommen nur die Lösungsmöglichkeiten B und E in Betracht. B ist falsch, da durch den Prozess C = A × B weder die im Anschluss auszugebende Variable B bestimmt wird, noch im weiteren Verlauf des Diagramms eine Variable C vorkommt.

Zu 72) C. A ≤ 5.000

Eine Raute kennzeichnet eine Verzweigung bzw. Bedingung. Somit kann nur A oder C stimmen. A kann ausgeschlossen werden, da die weitere Bedingung A ≤ 10.000 des Diagramms dann unlogisch wäre.

Zu 73) A. Ende

Prozessbeginn und -ende sind durch Rechtecke mit abgerundeten Ecken visualisiert. Nach der vorausgegangenen Ausgabe des Werts B ist der Ablauf hier beendet.

Zu 74) A. 15 €

Der Wert 1.000 erfüllt die Bedingung A ≤ 1.000. Somit wird der Betrag mit 1,5 Prozent verzinst: 1.000 × 0,015 = 15. Die Zinsen betragen also 15 €.

Zu 75) E. 210 €

Der Wert 10.000 erfüllt die Bedingung A ≤ 10.000. Somit wird der Betrag mit 2,1 Prozent verzinst: 10.000 × 0,021 = 210. Die Zinsen betragen demnach 210 €.

Lösungshinweis

Das Flussdiagramm simuliert einen Tagesgeldrechner. Abhängig von der Höhe des durch die Eingabe festgelegten Anlagebetrags A wird diesem ein bestimmter Zinssatz zugewiesen: Für Beträge kleiner oder gleich 1.000 € liegt dieser Satz bei 1,5 Prozent, für Beträge zwischen 1.001 € und 5.000 € bei 1,9 Prozent, für Beträge zwischen 5.001 € und 10.000 € bei 2,1 Prozent und für alle größeren Werte bei 2,3 Prozent. Der Zinsbetrag wird als Wert B berechnet und ausgegeben.

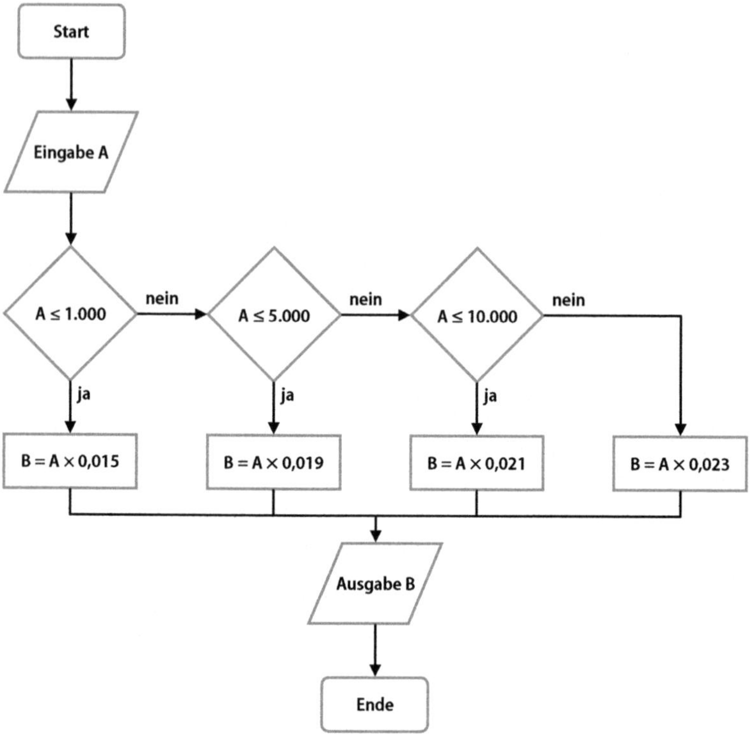

II. Heizungsregelung

Zu 76) D. Wasserstand kritisch?

Da eine Raute Bedingungen symbolisiert, scheidet E von vornherein aus. Die einzig logische Bedingung ist D: Es wird geprüft, ob der Wasserstand so niedrig ist, dass die Heizung sicherheitshalber abgeschaltet werden muss.

Zu 77) A. Heizung geht an

Nur A und D sind möglich, da alle übrigen Vorschläge keine Prozesse (durch Rechteck symbolisiert) darstellen. Der Wasserstand wurde jedoch bereits zu Beginn überprüft; die Lösung ist A: Liegt die gemessene Temperatur B unter dem Schwellenwert (hier: 1,5 °C unter dem eingestellten Soll-Wert A), springt die Heizung an.

Zu 78) B. Abfrage Ist-Temperatur / Wert B

Rechtecke stehen für Prozesse, somit kommt nur B, D oder E infrage. Die Heizung springt jedoch erst dann an, wenn die gemessene Ist-Temperatur einen Schwellenwert unterschreitet. Dazu muss die Ist-Temperatur erst einmal gemessen werden. Die Ermittlung des Wasserstands und ggf. das Nachfüllen von Wasser spielen in diesem Prozessschritt keine Rolle.

Zu 79) E. Die Heizung springt noch nicht an, das System schaltet aber auch nicht in den Ruhemodus.

Liegt die gemessene Temperatur unter dem Schwellenwert, springt die Heizung an. Im angegebenen Beispiel liegt dieser Schwellenwert jedoch bei 1,5 °C unterhalb des abgefragten Soll-Werts. Die Heizung springt daher im vorliegenden Fall noch nicht an. Da die Ist-Temperatur aber unter der Soll-Temperatur liegt, schaltet die Heizung auch nicht in den Ruhemodus, d. h. sie misst beständig weiter.

Zu 80) D. Die Heizung schaltet sich sicherheitshalber selbst ab.

Folgt man dem Diagramm, steht die Wasserstandsabfrage an erster Stelle. Erst wenn sichergestellt ist, dass der Wasserstand eine kritische Marke nicht unterschreitet, wird überhaupt die Temperatur gemessen und die Heizung springt ggf. an.

Lösungshinweis

Das Schema zeigt die Schaltung einer Heizungsregelung. Zu Beginn wird der Wasserstand überprüft; unterschreitet er eine kritische Marke, wird das System sofort abgeschaltet. Ist genug Wasser im Kreislauf, wird die Soll-Temperatur A abgefragt und mit der Ist-Temperatur B verglichen. Liegt die Ist-Temperatur unterhalb eines Schwellenwerts von 1,5 °C unter dem Soll, springt die Heizung an. Liegt sie 0–1,5 °C unter dem Soll, bleibt sie inaktiv, misst aber weiter. Liegt sie über dem Sollwert, schaltet sie in den Ruhemodus und überprüft alle Werte erst nach einer gewissen Zeit wieder.

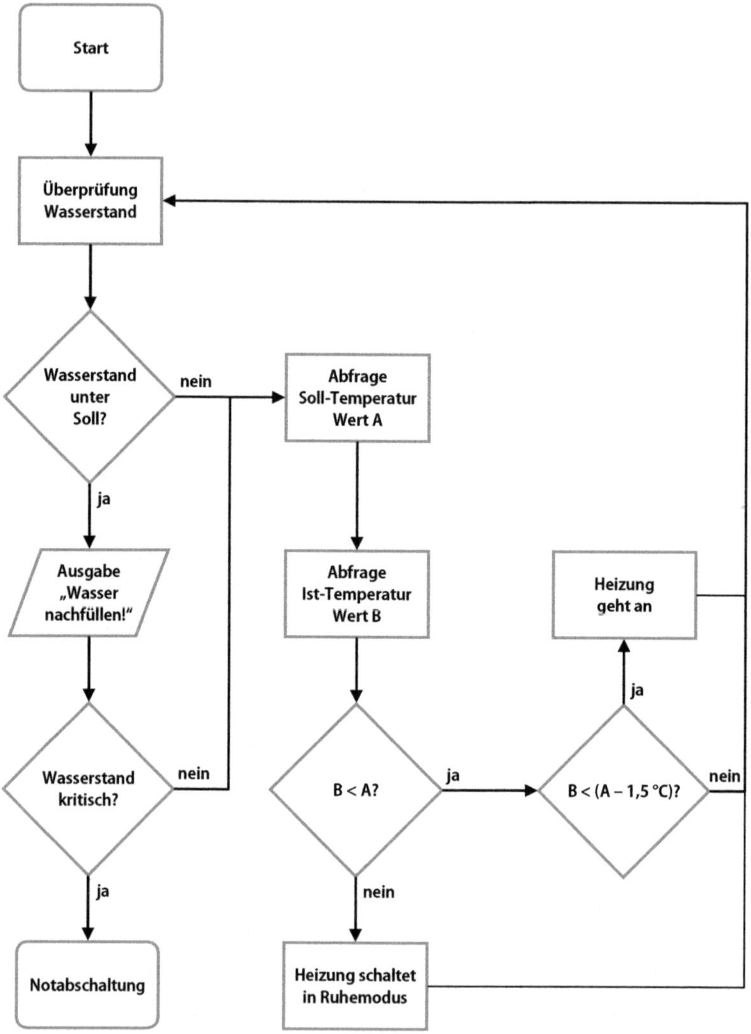
Start
Überprüfung Wasserstand
Wasserstand unter Soll?
nein
ja
Abfrage Soll-Temperatur Wert A
Ausgabe „Wasser nachfüllen!"
Abfrage Ist-Temperatur Wert B
Heizung geht an
ja
Wasserstand kritisch?
nein
B < A?
ja
B < (A – 1,5 °C)?
nein
ja
nein
Notabschaltung
Heizung schaltet in Ruhemodus

Visuelles Denkvermögen

Figurenreihen

Bearbeitungszeit 10 Minuten

Jede Figurenreihe ist so aufgebaut, dass sich ein logischer Zusammenhang zwischen den einzelnen Abbildungen ergibt. Welche der zur Auswahl gestellten Figuren setzt die Reihe fort?

Hierzu ein Beispiel

Aufgabe

1)

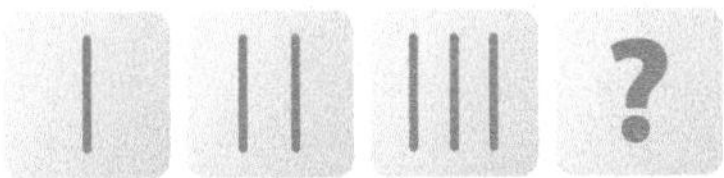

Welche Figur setzt die Reihe logisch fort?

A B C D E

Antwort

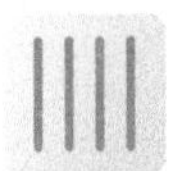

(B)

Die Abbildungen zeigen eine steigende Anzahl senkrechter Striche – Figur B setzt diese Reihe logisch fort.

Bitte bearbeiten Sie nun die Aufgaben: Markieren Sie jeweils den Lösungsbuchstaben des richtigen Antwortvorschlags. Sie haben dafür **10 Minuten** Zeit.

1)

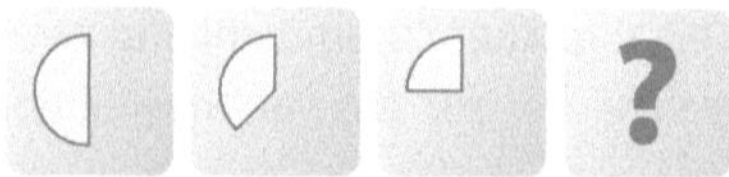

Welche Figur setzt die Reihe logisch fort?

A B C D E

2)

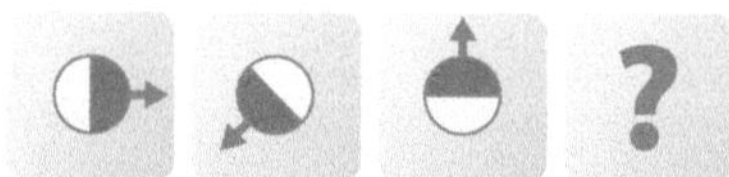

Welche Figur setzt die Reihe logisch fort?

A B C D E

3)

Welche Figur setzt die Reihe logisch fort?

A B C D E

4)

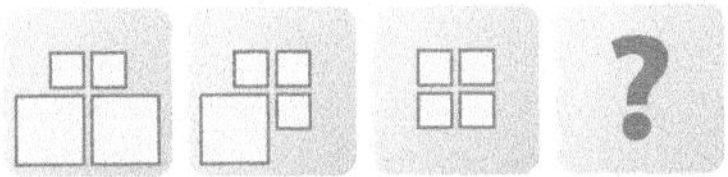

Welche Figur setzt die Reihe logisch fort?

A B C D E

5)

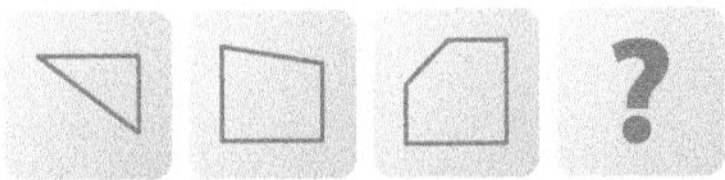

Welche Figur setzt die Reihe logisch fort?

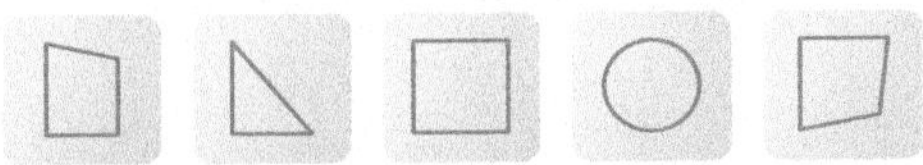

A B C D E

6)

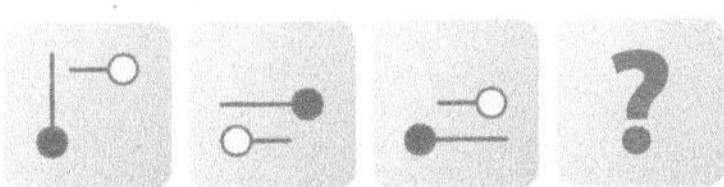

Welche Figur setzt die Reihe logisch fort?

A B C D E

7)

Welche Figur setzt die Reihe logisch fort?

A B C D E

8)

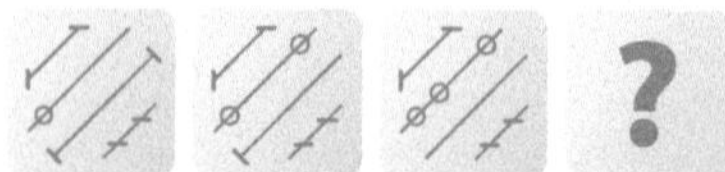

Welche Figur setzt die Reihe logisch fort?

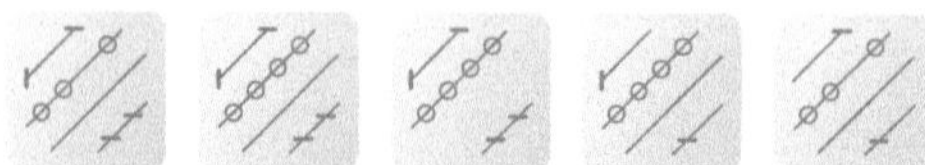

A B C D E

9)

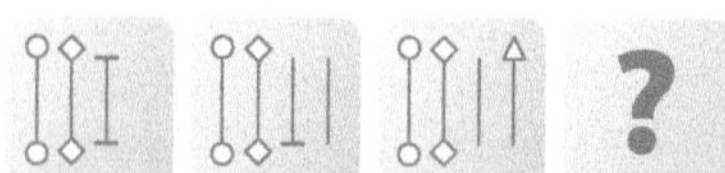

Welche Figur setzt die Reihe logisch fort?

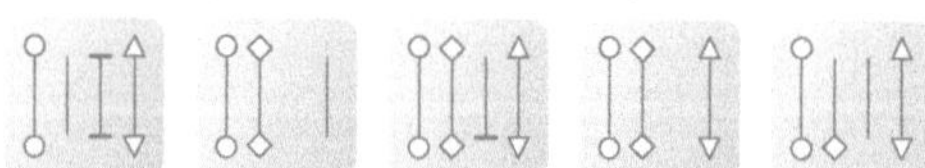

A B C D E

10)

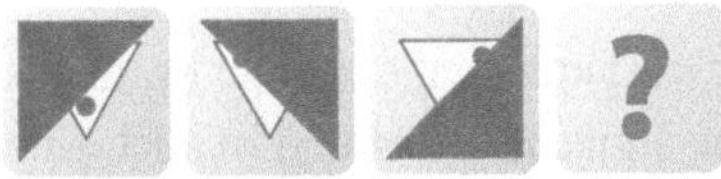

Welche Figur setzt die Reihe logisch fort?

A B C D E

Figurenanalogien

Bearbeitungszeit 10 Minuten

Jede folgende Aufgabe konfrontiert Sie mit zwei Figuren, die in einer bestimmten Beziehung zueinander stehen. Durch eine ähnliche Beziehung ist auch eine dritte mit einer vierten Figur verknüpft – diese müssen Sie jedoch aus einer Menge mehrerer Antwortmöglichkeiten selbst ermitteln.

Hierzu ein Beispiel

Aufgabe

1)

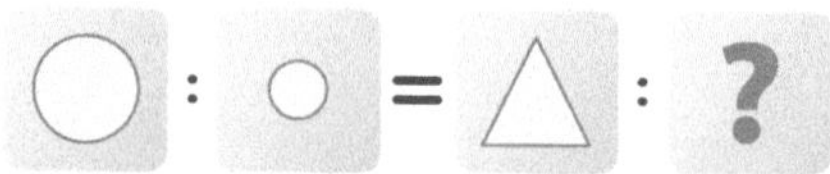

Welche Figur ersetzt das Fragezeichen logisch?

A B C D E

Antwort

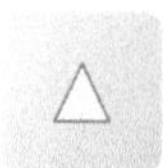

(C)

Das Objekt wird in verkleinerter Form wiederholt.

Bitte bearbeiten Sie nun die Aufgaben: Markieren Sie den Lösungsbuchstaben der gesuchten Figur. Sie haben dafür **10 Minuten** Zeit.

11)

Welche Figur ersetzt das Fragezeichen logisch?

A B C D E

12)

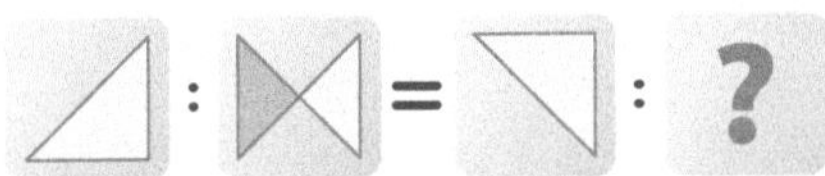

Welche Figur ersetzt das Fragezeichen logisch?

A B C D E

13)

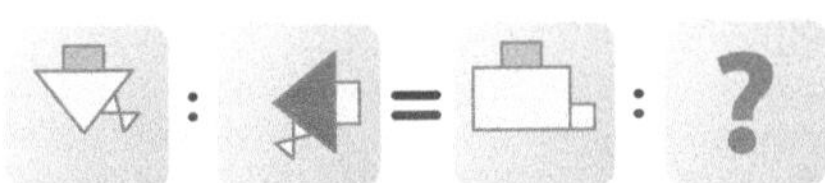

Welche Figur ersetzt das Fragezeichen logisch?

A B C D E

14)

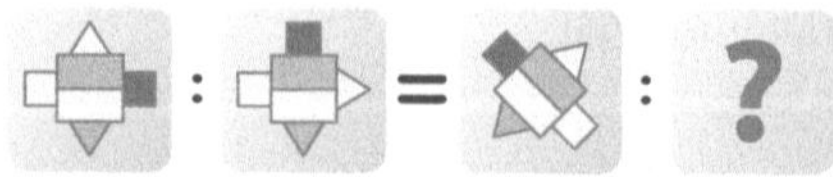

Welche Figur ersetzt das Fragezeichen logisch?

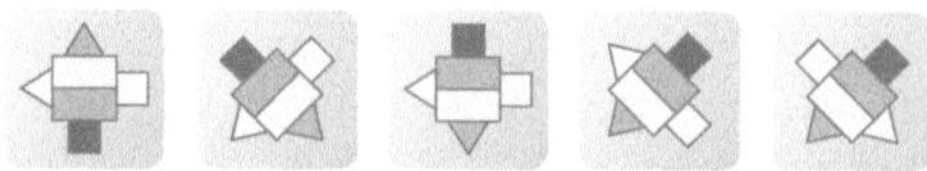

A B C D E

15)

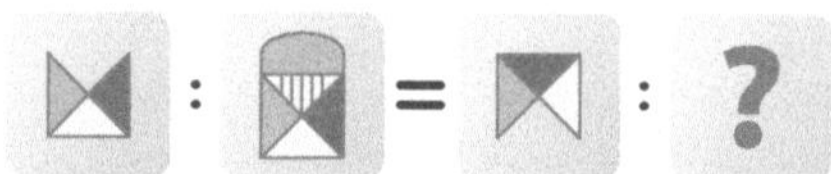

Welche Figur ersetzt das Fragezeichen logisch?

A B C D E

16)

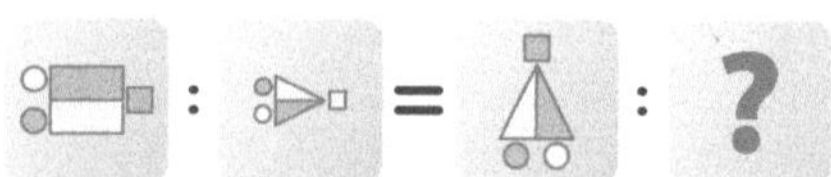

Welche Figur ersetzt das Fragezeichen logisch?

A B C D E

17)

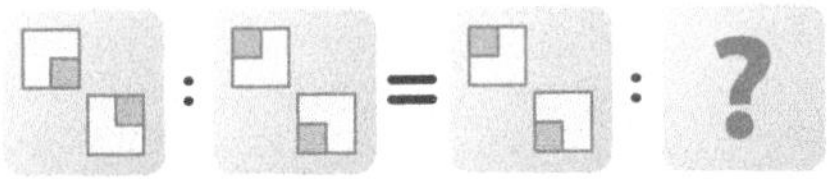

Welche Figur ersetzt das Fragezeichen logisch?

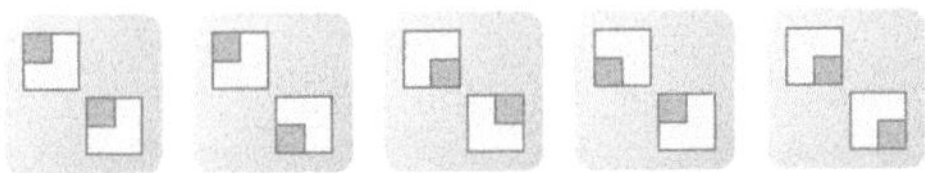

A B C D E

18)

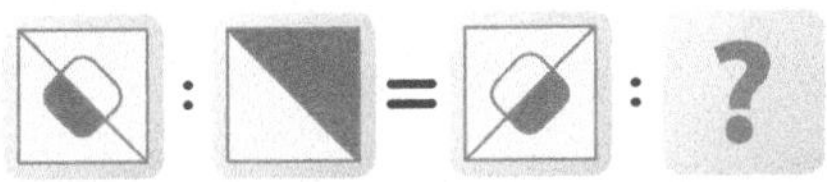

Welche Figur ersetzt das Fragezeichen logisch?

A B C D E

19)

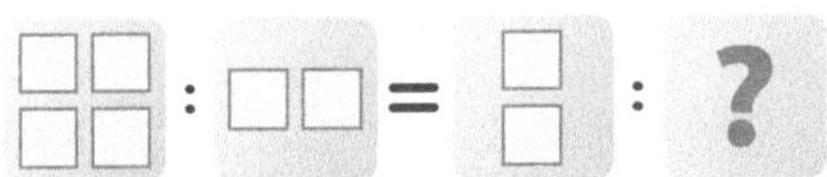

Welche Figur ersetzt das Fragezeichen logisch?

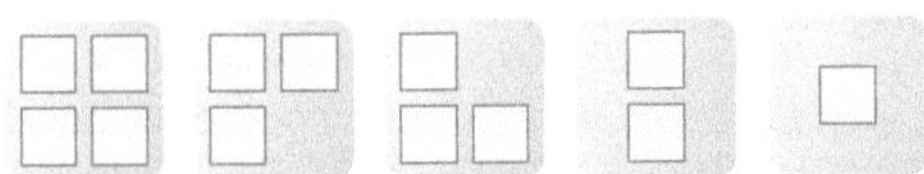

A B C D E

20)

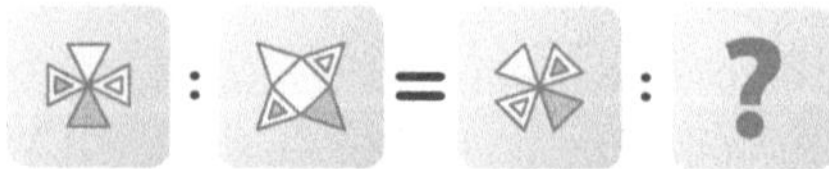

Welche Figur ersetzt das Fragezeichen logisch?

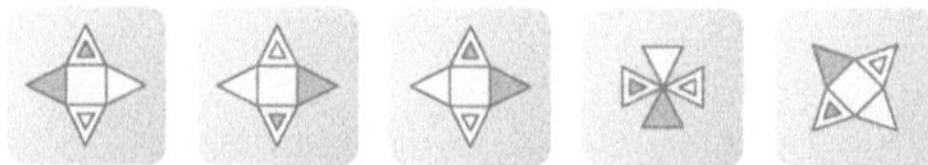

A B C D E

Außenflächen zählen

Bearbeitungszeit 10 Minuten

Sie sehen einen Körper mit mehreren Flächen. Ihre Aufgabe besteht darin, die Anzahl der Flächen zu bestimmen.

Hierzu ein Beispiel

Aufgabe

1) Aus wie vielen Flächen setzt sich dieser Körper zusammen?

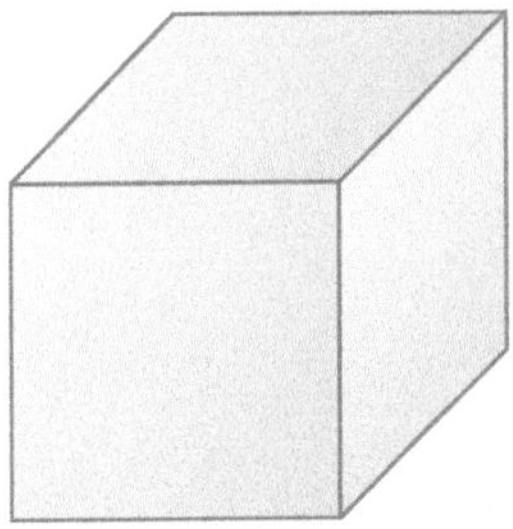

A. 6
B. 7
C. 8
D. 9
E. Keine Antwort ist richtig.

Antwort

(A.) 6

Der Körper besteht aus 6 Flächen.

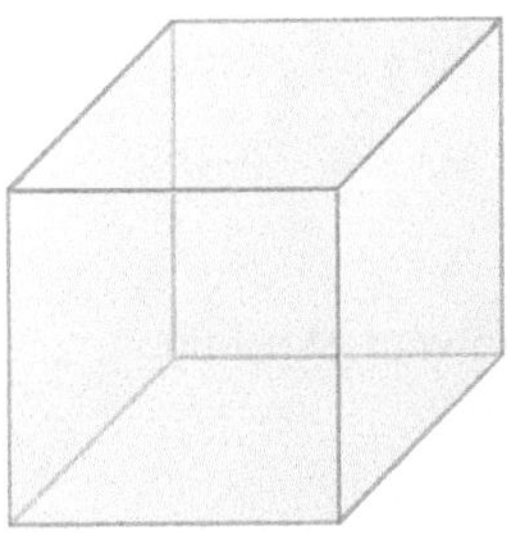

Bitte bearbeiten Sie nun die Aufgaben: Markieren Sie jeweils den Lösungsbuchstaben des richtigen Antwortvorschlags. Sie haben dafür **10 Minuten** Zeit.

21) Aus wie vielen Flächen setzt sich dieser Körper zusammen?

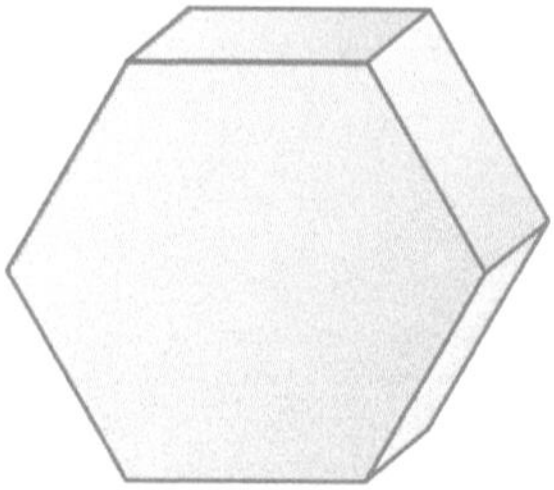

A. 6
B. 7
C. 8
D. 9
E. Keine Antwort ist richtig.

22) Aus wie vielen Flächen setzt sich dieser Körper zusammen?

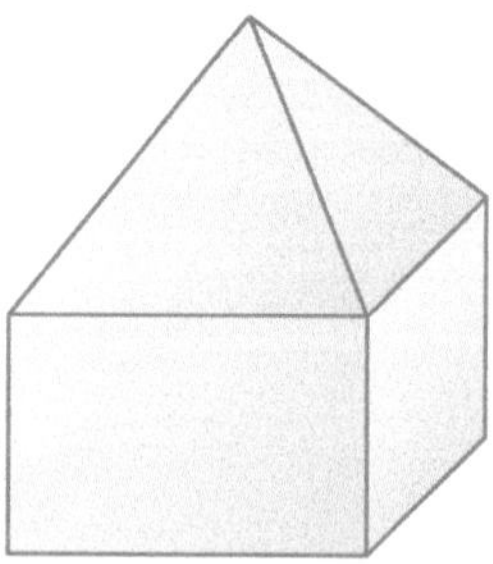

A. 7
B. 8
C. 9
D. 10
E. Keine Antwort ist richtig.

23) Aus wie vielen Flächen setzt sich dieser Körper zusammen?

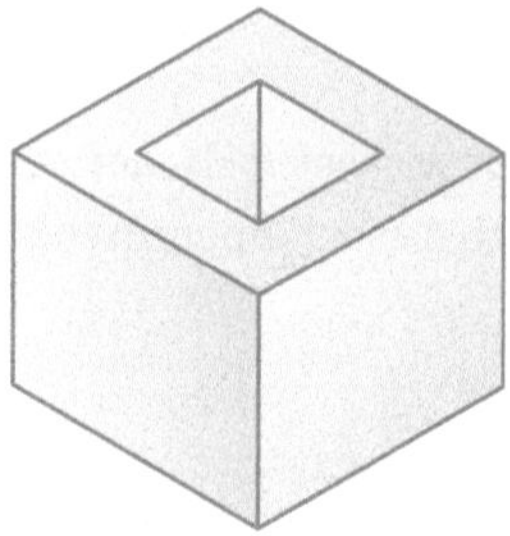

A. 9
B. 10
C. 12
D. 13
E. Keine Antwort ist richtig.

24) Aus wie vielen Flächen setzt sich dieser Körper zusammen?

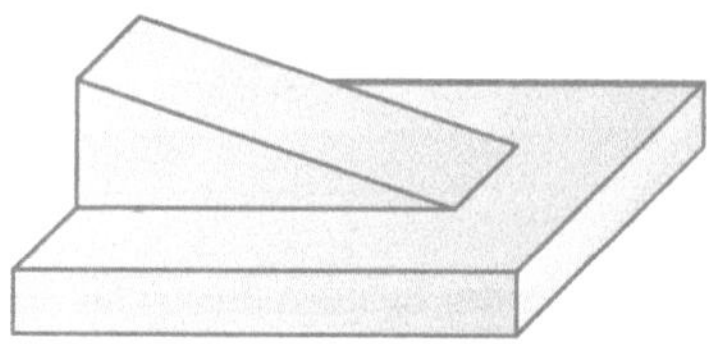

A. 11
B. 8
C. 12
D. 9
E. Keine Antwort ist richtig.

25) Aus wie vielen Flächen setzt sich dieser Körper zusammen?

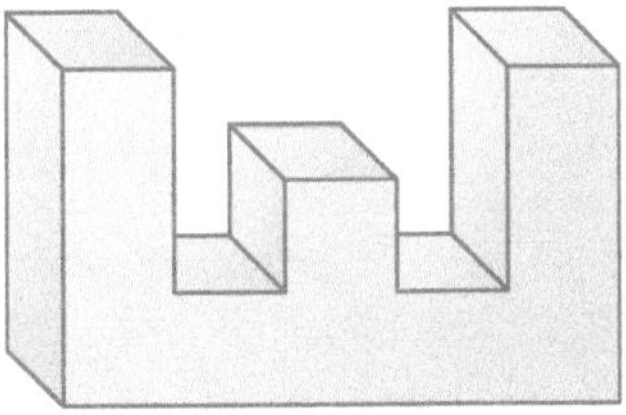

A. 8
B. 10
C. 12
D. 14
E. Keine Antwort ist richtig.

26) Aus wie vielen Flächen setzt sich dieser Körper zusammen?

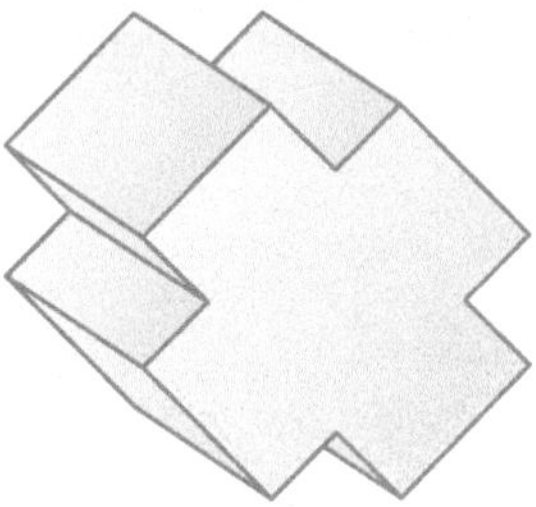

A. 10
B. 12
C. 14
D. 16
E. Keine Antwort ist richtig.

27) Aus wie vielen Flächen setzt sich dieser Körper zusammen?

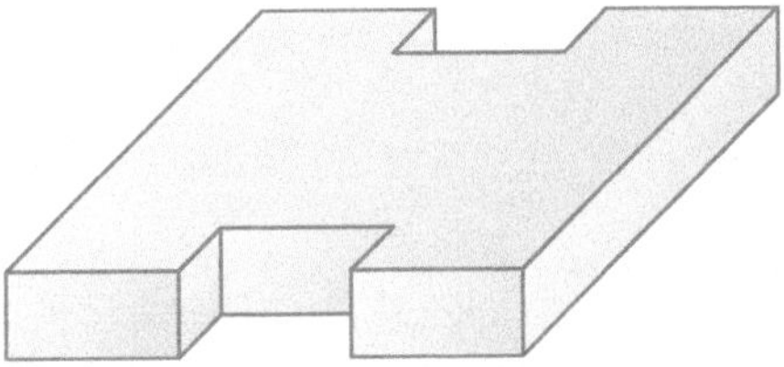

A. 16
B. 14
C. 12
D. 15
E. Keine Antwort ist richtig.

28) Aus wie vielen Flächen setzt sich dieser Körper zusammen?

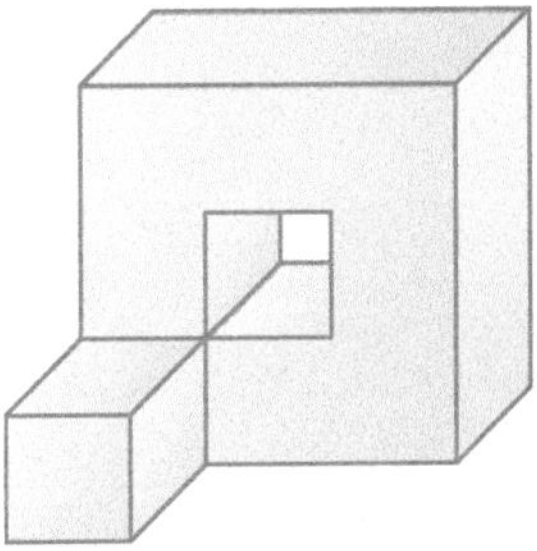

A. 13
B. 15
C. 18
D. 14
E. Keine Antwort ist richtig.

29) Aus wie vielen Flächen setzt sich dieser Körper zusammen?

A. 20
B. 9
C. 18
D. 16
E. Keine Antwort ist richtig.

30) Aus wie vielen Flächen setzt sich dieser Körper zusammen?

A. 30
B. 26
C. 34
D. 16
E. Keine Antwort ist richtig.

Faltvorlagen

Bearbeitungszeit 10 Minuten

Sie sehen jeweils eine Faltvorlage. Finden Sie heraus, welcher der fünf Körper A bis E daraus hergestellt werden kann.

Hierzu ein Beispiel

Aufgabe

1) Diese Faltvorlage ist die Außenseite eines Körpers.

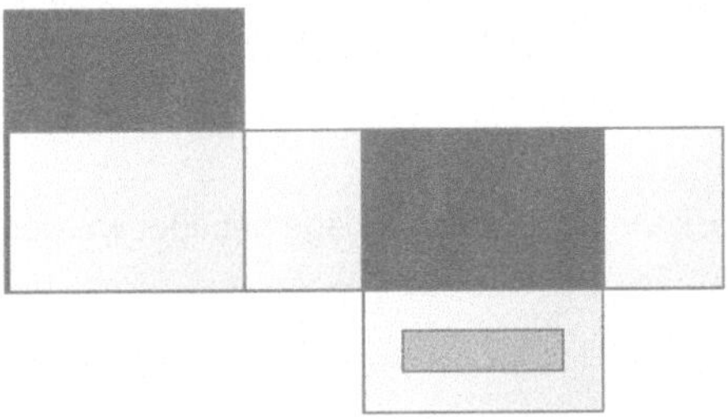

Welcher der Körper A bis E kann aus der Faltvorlage gebildet werden?

A B C D E

Antwort

(A)

Bitte bearbeiten Sie nun die Aufgaben: Markieren Sie jeweils den Lösungsbuchstaben des richtigen Antwortvorschlags. Sie haben dafür **10 Minuten** Zeit.

31) Diese Faltvorlage ist die Außenseite eines Körpers.

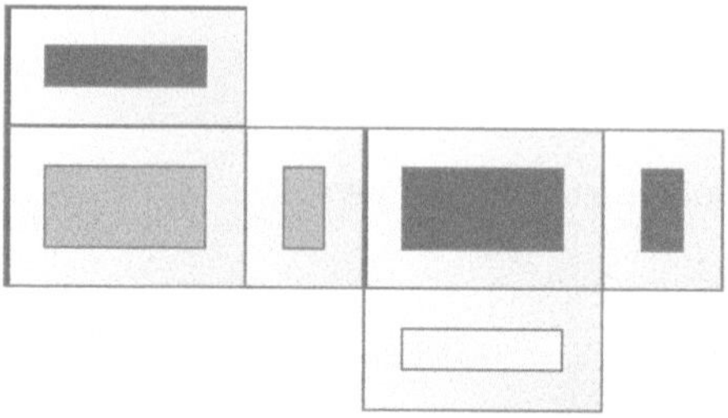

Welcher der Körper A bis E kann aus der Faltvorlage gebildet werden?

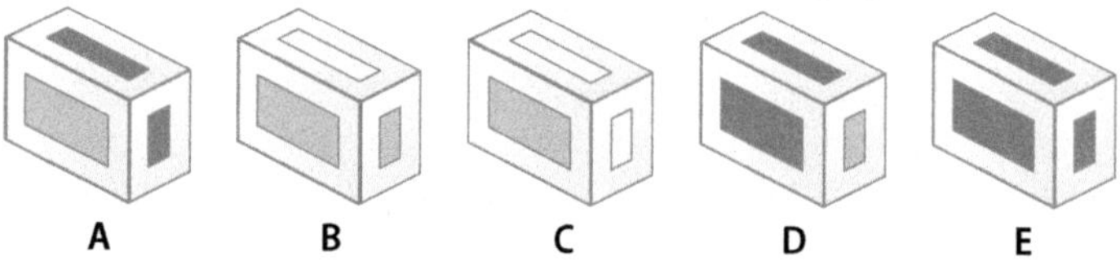

32) Diese Faltvorlage ist die Außenseite eines Körpers.

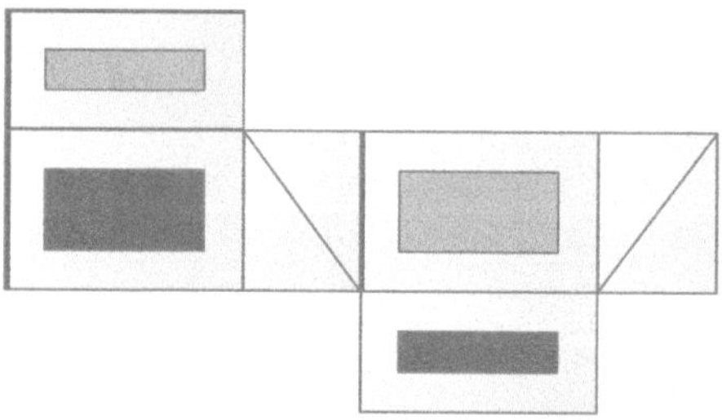

Welcher der Körper A bis E kann aus der Faltvorlage gebildet werden?

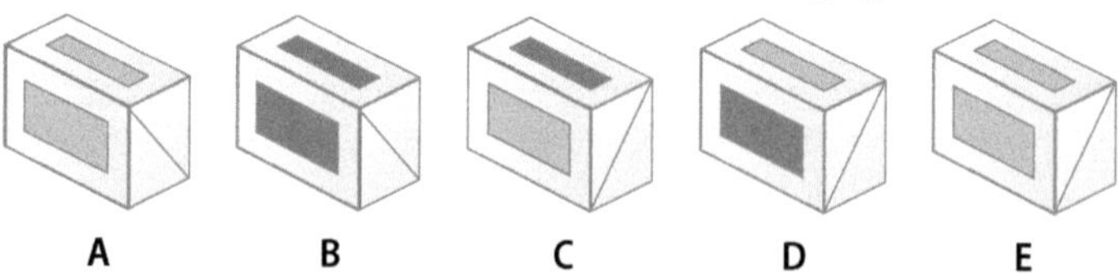

33) Diese Faltvorlage ist die Außenseite eines Körpers.

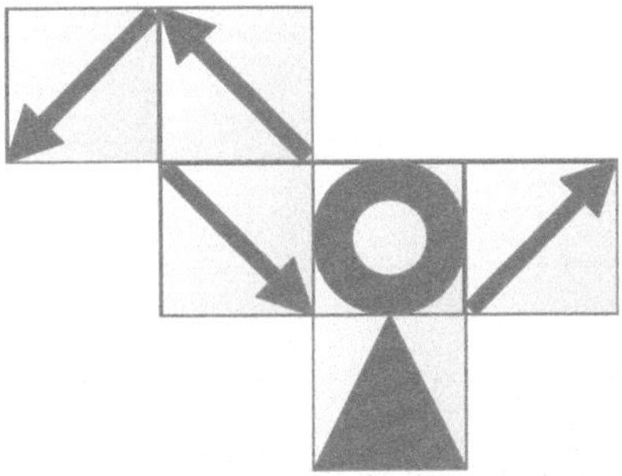

Welcher der Körper A bis E kann aus der Faltvorlage gebildet werden?

A B C D E

34) Diese Faltvorlage ist die Außenseite eines Körpers.

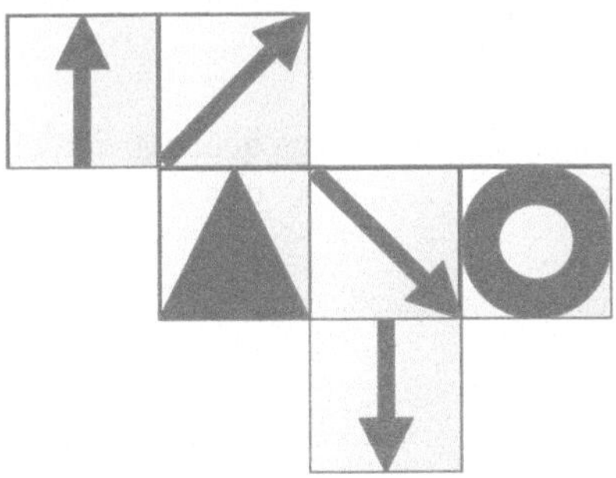

Welcher der Körper A bis E kann aus der Faltvorlage gebildet werden?

A B C D E

35) Diese Faltvorlage ist die Außenseite eines Körpers.

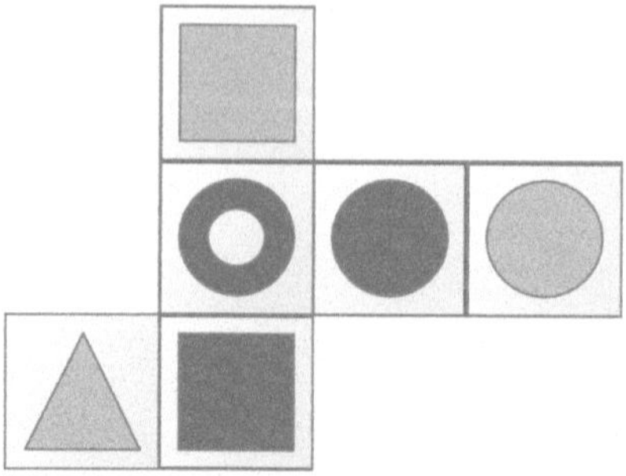

Welcher der Körper A bis E kann aus der Faltvorlage gebildet werden?

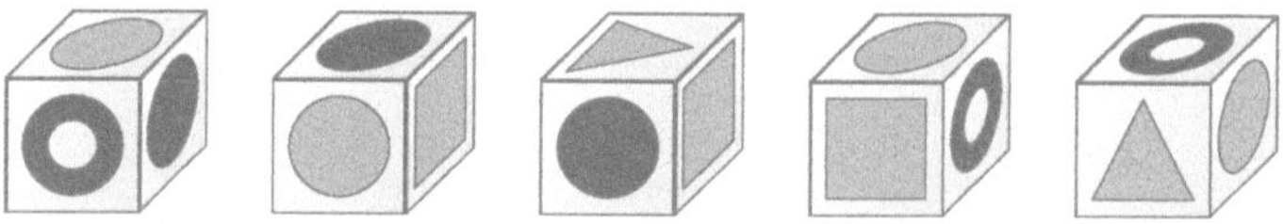

A B C D E

36) Diese Faltvorlage ist die Außenseite eines Körpers.

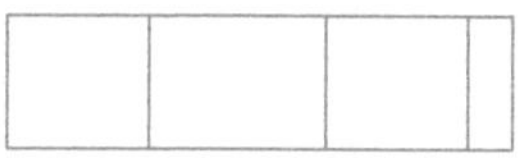

Welcher der Körper A bis E kann aus der Faltvorlage gebildet werden?

A B C D E

37) Diese Faltvorlage ist die Außenseite eines Körpers.

Welcher der Körper A bis E kann aus der Faltvorlage gebildet werden?

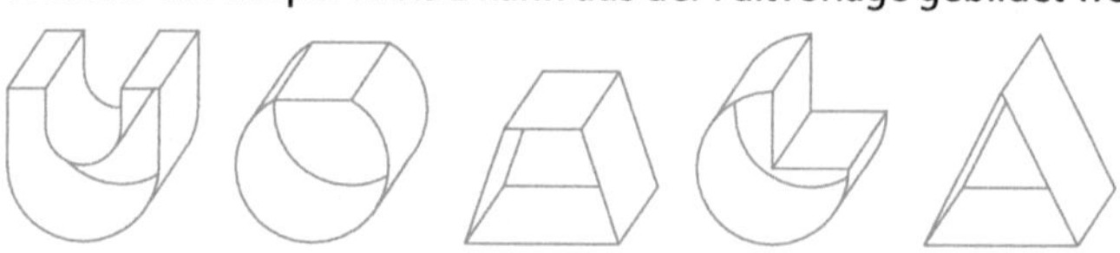

A B C D E

38) Diese Faltvorlage ist die Außenseite eines Körpers.

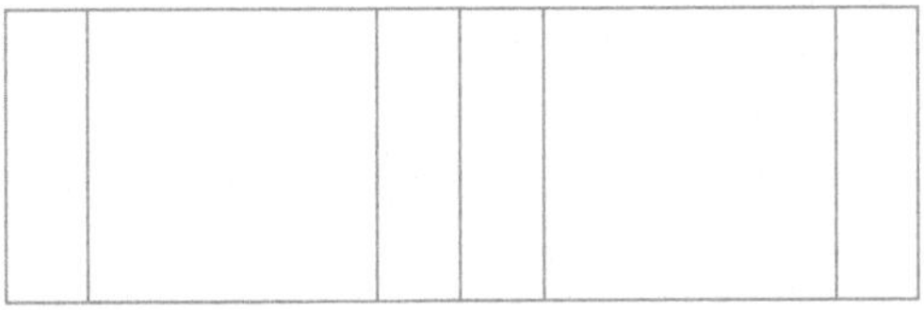

Welcher der Körper A bis E kann aus der Faltvorlage gebildet werden?

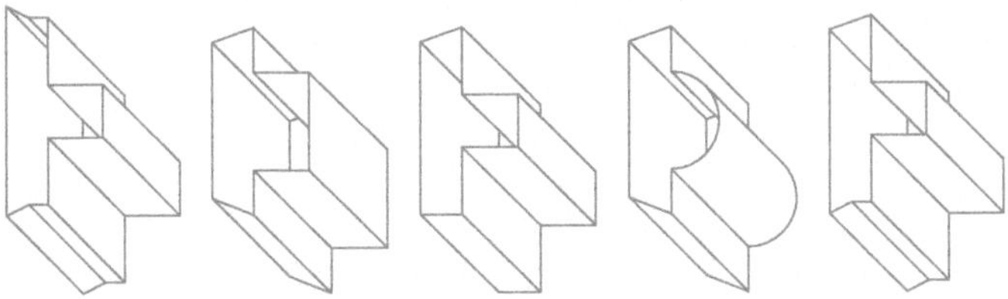

A B C D E

39) Diese Faltvorlage ist die Außenseite eines Körpers.

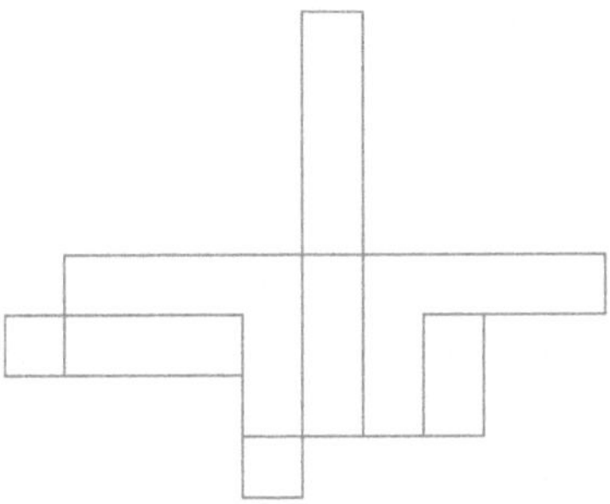

Welcher der Körper A bis E kann aus der Faltvorlage gebildet werden?

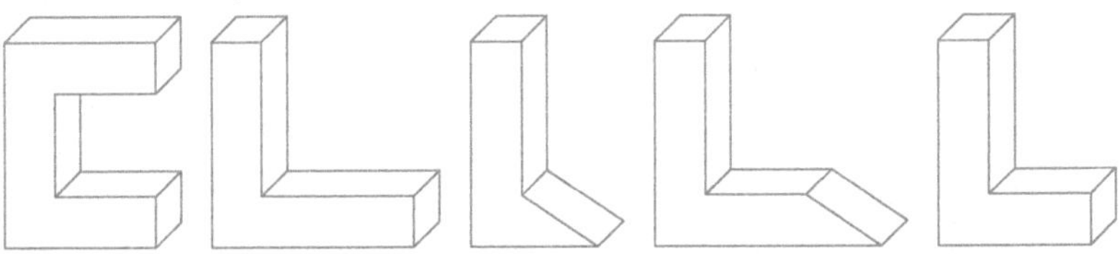

A B C D E

40) Diese Faltvorlage ist die Außenseite eines Körpers.

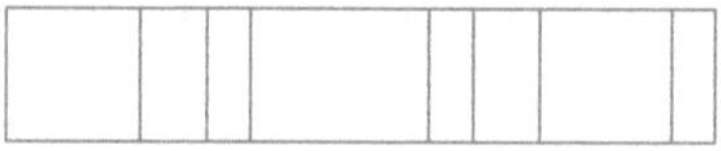

Welcher der Körper A bis E kann aus der Faltvorlage gebildet werden?

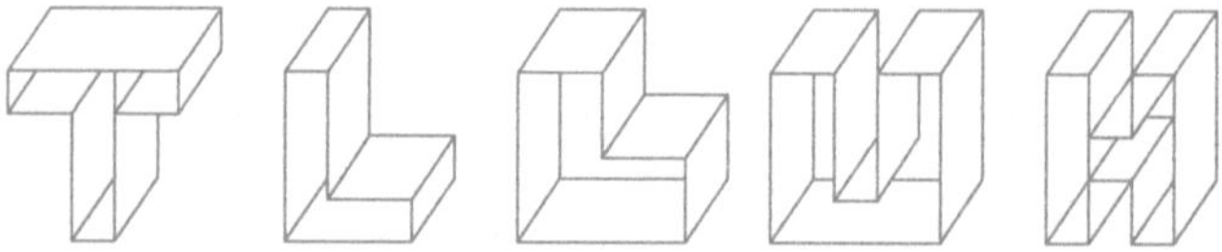

A B C D E

Spielwürfel drehen *Bearbeitungszeit 10 Minuten*

Die gegenüberliegenden Seiten eines Spielwürfels ergeben in der Summe immer die Augenzahl Sieben: Zeigt beispielsweise die Vorderseite eine „6", muss auf der Rückseite die „1" stehen. Daher können Sie von drei sichtbaren Würfelflächen auf die Lage aller anderen Flächen schließen.

Bitte führen Sie bei jeder Aufgabe die vorgegebenen Operationen durch und markieren Sie den Antwortbuchstaben der korrekten Lösung.

Hierzu ein Beispiel

Aufgabe

1) Der abgebildete Spielwürfel wird 90 Grad im Uhrzeigersinn gedreht.

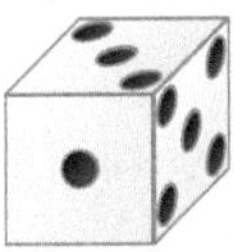

Welche Vorderansicht zeigt der Würfel nun?

A B C D E

Antwort

(A)

Gegenprobe: Drehen Sie Lösungswürfel A 90 Grad gegen den Uhrzeigersinn.

Bitte bearbeiten Sie nun die Aufgaben: Markieren Sie jeweils den Lösungsbuchstaben des richtigen Antwortvorschlags. Sie haben dafür **10 Minuten** Zeit.

41) Der abgebildete Spielwürfel wird nach links gekippt und 90 Grad im Uhrzeigersinn gedreht.

Welche Vorderansicht zeigt der Würfel nun?

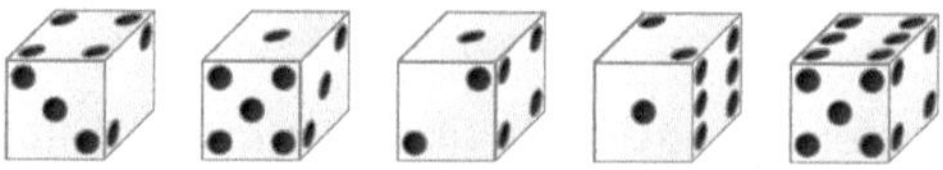

A B C D E

42) Der abgebildete Spielwürfel wird nach rechts gekippt und 90 Grad gegen den Uhrzeigersinn gedreht.

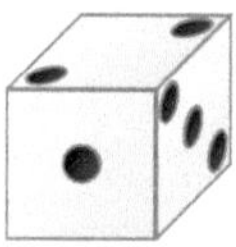

Welche Vorderansicht zeigt der Würfel nun?

A B C D E

43) Der abgebildete Spielwürfel wird nach links gekippt und 90 Grad gegen den Uhrzeigersinn gedreht.

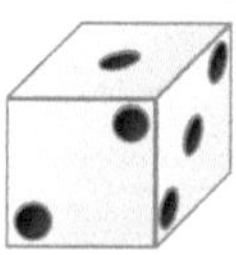

Welche Vorderansicht zeigt der Würfel nun?

A B C D E

44) Der abgebildete Spielwürfel wird nach links gekippt und 90 Grad gegen den Uhrzeigersinn gedreht.

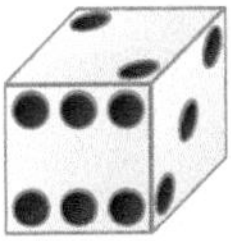

Welche Vorderansicht zeigt der Würfel nun?

A B C D E

45) Der abgebildete Spielwürfel wird nach rechts gekippt und 90 Grad im Uhrzeigersinn gedreht.

Welche Vorderansicht zeigt der Würfel nun?

A B C D E

46) Der abgebildete Spielwürfel wird nach vorne gekippt und 90 Grad gegen den Uhrzeigersinn gedreht.

Welche Vorderansicht zeigt der Würfel nun?

A B C D E

47) Der abgebildete Spielwürfel wird nach rechts gekippt und 90 Grad im Uhrzeigersinn gedreht.

Welche Vorderansicht zeigt der Würfel nun?

A B C D E

48) Der abgebildete Spielwürfel wird nach links gekippt und 90 Grad im Uhrzeigersinn gedreht.

Welche Vorderansicht zeigt der Würfel nun?

A B C D E

49) Der abgebildete Spielwürfel wird zweimal nach rechts gekippt und 90 Grad im Uhrzeigersinn gedreht.

Welche Vorderansicht zeigt der Würfel nun?

A B C D E

50) Der abgebildete Spielwürfel wird zweimal nach vorne gekippt und 90 Grad gegen den Uhrzeigersinn gedreht.

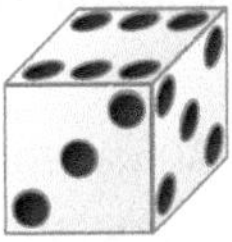

Welche Vorderansicht zeigt der Würfel nun?

A B C D E

Musterwürfel zuordnen *Bearbeitungszeit 10 Minuten*

Zu jeder Aufgabe erhalten Sie einen Würfel, dessen Seiten unterschiedlich gemustert sind.

Entscheiden Sie, welcher der abgebildeten Musterwürfel dem Aufgabenwürfel entspricht – dieser kann beliebig nach links oder rechts, nach vorne oder hinten, im oder gegen den Uhrzeigersinn gedreht bzw. gekippt werden.

Hierzu ein Beispiel

Aufgabe

1) Ihnen wird ein Aufgabenwürfel vorgegeben.

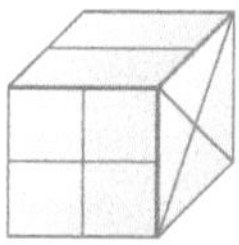

Welcher der Musterwürfel A bis E ist identisch mit dem Aufgabenwürfel?

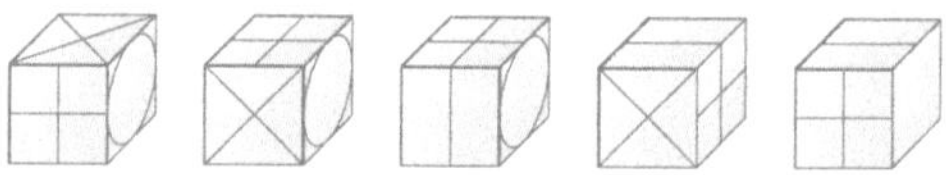

A B C D E

Antwort

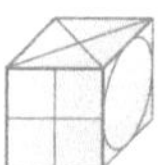

(A)

Kippen Sie den Aufgabenwürfel nach links.

Bitte bearbeiten Sie nun die Aufgaben: Markieren Sie jeweils den Lösungsbuchstaben des richtigen Antwortvorschlags. Sie haben dafür **10 Minuten** Zeit.

51) Ihnen wird ein Aufgabenwürfel vorgegeben.

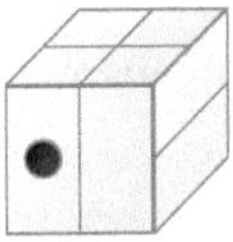

Welcher der Musterwürfel A bis E ist identisch mit dem Aufgabenwürfel?

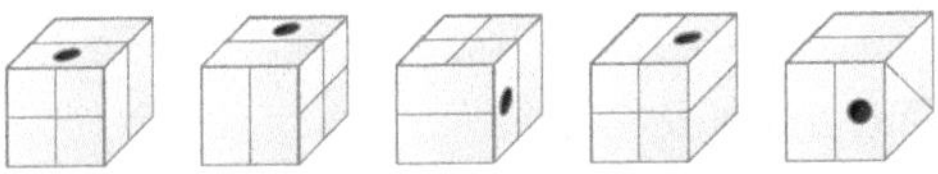

A B C D E

52) Ihnen wird ein Aufgabenwürfel vorgegeben.

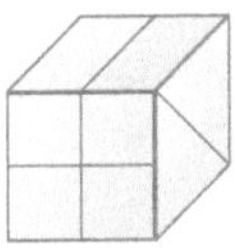

Welcher der Musterwürfel A bis E ist identisch mit dem Aufgabenwürfel?

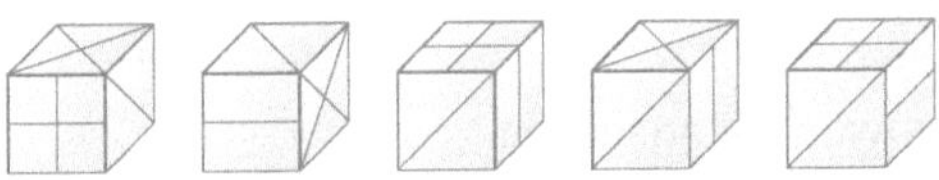

A B C D E

53) Ihnen wird ein Aufgabenwürfel vorgegeben.

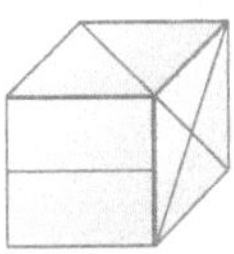

Welcher der Musterwürfel A bis E ist identisch mit dem Aufgabenwürfel?

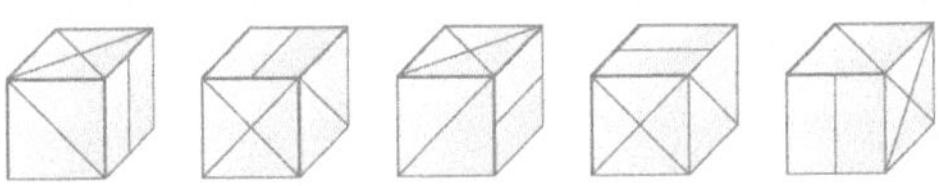

A B C D E

54) Ihnen wird ein Aufgabenwürfel vorgegeben.

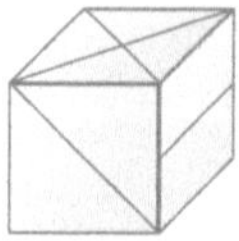

Welcher der Musterwürfel A bis E ist identisch mit dem Aufgabenwürfel?

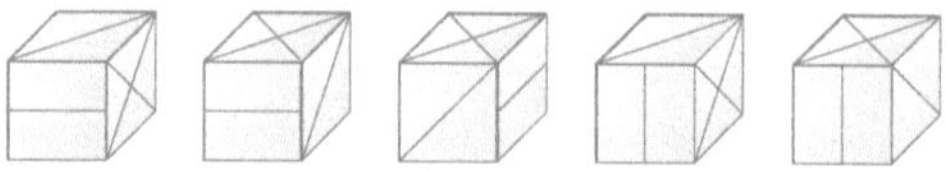

A **B** **C** **D** **E**

55) Ihnen wird ein Aufgabenwürfel vorgegeben.

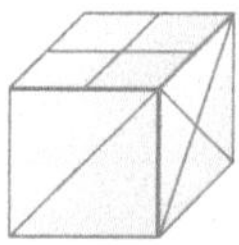

Welcher der Musterwürfel A bis E ist identisch mit dem Aufgabenwürfel?

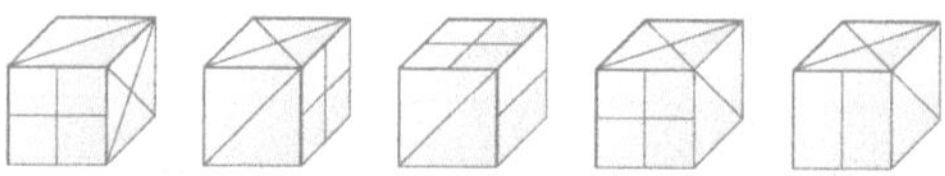

A **B** **C** **D** **E**

56) Ihnen wird ein Aufgabenwürfel vorgegeben.

Welcher der Musterwürfel A bis E ist identisch mit dem Aufgabenwürfel?

A **B** **C** **D** **E**

57) Ihnen wird ein Aufgabenwürfel vorgegeben.

Welcher der Musterwürfel A bis E ist identisch mit dem Aufgabenwürfel?

A B C D E

58) Ihnen wird ein Aufgabenwürfel vorgegeben.

Welcher der Musterwürfel A bis E ist identisch mit dem Aufgabenwürfel?

A B C D E

59) Ihnen wird ein Aufgabenwürfel vorgegeben.

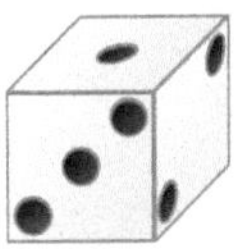

Welcher der Musterwürfel A bis E ist identisch mit dem Aufgabenwürfel?

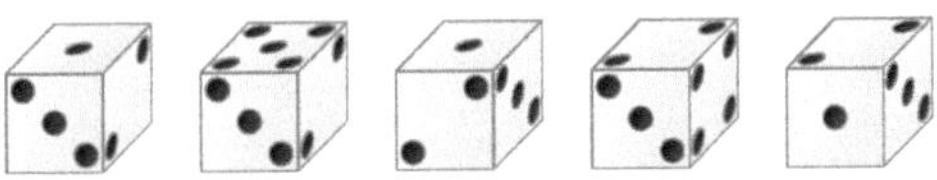

A B C D E

60) Ihnen wird ein Aufgabenwürfel vorgegeben.

Welcher der Musterwürfel A bis E ist identisch mit dem Aufgabenwürfel?

A B C D E

Formenpuzzle

Bearbeitungszeit 15 Minuten

In diesem Abschnitt wird Ihre visuelle Auffassungsgabe geprüft.

Zu jeder Aufgabe erhalten Sie fünf Flächenformen. Welche Puzzleteile A–E lassen sich zu welcher Grundform zusammensetzen?

Hierzu ein Beispiel

Aufgabe

1) Ihnen werden die Grundformen 1 bis 5 vorgegeben:

1 2 3 4 5

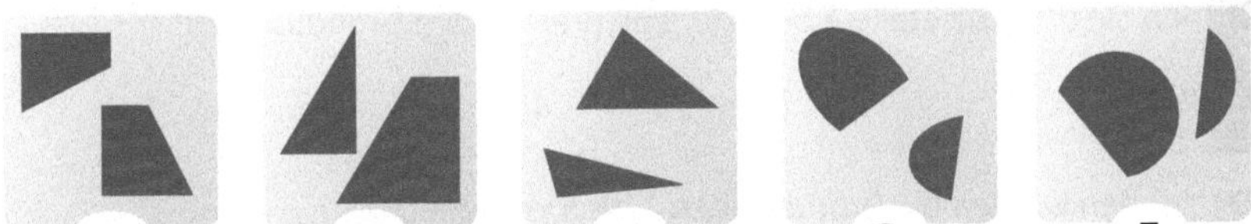

A B C D E

Ordnen Sie die Puzzleteile A bis E der entsprechenden Grundform zu.

1. ____ **2.** ____ **3.** ____ **4.** ____ **5.** ____

Antwort

1. C **2.** B **3.** A **4.** E **5.** D

Bitte bearbeiten Sie nun die Aufgaben: Tragen Sie jeweils die richtigen Buchstaben in die Lösungsfelder ein. Sie haben dafür **15 Minuten** Zeit.

61) Ihnen werden die Grundformen 1 bis 5 vorgegeben:

1 **2** **3** **4** **5**

A **B** **C** **D** **E**

Ordnen Sie die Puzzleteile A bis E der entsprechenden Grundform zu.

1. ______ **2.** ______ **3.** ______ **4.** ______ **5.** ______

62) Ihnen werden die Grundformen 1 bis 5 vorgegeben:

1 **2** **3** **4** **5**

A **B** **C** **D** **E**

Ordnen Sie die Puzzleteile A bis E der entsprechenden Grundform zu.

1. ______ **2.** ______ **3.** ______ **4.** ______ **5.** ______

63) Ihnen werden die Grundformen 1 bis 5 vorgegeben:

Ordnen Sie die Puzzleteile A bis E der entsprechenden Grundform zu.

1. ______ 2. ______ 3. ______ 4. ______ 5. ______

64) Ihnen werden die Grundformen 1 bis 5 vorgegeben:

Ordnen Sie die Puzzleteile A bis E der entsprechenden Grundform zu.

1. ______ 2. ______ 3. ______ 4. ______ 5. ______

65) Ihnen werden die Grundformen 1 bis 5 vorgegeben:

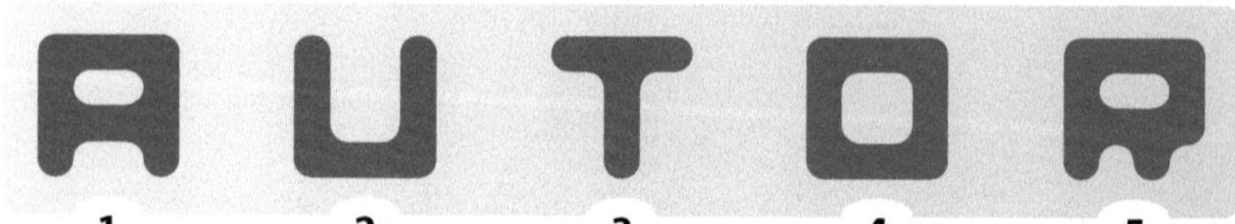

1 2 3 4 5

A B C D E

Ordnen Sie die Puzzleteile A bis E der entsprechenden Grundform zu.

1. ______ 2. ______ 3. ______ 4. ______ 5. ______

Fehlerhafte Figuren *Bearbeitungszeit 2×2 Minuten*

Mit diesen Aufgaben wird Ihre Fähigkeit zur Erkennung visueller Details geprüft.

Sie erhalten eine Reihe mit scheinbar identischen Figuren. Aber eine Figur unterscheidet sich geringfügig von den anderen.

Beantworten Sie bitte die folgenden Aufgaben, indem Sie in jeder Reihe die fehlerhafte Figur erkennen und markieren.

Block A: Pflanzen

Für diesen Aufgabenblock haben Sie **2 Minuten** Zeit.

Welche der fünf Figuren unterscheidet sich von den anderen in der Reihe?

66)

A B C D E

67)

A B C D E

68)

A B C D E

69)

A B C D E

70)

A B C D E

Block B: Käfer

Für diesen Aufgabenblock haben Sie **2 Minuten** Zeit.

Welche der fünf Figuren unterscheidet sich von den anderen in der Reihe?

71)

A B C D E

72)

A B C D E

73)

A B C D E

74)

A B C D E

75)

A B C D E

Gespiegelte Figuren

Bearbeitungszeit 3½ Minuten

Diese Aufgaben prüfen Ihre visuelle Auffassungsgabe.

Jede Reihe enthält eine Figur in fünf Variationen – viermal unterschiedlich weit gedreht, einmal jedoch gespiegelt.

Beantworten Sie bitte die folgenden Aufgaben, indem Sie jeweils den Antwortbuchstaben der gespiegelten Figur markieren.

76)

A B C D E

77)

A B C D E

78)

A B C D E

79)

A B C D E

80)

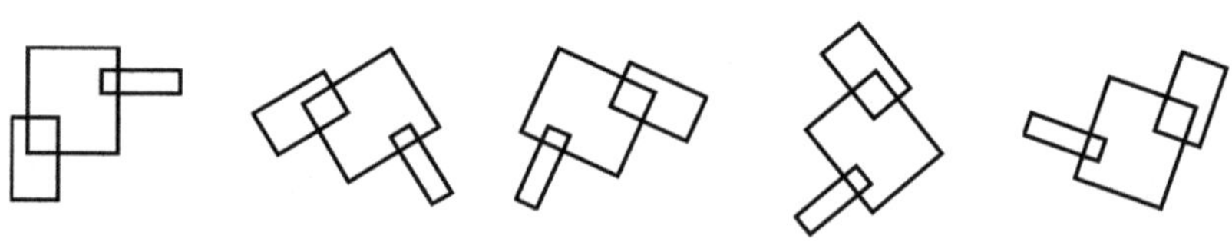

A B C D E

81)

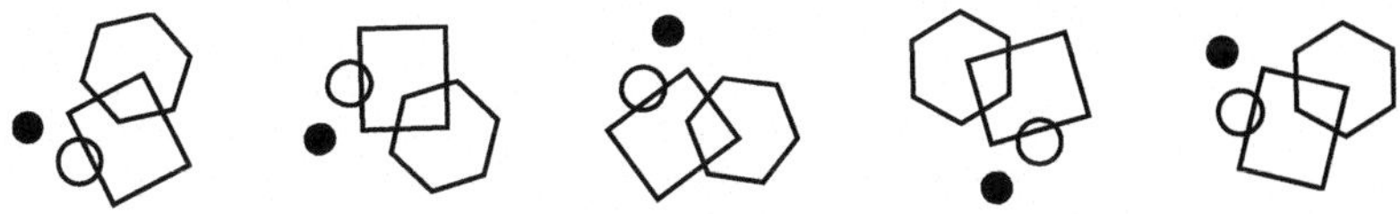

A B C D E

82)

A B C D E

83)

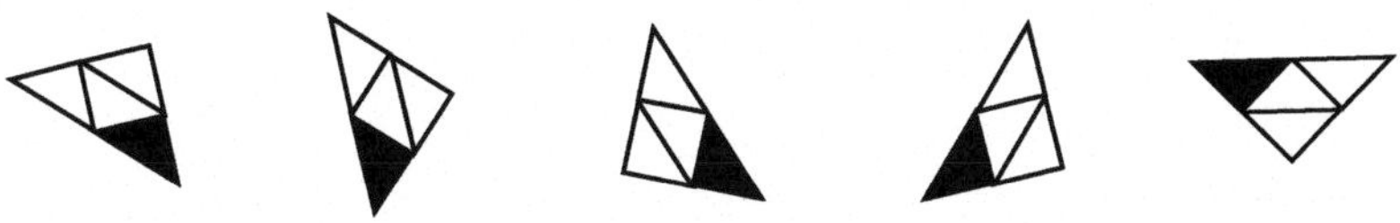

A B C D E

84)

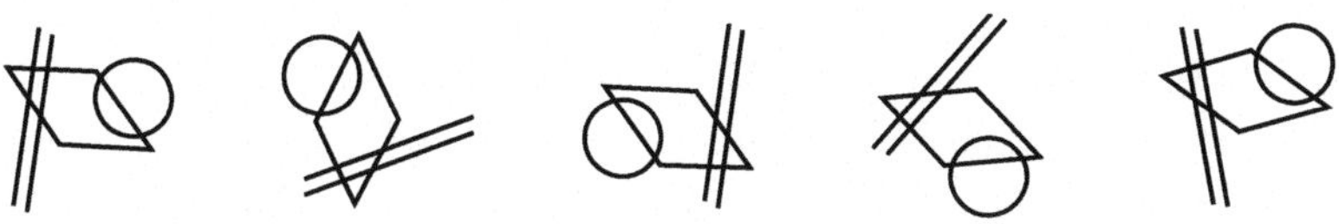

A B C D E

85)

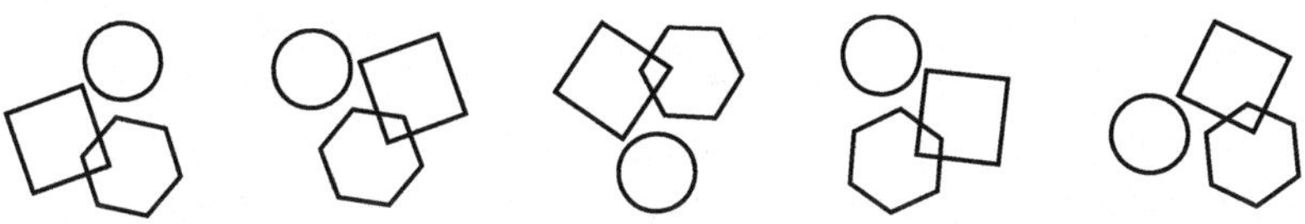

A B C D E

Lösungen: Visuelles Denkvermögen

1) E	30) A	59) E
2) E	31) E	60) D
3) C	32) E	61) 1D|2C|3E|4B|5A
4) B	33) A	62) 1A|2E|3D|4C|5B
5) C	34) D	63) 1C|2A|3E|4B|5D
6) B	35) B	64) 1B|2E|3C|4A|5D
7) E	36) B	65) 1B|2E|3A|4D|5C
8) C	37) D	66) C
9) D	38) D	67) C
10) D	39) E	68) D
11) D	40) A	69) D
12) B	41) C	70) C
13) D	42) B	71) D
14) D	43) D	72) B
15) E	44) C	73) A
16) B	45) E	74) D
17) C	46) D	75) C
18) E	47) C	76) A
19) E	48) D	77) C
20) C	49) B	78) D
21) C	50) A	79) B
22) C	51) B	80) C
23) B	52) C	81) B
24) D	53) B	82) B
25) D	54) D	83) C
26) C	55) D	84) D
27) B	56) A	85) A
28) A	57) B	
29) C	58) C	

Figurenreihen (Aufgaben 1–10)

Zu 1) E.

Mit jeder folgenden Figur schrumpft der Halbkreis um 45 Grad im Uhrzeigersinn.

Zu 2) E.

Jede folgende Figur ist um 135 Grad im Uhrzeigersinn gedreht.

Zu 3) C.

In jeder Figur wird eine von zwei längeren Linien von zwei parallel laufenden kurzen Linien gekreuzt.

Zu 4) B.

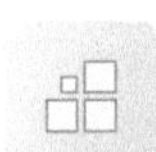

Die Quadrate schrumpfen im Uhrzeigersinn auf ein Viertel ihrer vorherigen Größe.

Zu 5) C.

Jede Form hat einen rechten Winkel mehr als ihre Vorgängerin.

Zu 6) B.

Der dunkle Kreis befindet sich abwechselnd unter und über dem hellen Kreis.

Zu 7) E.

In jeder Figur ist insgesamt ein Drittel der Quadratfläche weiß.

Zu 8) C.

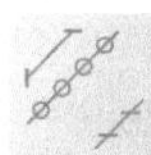

Die Zahl der kleinen Kreise an der dritten diagonalen Linie von rechts nimmt kontinuierlich zu. Die Zahl der Striche der zweiten diagonalen Linie von rechts nimmt stetig ab, bis diese schließlich ganz verschwindet. Alle übrigen Linien verändern sich nicht.

Zu 9) D.

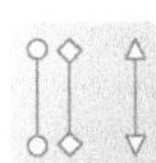

Die beiden linken Objekte bleiben unverändert. Das dritte Objekt von links – die senkrechte Linie mit zwei Querbalken an ihren Enden – verliert von Schritt zu Schritt einen Strich und verschwindet schließlich ganz. Dafür kommt ein neues Objekt am rechten Rand hinzu, das stetig um ein Element erweitert wird.

Zu 10) D.

Das dunkle Dreieck im Vordergrund dreht sich schrittweise im Uhrzeigersinn. Es überdeckt teilweise ein helles Dreieck, in dem ein schwarzer Punkt im Uhrzeigersinn von Ecke zu Ecke wandert.

Figurenanalogien (Aufgaben 11–20)

Zu 11) D.

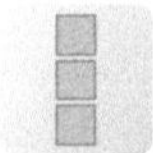

Die Objekte (Kreise bzw. Vierecke) werden größer, ihre Anzahl halbiert sich, und sie werden mittig abgebildet.

Zu 12) B.

Die Figuren werden 90 Grad gegen den Uhrzeigersinn gedreht.

Zu 13) D.

Die Figuren werden 90 Grad im Uhrzeigersinn gedreht, zusätzlich wird der große helle Körper (Dreieck, Viereck) dunkel und das kleine dunkle Viereck hell. Das kleine weiße Quadrat der rechten Figur entspricht der Sanduhr der linken Figuren und bleibt unverändert.

Zu 14) D.

Die Figuren werden an der Senkrechten gespiegelt und 45 Grad im Uhrzeigersinn gedreht.

Zu 15) E.

Die Figuren werden vertikal gespiegelt, wobei schwarze und weiße Elemente die Farben tauschen. Graue Elemente bleiben grau.

Zu 16) B.

So wie sich das große Viereck zum kleinen Dreieck verhält, verhält sich das große Dreieck zum kleinen Viereck: Das Hauptobjekt schrumpft, die Innenflächen und angehängten Objekte wechseln ihre Farbe von hell zu dunkel bzw. umgekehrt.

Zu 17) C.

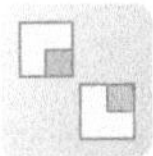

Von der ersten Figur zur zweiten werden die kleinen grauen Quadrate innerhalb der weißen Rechtecke diagonal gespiegelt. Dementsprechend müssen die kleinen Quadrate auch von der dritten zur vierten Figur diagonal gespiegelt werden.

Zu 18) E.

Da die erste Figur horizontal gespiegelt wurde, muss auch die zweite Figur horizontal gespiegelt werden.

Zu 19) E.

Da die erste Figur auf eine Zeile reduziert wurde, muss die zweite Figur ebenso reduziert werden.

Zu 20) C.

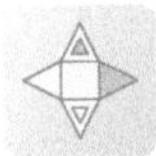

Die Figuren drehen sich 45 Grad gegen den Uhrzeigersinn. Innerhalb der Figuren ändern die kleinen Dreiecke – nicht aber die vollen Flächen – ihre Farbe von hell zu dunkel bzw. umgekehrt.

Außenflächen zählen (Aufgaben 21–30)

Zu 21) C. 8

Der Körper besteht aus 8 Flächen.

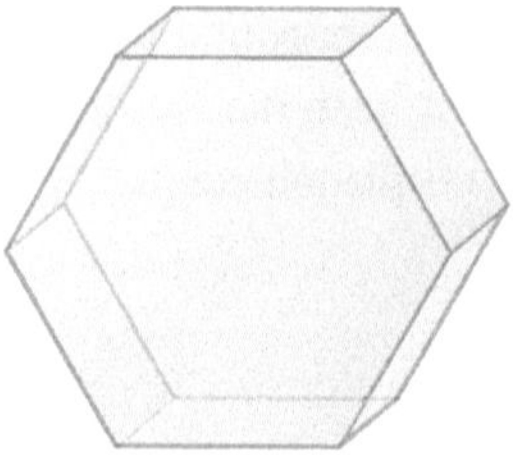

Zu 22) C. 9

Der Körper besteht aus 9 Flächen.

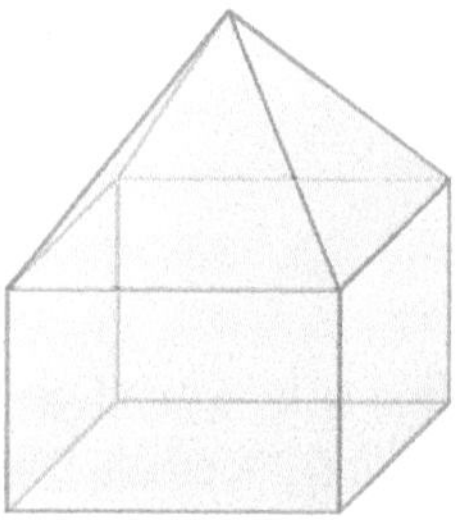

Zu 23) B. 10

Der Körper besteht aus 10 Flächen.

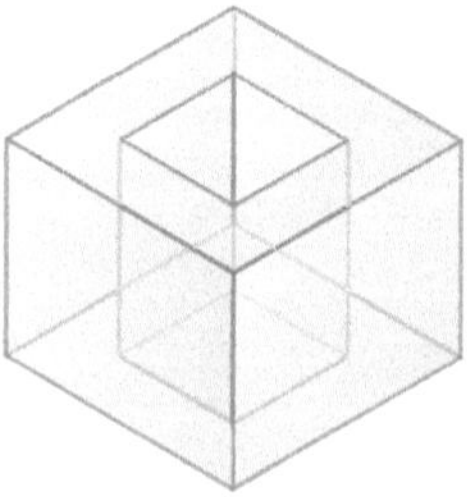

Zu 24) D. 9

Der Körper besteht aus 9 Flächen.

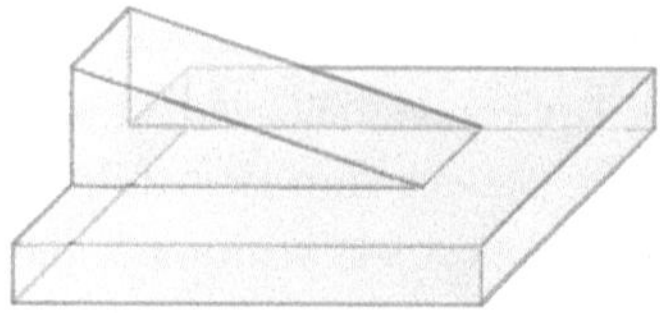

Zu 25) D. 14

Der Körper besteht aus 14 Flächen.

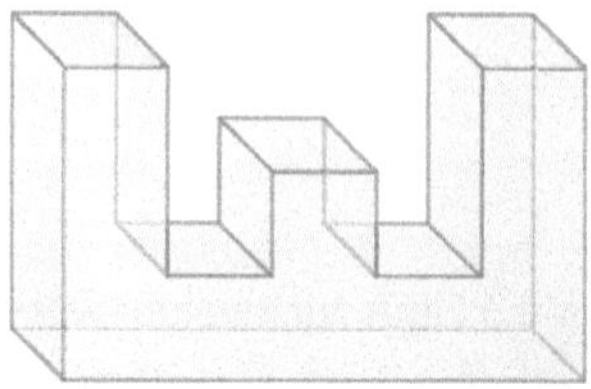

Zu 26) C. 14

Der Körper besteht aus 14 Flächen.

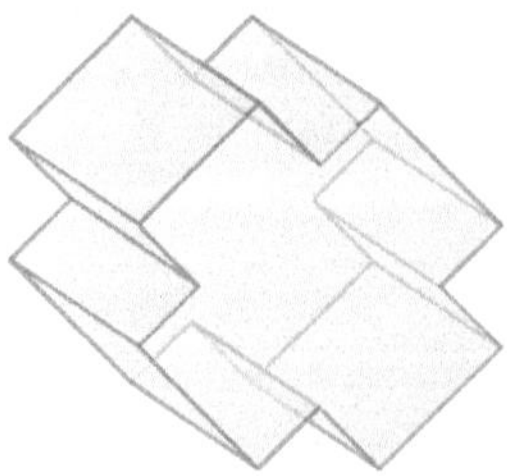

Zu 27) B. 14

Der Körper besteht aus 14 Flächen.

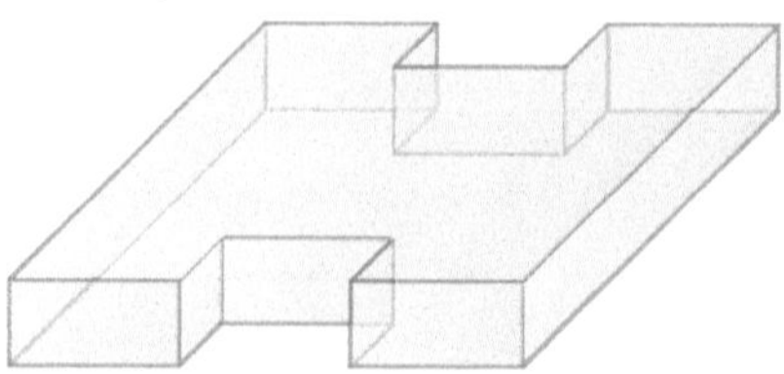

Zu 28) **A.** 13

Der Körper besteht aus 13 Flächen.

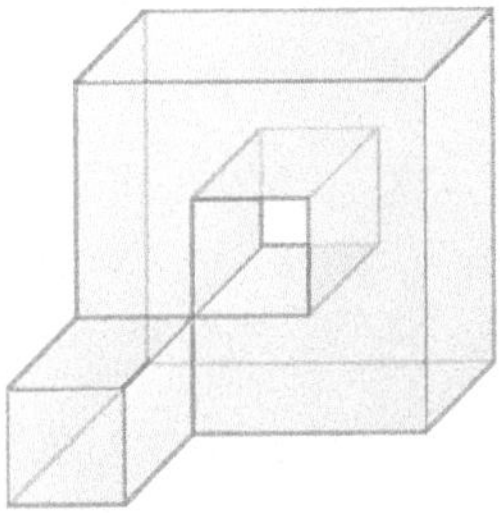

Zu 29) **C.** 18

Der Körper besteht aus 18 Flächen.

Zu 30) **A.** 30

Der Körper besteht aus 30 Flächen.

Faltvorlagen (Aufgaben 31–40)

Zu 31) **E.**

Aus der gegebenen Vorlage kann nur Körper E gebildet werden: Falten Sie dazu den Quader zusammen, stellen Sie ihn auf die weiße Standfläche und drehen Sie ihn mit der breiten schwarzen Seite nach links.

Zu 32) **E.**

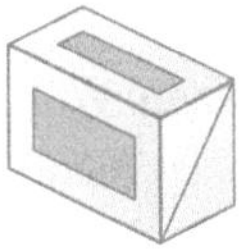

Aus der gegebenen Vorlage kann nur Körper E gebildet werden: Falten Sie dazu den Quader zusammen, stellen Sie ihn auf die Standfläche mit dem schwarzen Rechteck und drehen Sie ihn mit der mit einem grauen Rechteck versehenen breiten Seite nach links.

Zu 33) A.

Kreis im Fokus behalten, Würfel zusammenfalten und 45 Grad im Uhrzeigersinn drehen.

Zu 34) D.

Kreis im Fokus behalten, Würfel zusammenfalten, nach hinten kippen und 45 Grad im Uhrzeigersinn drehen.

Zu 35) B.

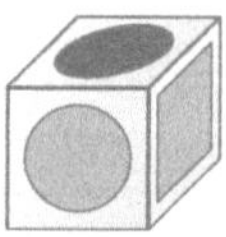

Hellen Kreis im Fokus behalten, Würfel zusammenfalten und nach rechts kippen.

Zu 36) B.

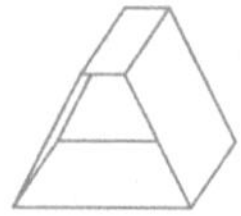

Zu 37) D.

Zu 38) D.

Zu 39) E.

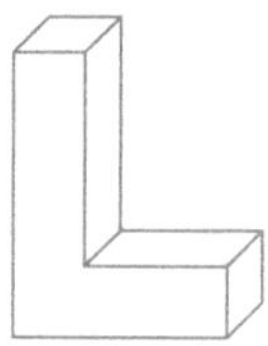

Zu 40) A.

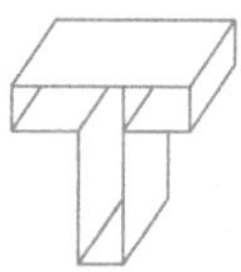

Lösungshinweis

Falls Sie nicht durch das Zusammenfalten des Körpers im Geiste auf die richtige Lösung kommen: Vergleichen Sie die Anordnung der Flächen der Faltvorlage mit den Seiten der vorgeschlagenen Körper. Liegt z. B. eine graue Fläche neben einer weißen, eine Fläche mit einem Kreis neben einer Fläche mit einem Quadrat oder eine quadratische Fläche neben einer schmalen rechteckigen? Bei manchen Aufgaben ist auch die Anzahl der Flächen interessant – hat der Körper genauso viele Seiten wie die Faltvorlage Flächen?

Spielwürfel drehen (Aufgaben 41–50)

Zu 41) C.

Gegenprobe: Drehen Sie Lösungswürfel C 90 Grad gegen den Uhrzeigersinn und kippen Sie ihn nach rechts.

Zu 42) B.

Gegenprobe: Drehen Sie Lösungswürfel B 90 Grad im Uhrzeigersinn und kippen Sie ihn nach links.

Zu 43) D.

Gegenprobe: Drehen Sie Lösungswürfel D 90 Grad im Uhrzeigersinn und kippen Sie ihn nach rechts.

Zu 44) C.

Gegenprobe: Drehen Sie Lösungswürfel C 90 Grad im Uhrzeigersinn und kippen Sie ihn nach rechts.

Zu 45) E.

Gegenprobe: Drehen Sie Lösungswürfel E 90 Grad gegen den Uhrzeigersinn und kippen Sie ihn nach links.

Zu 46) D.

Gegenprobe: Drehen Sie Lösungswürfel D 90 Grad im Uhrzeigersinn und kippen Sie ihn nach hinten.

Zu 47) C.

Gegenprobe: Drehen Sie Lösungswürfel C 90 Grad gegen den Uhrzeigersinn und kippen Sie ihn nach links.

Zu 48) D.

Gegenprobe: Drehen Sie Lösungswürfel D 90 Grad gegen den Uhrzeigersinn und kippen Sie ihn nach rechts.

Zu 49) B.

Gegenprobe: Drehen Sie Lösungswürfel B 90 Grad gegen den Uhrzeigersinn und kippen Sie ihn zweimal nach links.

Zu 50) A.

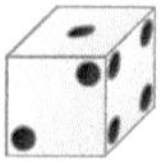

Gegenprobe: Drehen Sie Lösungswürfel A 90 Grad im Uhrzeigersinn und kippen Sie ihn zweimal nach hinten.

Musterwürfel zuordnen (Aufgaben 51–60)

Zu 51) B.

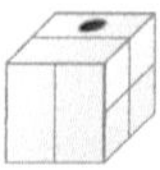

Kippen Sie den Aufgabenwürfel nach hinten und drehen Sie ihn um 90 Grad im Uhrzeigersinn.

Zu 52) C.

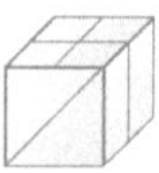

Drehen Sie den Aufgabenwürfel um 90 Grad im Uhrzeigersinn und kippen Sie ihn nach rechts.

Zu 53) B.

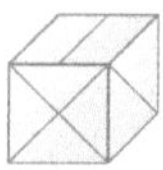

Drehen Sie den Aufgabenwürfel um 90 Grad im Uhrzeigersinn und kippen Sie ihn nach rechts.

Zu 54) D.

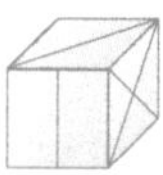

Kippen Sie den Aufgabenwürfel nach hinten und drehen Sie ihn um 90 Grad im Uhrzeigersinn.

Zu 55) D.

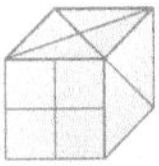

Drehen Sie den Aufgabenwürfel um 90 Grad gegen den Uhrzeigersinn und kippen Sie ihn nach vorne.

Zu 56) A.

Kippen Sie den Aufgabenwürfel nach hinten und drehen Sie ihn um 90 Grad im Uhrzeigersinn.

Zu 57) B.

Drehen Sie den Aufgabenwürfel um 90 Grad gegen den Uhrzeigersinn und kippen Sie ihn nach vorne.

Zu 58) C.

Kippen Sie den Aufgabenwürfel nach hinten und drehen Sie ihn um 90 Grad im Uhrzeigersinn.

Zu 59) E.

Drehen Sie den Aufgabenwürfel um 90 Grad gegen den Uhrzeigersinn und kippen Sie ihn nach vorne.

Zu 60) D.

Kippen Sie den Aufgabenwürfel nach links und drehen Sie ihn um 90 Grad gegen den Uhrzeigersinn.

Formenpuzzle (Aufgaben 61–65)

Zu 61) 1D | 2C | 3E | 4B | 5A

Zu 62) 1A | 2E | 3D | 4C | 5B

Zu 63) 1C | 2A | 3E | 4B | 5D

Zu 64) 1B | 2E | 3C | 4A | 5D

Zu 65) 1B | 2E | 3A | 4D | 5C

Fehlerhafte Figuren (Aufgaben 66–75)

Block A: Pflanzen

Zu 66) C.

Zu 67) C.

Zu 68) D.

Zu 69) D.

Zu 70) C.

Block B: Käfer

Zu 71) D.

Zu 72) B.

Zu 73) A.

Zu 74) D.

Zu 75) C.

Gespiegelte Figuren (Aufgaben 76–85)

Zu 76) A.

Zu 77) C.

Zu 78) D.

Zu 79) B.

Zu 80) C.

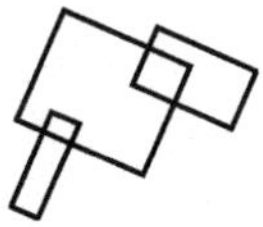

Zu 81) B.

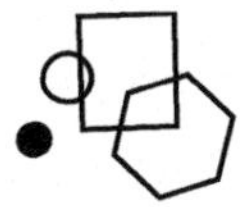

Zu 82) B.

Zu 83) C.

Zu 84) D.

Zu 85) A.

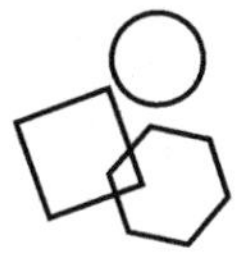

Konzentration und Merkfähigkeit

„3/6/8/9"-Test

Bearbeitungszeit 2 Minuten

Jede Zeile enthält bis zu vier Zahlen, nämlich „3", „6", „8" und „9".

Ihre Aufgabe lautet, in jeder Zeile alle „9"en zu finden. Die ermittelte Anzahl schreiben Sie jeweils rechts ans Zeilenende.

1)	8	6	6	8	9	8	3	9	8	3	9	8	9	8	3	8	9	8	9	3	____
2)	8	8	6	8	6	8	9	8	9	8	6	8	9	9	3	8	3	8	9	9	____
3)	8	9	9	8	9	8	6	8	6	8	8	6	9	8	8	6	8	3	9	8	____
4)	8	3	8	6	6	8	6	8	8	9	8	6	8	9	8	3	8	3	8	9	____
5)	8	3	3	8	6	8	6	8	8	9	6	9	8	9	9	6	8	9	8	9	____
6)	8	8	6	8	3	8	3	3	8	6	8	8	9	9	8	6	6	8	9	9	____
7)	8	6	8	3	9	8	3	9	8	9	8	3	9	9	8	6	6	8	9	9	____
8)	8	8	9	8	9	8	9	3	8	9	9	6	9	8	9	6	9	8	9	8	____
9)	8	8	3	3	8	6	9	8	9	9	9	8	6	6	8	3	9	8	3	8	____
10)	8	8	8	3	8	3	6	8	6	8	9	8	3	8	9	8	9	3	8	8	____
11)	8	8	3	8	3	8	6	9	8	9	8	8	9	9	8	6	3	8	9	9	____
12)	8	8	9	3	8	9	8	3	9	8	8	9	3	9	8	6	8	9	8	9	____
13)	8	8	3	6	8	8	9	8	6	9	8	9	6	9	8	3	8	9	8	9	____
14)	8	3	8	9	8	6	6	8	9	8	3	8	9	6	9	8	6	8	9	8	____
15)	8	6	8	3	8	9	8	8	3	8	9	8	9	9	8	6	9	8	9	9	____
16)	8	6	9	8	6	9	8	3	9	8	9	3	9	6	9	8	9	6	9	8	____
17)	6	8	8	6	8	3	3	8	6	8	9	8	9	9	9	8	9	8	9	9	____
18)	3	8	6	9	8	9	8	6	8	8	9	6	9	9	8	3	9	8	9	9	____

19)	6	8	6	8	8	9	8	9	3	9	9	8	3	6	8	8	9	8	6	8	____
20)	8	9	8	9	3	9	8	3	8	6	9	6	9	9	8	3	9	8	9	9	____
21)	8	8	3	6	6	9	3	9	8	9	8	6	9	8	6	3	8	8	9	8	____
22)	8	8	8	8	6	3	6	8	3	9	8	3	9	9	9	8	3	8	9	9	____
23)	8	8	8	3	8	3	6	8	6	8	8	6	8	8	9	8	6	8	8	8	____
24)	9	8	9	9	9	9	8	6	8	9	8	8	8	9	8	8	6	3	3	9	____
25)	8	9	9	8	8	9	9	8	6	9	8	9	8	6	3	3	8	9	8	8	____
26)	8	6	8	9	9	8	9	9	9	8	3	6	8	8	9	8	3	6	6	8	____
27)	9	9	9	8	9	8	9	6	9	6	9	3	9	8	3	8	9	8	9	8	____
28)	8	9	8	8	9	9	8	8	9	8	9	8	3	8	9	3	9	8	3	8	____
29)	8	8	9	9	9	8	8	9	8	3	8	3	6	6	9	8	8	6	8	8	____
30)	8	8	9	8	8	8	8	8	3	6	3	8	3	8	9	8	6	6	8	8	____
31)	8	8	9	9	6	9	9	8	9	8	6	8	3	8	9	3	8	6	8	6	____
32)	8	8	3	9	8	3	9	8	9	9	8	9	8	6	8	6	8	9	8	8	____
33)	8	8	9	9	8	3	9	9	8	3	9	9	8	6	6	8	9	9	8	8	____
34)	8	8	8	3	8	3	8	9	3	9	8	9	6	9	8	6	8	9	8	9	____
35)	8	6	8	3	8	6	8	8	3	8	8	9	9	9	8	3	8	9	9	9	____
36)	3	8	3	8	6	8	6	8	6	8	8	3	8	9	9	8	8	3	6	9	____
37)	8	3	8	3	3	8	8	6	9	8	9	3	9	9	8	6	9	8	9	9	____
38)	8	6	8	3	8	8	3	8	9	8	9	8	9	8	6	8	9	8	9	8	____
39)	9	8	9	9	8	8	9	8	8	9	8	8	8	9	8	8	8	8	8	9	____
40)	8	9	8	6	8	6	8	3	3	8	9	8	9	8	3	6	9	8	9	8	____

Begriffe wiedererkennen *Einprägezeit 5 Minuten*

Bitte merken Sie sich die vorgegebenen Begriffe, um sie anschließend in einer nach Kategorien sortierten Begriffstabelle wiederfinden zu können.

Zum Einprägen haben Sie **5 Minuten** Zeit. Hierbei dürfen Sie sich keine Notizen machen.

Begriffe

Hannah	Libelle	graublau
Handball	Winter	Kreditkarte
Freude	Dachdecker	Hamster
Fiat	Kempten	Gesamtschule
Birke	Sakko	Pappe
Dreizehn	Meyer	Kuh
Italien	Gerbera	

! ***Hinweis***

Bei dieser Aufgabe ist keine Unterbrechung notwendig, bitte beginnen Sie direkt mit der Bearbeitung!

Decken Sie dafür diese Seite ab.

Begriffe wiedererkennen *Bearbeitungszeit 5 Minuten*

Welche Begriffe lagen Ihnen soeben vor? Beginnen Sie bitte jetzt mit den Aufgaben und kreuzen Sie den richtigen Lösungsbuchstaben an.

41) Zahlen:

A. Dreizehn **B.** Sieben **C.** Neunzehn **D.** Acht

42) Sportarten:

A. Reiten **B.** Leichtathletik **C.** Handball **D.** Pilates

43) Insekten:

A. Mücke **B.** Libelle **C.** Heuschrecke **D.** Biene

44) Berufe:

A. Dachdecker **B.** Maurer **C.** Grafiker **D.** Buchhändler

45) Kleidungsstücke:

A. Bluse **B.** Hose **C.** Rock **D.** Sakko

46) Blumen:

A. Geranie **B.** Lilie **C.** Erika **D.** Gerbera

47) Zahlungsarten:

A. Überweisung **B.** Rechnung **C.** Kreditkarte **D.** Vorkasse

48) Schulformen:

A. Grundschule **B.** Gesamtschule **C.** Gymnasium **D.** Hauptschule

49) Nutztiere:

A. Huhn **B.** Rind **C.** Schwein **D.** Kuh

50) Vornamen:

A. Johanna **B.** Julia **C.** Hannah **D.** Franziska

51) Emotionen:

A. Freude B. Trauer C. Mitleid D. Angst

52) Bäume:

A. Fichte B. Ahorn C. Apfelbaum D. Birke

53) Reiseziele:

A. Spanien B. Italien C. USA D. Deutschland

54) Jahreszeiten:

A. Sommer B. Frühling C. Winter D. Herbst

55) Augenfarben:

A. grünbraun B. graublau C. blau D. blaugrau

56) Werkstoffe:

A. Pappe B. Holz C. Glas D. Metall

57) Automarke:

A. BMW B. Peugeot C. Fiat D. VW

58) Städte:

A. Kempten B. Freiburg C. Kempen D. Erfurt

59) Namen:

A. Meyer B. Mayer C. Meier D. Müller

60) Haustiere:

A. Hund B. Katze C. Kaninchen D. Hamster

Figurenpaare einprägen

Einprägezeit 10 Minuten

Unten finden Sie einen Block mit 15 Figurenpaaren. Bitte merken Sie sich, welche zwei Figuren jeweils zusammengehören.

Anschließend erhalten Sie einzelne Figuren und müssen dazu den richtigen Partner bestimmen.

Zum Einprägen haben Sie **10 Minuten** Zeit. Hierbei dürfen Sie sich keine Notizen machen.

Figurenpaare

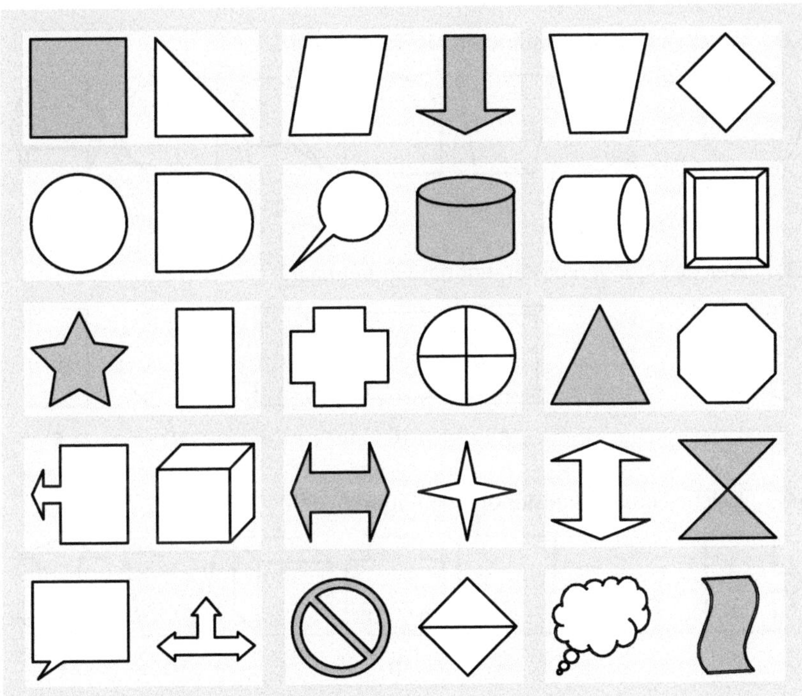

! *Hinweis*

Bei dieser Aufgabe ist keine Unterbrechung notwendig, bitte beginnen Sie direkt mit der Bearbeitung!

Figurenpaare merken

Bearbeitungszeit 5 Minuten

Bitte stellen Sie das ursprüngliche Figurenpaar wieder her, indem Sie den Lösungsbuchstaben der jeweils passenden Figur markieren.

61) Welche Figur vervollständigt das Figurenpaar?

A B C D E

62) Welche Figur vervollständigt das Figurenpaar?

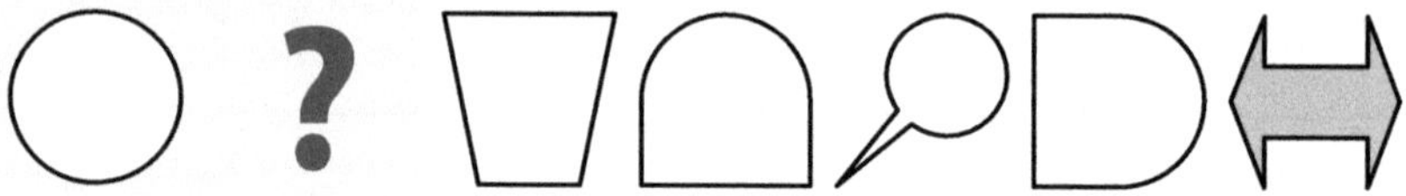

A B C D E

63) Welche Figur vervollständigt das Figurenpaar?

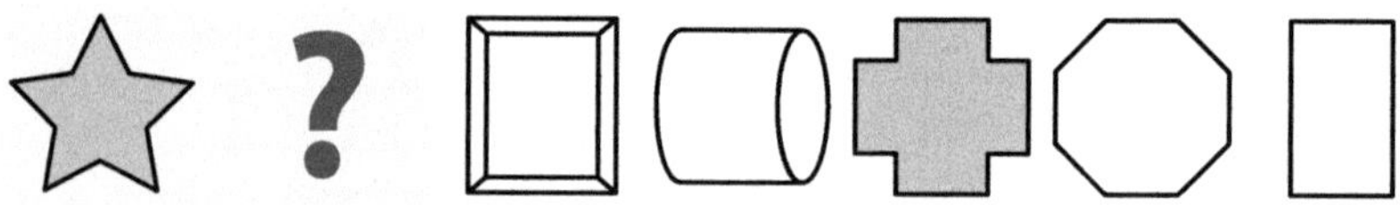

A B C D E

64) Welche Figur vervollständigt das Figurenpaar?

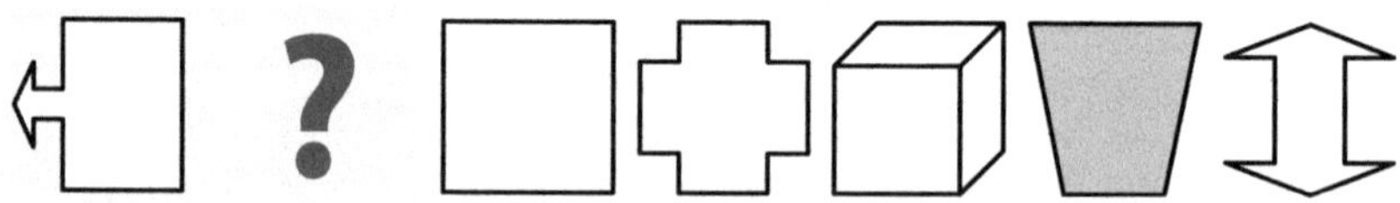

A B C D E

65) Welche Figur vervollständigt das Figurenpaar?

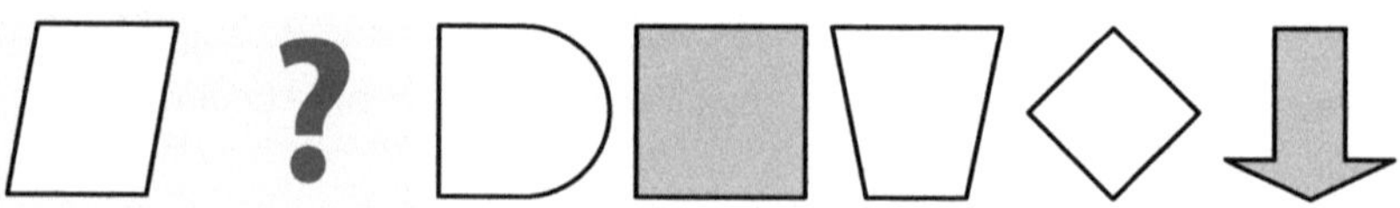

A B C D E

66) Welche Figur vervollständigt das Figurenpaar?

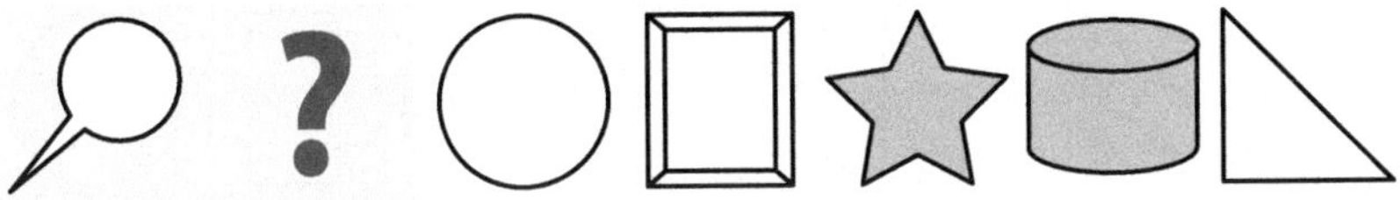

A B C D E

67) Welche Figur vervollständigt das Figurenpaar?

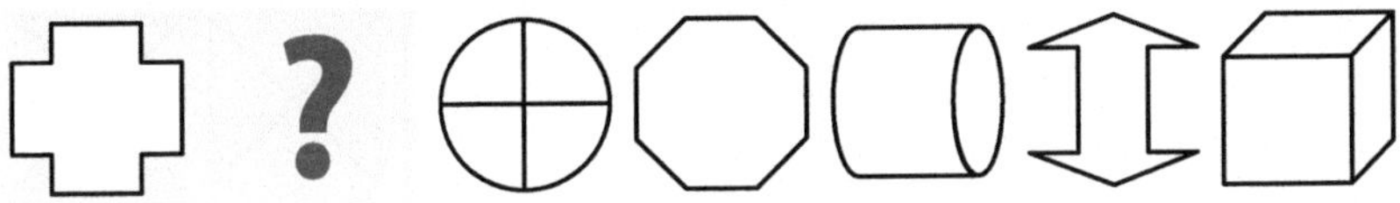

A B C D E

68) Welche Figur vervollständigt das Figurenpaar?

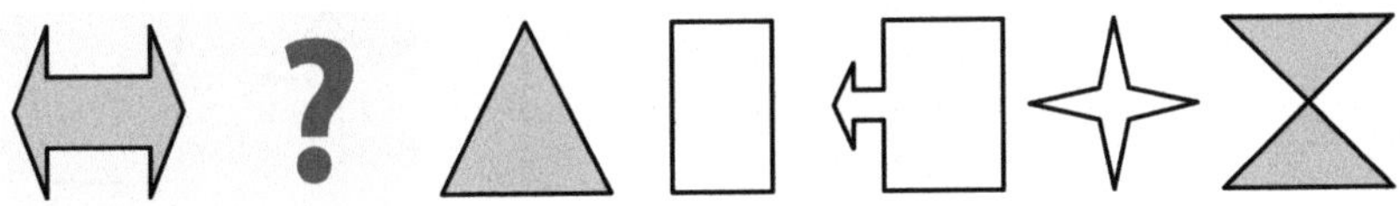

A B C D E

69) Welche Figur vervollständigt das Figurenpaar?

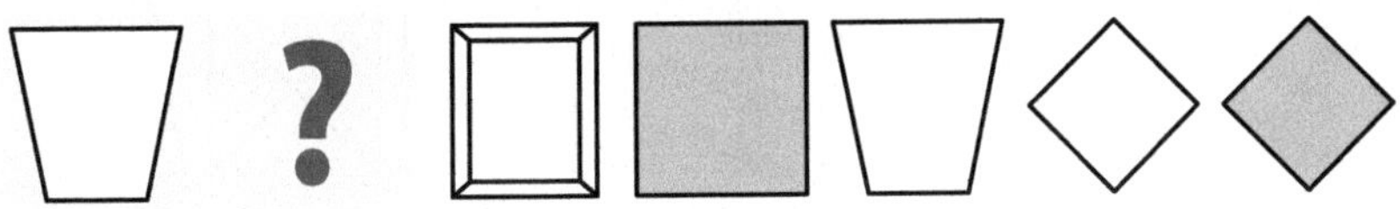

A B C D E

70) Welche Figur vervollständigt das Figurenpaar?

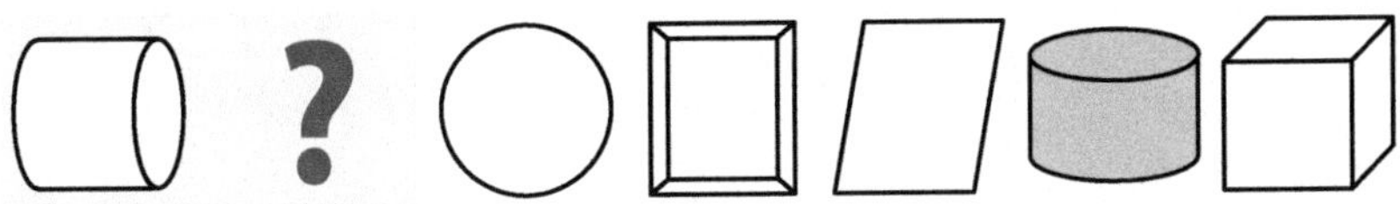

A B C D E

71) Welche Figur vervollständigt das Figurenpaar?

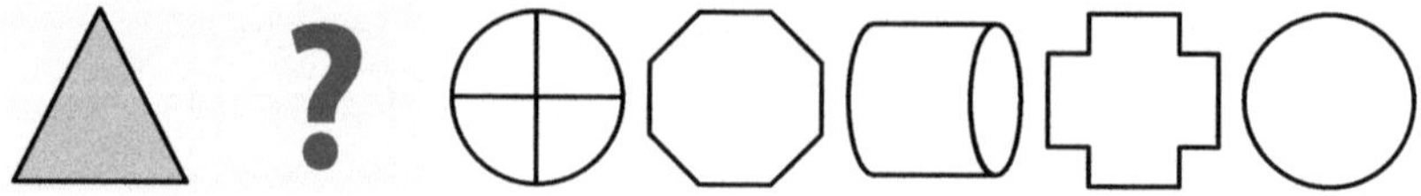

A B C D E

72) Welche Figur vervollständigt das Figurenpaar?

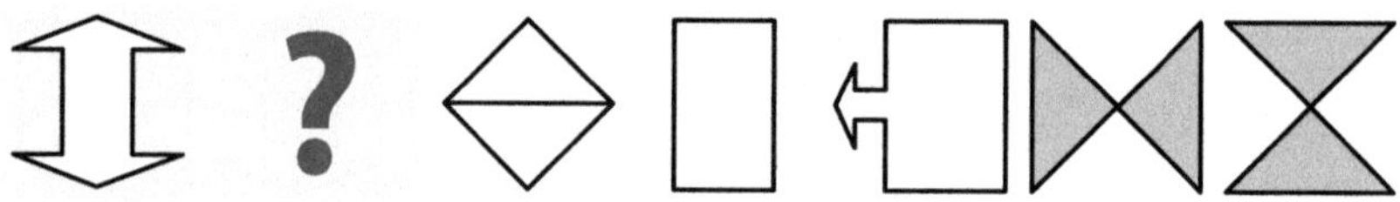

A B C D E

73) Welche Figur vervollständigt das Figurenpaar?

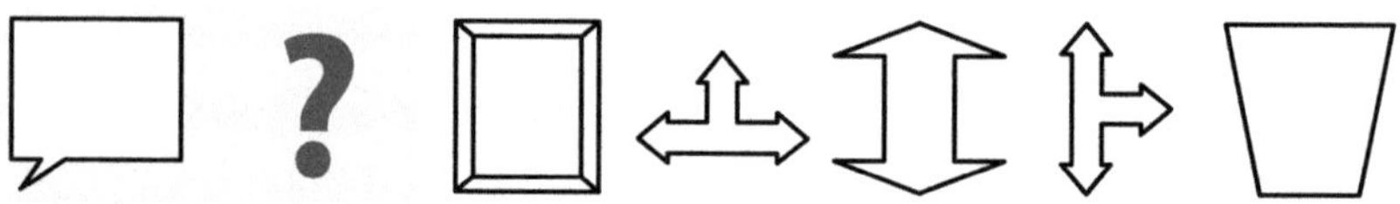

A B C D E

74) Welche Figur vervollständigt das Figurenpaar?

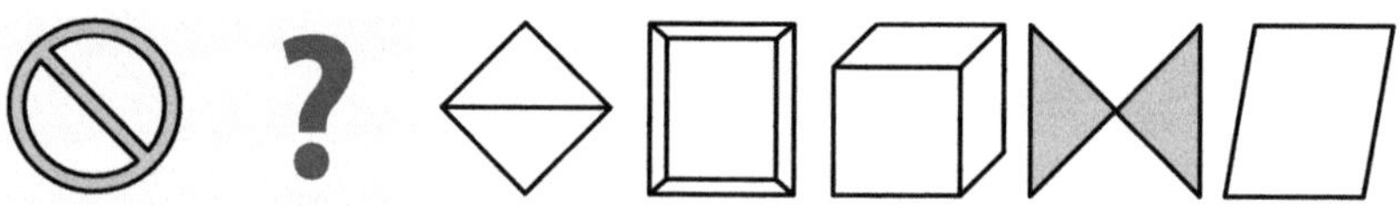

A B C D E

75) Welche Figur vervollständigt das Figurenpaar?

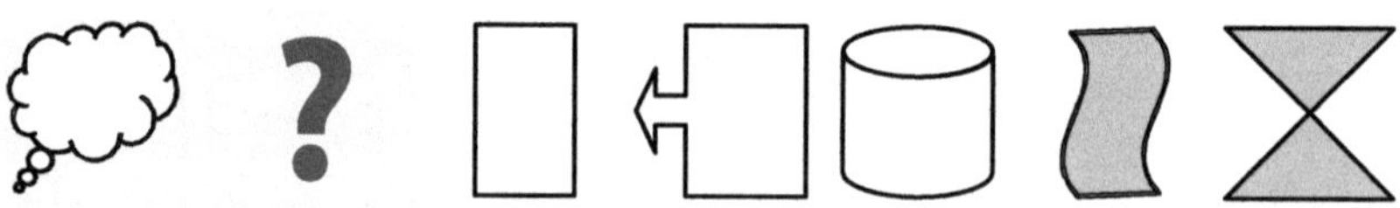

A B C D E

Personendatei merken

Einprägezeit 10 Minuten

Auf der übernächsten Seite finden Sie eine Datei mit zehn Fotos und personenbezogenen Angaben (darunter Vorname, Nachname und Beruf).

Prägen Sie sich die Porträts und die zugehörigen Informationen gut ein.

Hierzu ein Beispiel

Personendatei

IP: 84.173.232.212
Dekorateurin
Ute Ackermann

IP: 84.215.136.121
Köchin
Eveline Fritsch

IP: 96.172.137.182
Handelsvertreter
Peter Reinken

IP: 96.190.166.158
Schauspieler
Tim Lorenz

IP: 84.110.151.238
Kosmetikerin
Silke Männing

Alle Personendaten sind frei erfunden.

Aufgabe

1) Wie lautet der vollständige Name dieser Person?

A. Ute Ackermann
B. Eveline Fritsch
C. Silke Männing
D. Simone Klein
E. Doris Mader

Antwort

(A.) Ute Ackermann

Merkhilfe:

- Merken Sie sich zu jeder Person sowohl den vollständigen Namen als auch die Berufsbezeichnung.
- Die IP-Adresse kann unberücksichtigt bleiben.
- Versuchen Sie, die Personen zu typisieren. Beispielsweise ist ein älterer Herr im Anzug mit Krawatte wahrscheinlich eher Anwalt oder Bankangestellter als Automechaniker.
- Suchen Sie nach auffälligen Personenmerkmalen wie Haarschnitt, Glatze, Hakennase, Segelohren, Hornbrille, dichte Augenbrauen usw.
- Versuchen Sie, Assoziationsketten zu bilden und so etwa den Vornamen, Namen und/oder Beruf mit dem Aussehen zu verknüpfen.

Zum Einprägen haben Sie **10 Minuten** Zeit. Hierbei dürfen Sie sich keine Notizen machen.

Personendatei

IP: 96.232.235.112
Bauingenieur
Pierre Frey

IP: 84.166.176.251
Verlagskauffrau
Henrike Otter

IP: 96.222.237.242
Rechtsanwalt
Raimund Breit

IP: 84.171.196.185
Tierpflegerin
Margot Ebert

IP: 96.210.251.108
Musiker
Enrico Felici

IP: 84.208.108.128
Medienkauffrau
Bella Fontanella

IP: 96.234.173.231
Fachinformatiker
Ernst Kirsch

IP: 84.172.237.182
Journalistin
Helena König

IP: 96.143.225.239
Personalberater
Martin Ecker

IP: 84.110.151.238
Arzthelferin
Olivia Adam

! *Hinweis*

Nachdem Sie sich die Personendatei eingeprägt haben, sollten Sie sich 5 Minuten mit etwas anderem beschäftigen, bevor Sie die dazugehörigen Fragen aus dem Gedächtnis beantworten.

Personendatei merken

Bearbeitungszeit 5 Minuten

Soeben lag Ihnen eine Personendatei vor, die Sie sich einprägen sollten.

Bitte bearbeiten Sie nun die Aufgaben: Markieren Sie jeweils den Lösungsbuchstaben des richtigen Antwortvorschlags.

76) Wie lautet der vollständige Name dieser Person?

A. Pierre Frey
B. Raimund Breit
C. Enrico Felici
D. Martin Ecker
E. Ernst Kirsch

77) Wie lautet der vollständige Name dieser Person?

A. Henrike Otter
B. Margot Ebert
C. Bella Fontanella
D. Helena König
E. Olivia Adam

78) Wie lautet der vollständige Name dieser Person?

A. Pierre Frey
B. Raimund Breit
C. Enrico Felici
D. Ernst Kirsch
E. Martin Ecker

79) Wie lautet der vollständige Name dieser Person?

A. Pierre Frey
B. Raimund Breit
C. Enrico Felici
D. Ernst Kirsch
E. Martin Ecker

80) Welchen Beruf übt diese Person aus?

A. Verlagskauffrau
B. Tierpflegerin
C. Medienkauffrau
D. Journalistin
E. Arzthelferin

81) Welchen Beruf übt diese Person aus?

A. Bauingenieur
B. Rechtsanwalt
C. Musiker
D. Fachinformatiker
E. Personalberater

82) Welchen Beruf übt diese Person aus?

A. Verlagskauffrau
B. Tierpflegerin
C. Medienkauffrau
D. Journalistin
E. Arzthelferin

83) Welchen Beruf übt diese Person aus?

A. Bauingenieur
B. Rechtsanwalt
C. Musiker
D. Fachinformatiker
E. Personalberater

84) Welchen Beruf übt diese Person aus?

A. Verlagskauffrau
B. Tierpflegerin
C. Medienkauffrau
D. Journalistin
E. Arzthelferin

85) Welchen Beruf übt diese Person aus?

A. Bauingenieur
B. Rechtsanwalt
C. Musiker
D. Fachinformatiker
E. Personalberater

Rechnen mit Hindernis

Bearbeitungszeit 5 Minuten

Nun lösen Sie pro Aufgabe zwei einfache Rechnungen und führen anschließend – je nach Ergebnis – eine bestimmte Rechenoperation durch.

Ist das Ergebnis der oberen Rechenzeile größer als jenes der unteren Zeile, so muss das untere Teilergebnis vom oberen abgezogen werden. Andernfalls müssen beide Teilergebnisse addiert werden.

Die Aufgaben sind unter **Zeitdruck** zu lösen.

Hierzu ein Beispiel

Aufgabe

1) 5 + 5 – 1
2 + 2 – 3
=

Antwort

1) = 8

5 + 5 – 1 = 9 (größeres Ergebnis)

2 + 2 – 3 = 1 (kleineres Ergebnis)

9 – 1 = 8 (größeres Ergebnis – kleineres Ergebnis)

Aufgabe

2) 2 + 2 – 3
5 + 5 – 1
=

Antwort

2) = 10

2 + 2 – 3 = 1 (kleineres Ergebnis)

5 + 5 – 1 = 9 (größeres Ergebnis)

9 + 1 = 10 (größeres Ergebnis + kleineres Ergebnis)

Beginnen Sie bitte jetzt mit den Aufgaben: Berechnen Sie jeweils die richtige Lösung. Sie haben dafür **5 Minuten** Zeit.

86) 17 – 18 + 19
6 – 17 + 12
=

87) 14 – 19 + 16
12 – 16 + 9
=

88) 16 – 29 + 27
24 + 6 – 22
=

89) 25 – 17 + 8
21 – 29 + 14
=

90) 7 + 4 – 3
14 + 8 – 2
=

91) 9 + 11 – 7
18 + 7 – 4
=

92) 17 + 9 – 12
11 – 4 + 21
=

93) 14 + 17 – 20
18 + 14 – 17
=

94) 22 + 17 + 15
24 + 9 – 17
=

95) 15 – 22 – 3
19 – 24 – 16
=

96) 21 + 15 – 19
18 + 11 – 6
=

97) 15 + 19 + 12
18 + 21 + 19
=

98) 4 + 18 + 7
15 + 12 + 7
=

99) 11 + 14 – 9
18 – 16 + 9
=

100) 12 – 18 + 6
14 + 9 – 14
=

101) 18 – 23 + 19
16 + 12 + 3
=

102) 16 – 19 – 6
14 – 18 + 11
=

103) 14 – 8 – 7
15 – 18 + 2
=

104) 14 + 6 – 28
18 + 14 – 9
=

105) 1 – 17 + 4
3 – 21 + 3
=

106) 15 + 18 – 3
12 + 8 – 5
=

107) 12 + 17 – 7
11 + 14 – 5
=

108) 16 + 13 – 9
14 + 3 – 2
=

109) 22 + 17 – 19
15 + 19 – 14
=

110) 17 + 13 – 16
14 + 17 – 9
=

111) 14 + 18 + 17
15 + 14 + 7
=

112) 18 + 17 – 6
8 + 19 – 9
=

113) 15 + 7 – 11
6 + 9 – 19
=

114) 24 + 17 – 21
17 + 21 – 28
=

115) 23 + 19 – 12
14 + 17 – 9
=

116) 18 + 16 + 8
14 + 13 – 7
=

117) 16 + 26 – 12
11 + 4 + 7
=

118) 21 + 14 – 3
16 + 15 – 9
=

119) 14 + 16 – 6
11 + 6 – 3
=

120) 28 + 19 – 7
14 + 13 + 8
=

121) 24 + 18 – 8
12 + 11 + 8
=

122) 17 + 13 + 9
12 + 2 + 8
=

123) 22 + 3 + 15
14 + 7 – 5
=

124) 18 + 9 + 6
14 + 12 + 3
=

125) 21 + 8 + 6
15 + 6 + 3
=

Schlüssel finden

Bearbeitungszeit 5 Minuten

Die abgebildeten Schlüssel haben unterschiedlich viele Zacken. Bitte markieren Sie alle Schlüssel mit genau einem oder zwei Zacken. Wie lang die Zacken sind – und ob sie eher spitz oder breit zulaufen – spielt keine Rolle.

Hierzu ein Beispiel

Aufgabe

1) 

Antwort

1) 

Bitte beginnen Sie nun mit der Bearbeitung: Markieren Sie die gesuchten Schlüssel.

126) 

127) 

128) 

129) 

130) 

131) 

132) 

133) 

134) 

135) 

136) 

137) 

138) 

139) 

140) 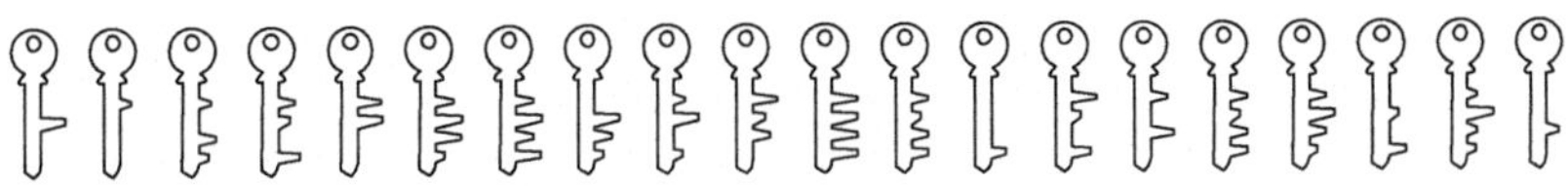

141) 

142) 

143) 

144) 

145) 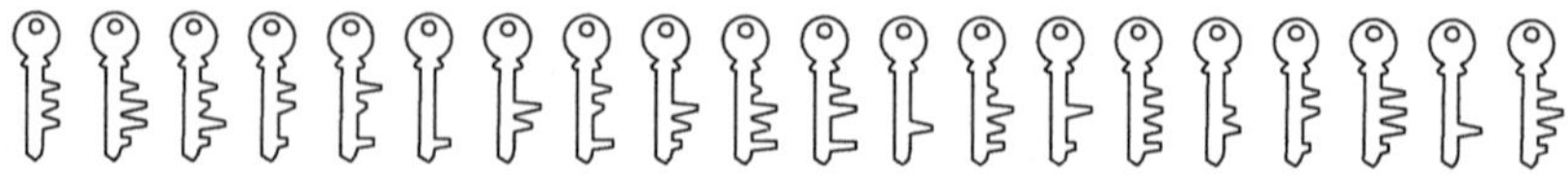

146) 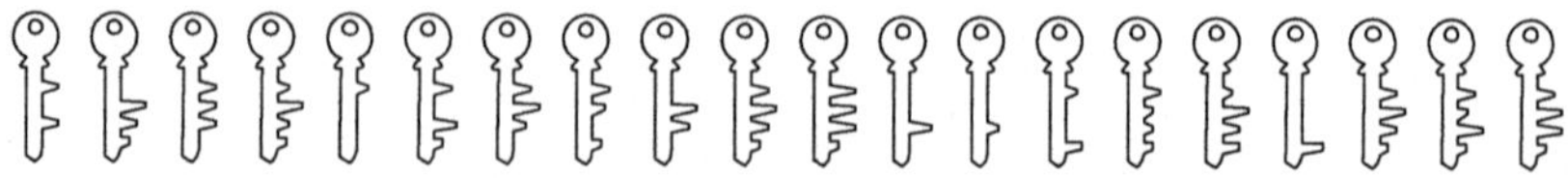

147) 

148) 

149) 

150) 

151) 

152) 

153) 

154) 

155) 

Textinhalte wiedergeben *Einprägezeit 5 Minuten*

Nun liegt Ihnen eine Pressemeldung vor. Bitte merken Sie sich die wesentlichen Informationen.

Zum Einprägen haben Sie **5 Minuten** Zeit. Hierbei dürfen Sie sich keine Notizen machen.

Frankfurt am Main – 28.03.2022

Verkehrsunfall mit Sachschaden, Personenschaden und Unfallflucht Frankfurt am Main, Ferdinand-Happ-Str. 12, Parkplatz Ramba-Supermarkt

Montag, den 28.03.2022, 13:45 Uhr

Heute Morgen gegen 9:15 Uhr befuhr ein 78-jähriger Kleinwagenfahrer den Parkplatz des Ramba-Supermarkts im Frankfurter Ostend. Dort schrammte er die vordere Stoßstange und den linken Kotflügel einer geparkten blauen Limousine, wodurch ein Sachschaden in Höhe von 4.600 Euro entstand. Ohne sich darum zu kümmern, verließ der Fahrer den Unfallort. Dabei kollidierte er mit einem 34-jährigen Fahrradfahrer, der infolgedessen stürzte und schwere Verletzungen erlitt. Der Radfahrer zog sich eine schwere Gehirnerschütterung, zwei Rippenbrüche und eine große Platzwunde am Hinterkopf zu, er musste mit dem Rettungsdienst in das Klinikum der Johannes-Gutenberg-Universität in Mainz gebracht werden. Der Kleinwagenfahrer beging auch diesmal Unfallflucht. Dank der Aufmerksamkeit von drei Zeugen, allesamt Schüler einer nahegelegenen Realschule, konnte er jedoch inzwischen ermittelt werden. Den Aussagen der Zeugen zufolge erhöhte der Kleinwagenfahrer sein Tempo nach dem Zusammenprall mit der Limousine deutlich. Beim Verlassen des Parkplatzes rammte er den Radfahrer, sodass dieser zu Boden fiel und mit dem Kopf auf den Asphalt stieß. Die sofort eingeleiteten polizeilichen Untersuchungen haben ergeben, dass es sich bei dem Unfallverursacher um einen Rentner aus Wiesbaden handelt.

Der Pressebericht ist frei erfunden.

! *Hinweis*

Nachdem Sie sich die Pressemeldung eingeprägt haben, sollten Sie sich 5 Minuten mit etwas anderem beschäftigen, bevor Sie die dazugehörigen Fragen aus dem Gedächtnis beantworten!

Tipps zur Bearbeitung

- Versuchen Sie besser nicht, den vorliegenden Text komplett auswendig zu lernen: Gehen Sie vom Wichtigen zum Unwichtigen und prägen Sie sich erst dann weitere Details ein, wenn Ihnen das Handlungsgerüst klar ist (wer hat wann was warum und wie gemacht?).
- Konzentrieren Sie sich besonders auf Schlüsselbegriffe sowie Orts- oder Zeitangaben.

Textinhalte wiedergeben *Bearbeitungszeit 10 Minuten*

Soeben lag Ihnen eine Pressemeldung vor, die Sie sich einprägen sollten.

Beantworten Sie nun bitte die folgenden Aufgaben, indem Sie jeweils die richtige Antwort ankreuzen.

156) Am Montag, dem 28.03.2022, verursachte ein Kleinwagenfahrer einen Unfall.

☐ stimmt ☐ stimmt nicht

157) Der Unfall ereignete sich auf dem Parkplatz des Lambo-Supermarkts in Frankfurt am Main.

☐ stimmt ☐ stimmt nicht

158) Bei dem beschädigten Pkw handelt es sich um eine schwarze Limousine.

☐ stimmt ☐ stimmt nicht

159) Bei dem Unfall wurden der linke Kotflügel und der linke Außenspiegel der Limousine beschädigt.

☐ stimmt ☐ stimmt nicht

160) Laut den Zeugenaussagen hat der Kleinwagenfahrer nach der Kollision mit der Limousine kurz angehalten, bevor er langsam weiterfuhr.

☐ stimmt ☐ stimmt nicht

161) Es gab zwei Unfallzeugen, nämlich zwei Schüler einer nahegelegenen Realschule.

☐ stimmt ☐ stimmt nicht

162) Bei dem Täter handelt es sich um einen 78-jährigen Rentner aus Frankfurt.

☐ stimmt ☐ stimmt nicht

163) Auf der Flucht verletzte der Rentner einen 34-jährigen Radfahrer schwer.

☐ stimmt ☐ stimmt nicht

164) Der Radfahrer wurde schwer verletzt in das Klinikum der Mainzer Johann-Wolfgang-Goethe-Universität gebracht.

☐ stimmt ☐ stimmt nicht

165) Der Radfahrer zog sich eine schwere Gehirnerschütterung, zwei Rippenbrüche und eine große Platzwunde an der Stirn zu.

☐ stimmt ☐ stimmt nicht

Zahlensuche nach Rechenregel *Bearbeitungszeit 4 Minuten*

Zu jedem Aufgabenblock erhalten Sie eine mathematische Regel.

Unterstreichen Sie jeweils alle Zahlen, auf die die vorgegebene Regel zutrifft.

Hierzu ein Beispiel

Aufgabe

Unterstreichen Sie alle Zahlen, die ohne Rest durch 2 teilbar sind.

1)	4	8	9	25	67	86	3	81	43	32
2)	76	90	27	69	76	45	55	61	44	18

Antwort

1)	4	8	9	25	67	86	3	81	43	32
2)	76	90	27	69	76	45	55	61	44	18

Beginnen Sie nun bitte mit den Aufgaben: Unterstreichen Sie die gesuchten Zahlen. Sie haben dafür **4 Minuten** Zeit.

Block A

Unterstreichen Sie alle Zahlen, die um 6 kleiner sind als ihr linker Nachbar.

166)	71	63	61	55	48	45	77	86	80	91
167)	70	64	59	88	65	59	68	62	68	74
168)	33	27	23	17	23	15	9	41	35	44
169)	32	26	17	12	6	−6	3	17	9	3
170)	55	29	35	29	51	45	46	39	33	18
171)	56	72	66	48	36	89	87	81	62	56
172)	11	5	−6	1	−5	50	44	93	87	94
173)	19	87	81	−13	−2	−18	−24	0	−6	−9
174)	28	22	14	54	48	42	48	26	19	13
175)	1	33	27	21	11	38	15	9	7	1

Block B

Unterstreichen Sie alle Zahlen, die ohne Rest durch 13 teilbar sind.

176)	70	26	56	87	64	72	104	67	57	66
177)	52	63	61	53	50	39	77	84	38	91
178)	55	247	139	48	52	43	146	91	−26	18
179)	142	42	13	31	85	65	67	39	169	154
180)	120	130	68	91	81	92	13	93	85	26
181)	26	22	14	78	27	42	34	143	50	42
182)	170	169	28	99	11	181	15	157	195	53
183)	33	125	7	221	23	15	23	41	33	44
184)	95	187	156	143	117	18	114	6	−62	−19
185)	208	225	234	12	35	78	3	17	9	259

Lösungen: Konzentration und Merkfähigkeit

1) 6	31) 6	61) D
2) 6	32) 6	62) D
3) 5	33) 8	63) E
4) 3	34) 6	64) C
5) 6	35) 6	65) E
6) 4	36) 3	66) D
7) 7	37) 7	67) A
8) 9	38) 5	68) D
9) 5	39) 7	69) D
10) 3	40) 5	70) B
11) 6	41) A	71) B
12) 7	42) C	72) E
13) 6	43) B	73) B
14) 5	44) A	74) A
15) 7	45) D	75) D
16) 8	46) D	76) C
17) 7	47) C	77) B
18) 8	48) B	78) B
19) 5	49) D	79) E
20) 9	50) C	80) E
21) 5	51) A	81) E
22) 6	52) D	82) D
23) 1	53) B	83) D
24) 8	54) C	84) C
25) 7	55) B	85) C
26) 6	56) A	86) 17
27) 10	57) C	87) 6
28) 7	58) A	88) 6
29) 5	59) A	89) 10
30) 2	60) D	90) 28

91) 34
92) 42
93) 26
94) 38
95) 11
96) 40
97) 104
98) 63
99) 5
100) 9
101) 45
102) –2
103) –2
104) 15
105) 3
106) 15
107) 2
108) 5
109) 40
110) 36
111) 13
112) 11
113) 15
114) 10
115) 8
116) 22
117) 8
118) 10
119) 10
120) 5
121) 3
122) 17
123) 24
124) 4
125) 11
126) 7
127) 5
128) 10
129) 9
130) 9
131) 11
132) 9
133) 14
134) 6
135) 8
136) 8
137) 7
138) 9
139) 8
140) 7
141) 7
142) 5
143) 6
144) 8
145) 6
146) 7
147) 8
148) 7
149) 8
150) 6
151) 8
152) 7
153) 9
154) 10
155) 5
156) stimmt
157) stimmt nicht
158) stimmt nicht
159) stimmt nicht
160) stimmt nicht
161) stimmt nicht
162) stimmt nicht
163) stimmt
164) stimmt nicht
165) stimmt nicht
166) 55 | 80
167) 64 | 59 | 62
168) 27 | 17 | 9 | 35
169) 26 | 6 | 3
170) 29 | 45 | 33
171) 66 | 81 | 56
172) 5 | –5 | 44 | 87
173) 81 | –24 | –6
174) 22 | 48 | 42 | 13
175) 27 | 21 | 9 | 1
176) 26 | 104
177) 52 | 39 | 91
178) 247 | 52 | 91 | –26
179) 13 | 65 | 39 | 169
180) 130 | 91 | 13 | 26
181) 26 | 78 | 143
182) 169 | 195
183) 221
184) 156 | 143 | 117
185) 208 | 234 | 78

„3/6/8/9"-Test (Aufgaben 1–40)

Zu 1)	8	6	6	8	**9**	8	3	**9**	8	3	**9**	8	**9**	8	3	8	**9**	8	**9**	3	**6**
Zu 2)	8	8	6	8	6	8	**9**	8	**9**	8	6	8	**9**	**9**	3	8	3	8	**9**	**9**	**6**
Zu 3)	8	**9**	**9**	8	**9**	8	6	8	6	8	8	6	**9**	8	8	6	8	3	**9**	8	**5**
Zu 4)	8	3	8	6	6	8	6	8	8	**9**	8	6	8	**9**	8	3	8	3	8	**9**	**3**
Zu 5)	8	3	3	8	6	8	6	8	8	**9**	6	**9**	8	**9**	**9**	6	8	**9**	8	**9**	**6**
Zu 6)	8	8	6	8	3	8	3	3	8	6	8	8	**9**	**9**	8	6	6	8	**9**	**9**	**4**
Zu 7)	8	6	8	3	**9**	8	3	**9**	8	**9**	8	3	**9**	**9**	8	6	6	8	**9**	**9**	**7**
Zu 8)	8	8	**9**	8	**9**	8	**9**	3	8	**9**	**9**	6	**9**	8	**9**	6	**9**	8	**9**	8	**9**
Zu 9)	8	8	3	3	8	6	**9**	8	**9**	**9**	**9**	8	6	6	8	3	**9**	8	3	8	**5**
Zu 10)	8	8	8	3	8	3	6	8	6	8	**9**	8	3	8	**9**	8	**9**	3	8	8	**3**
Zu 11)	8	8	3	8	3	8	6	**9**	8	**9**	8	8	**9**	**9**	8	6	3	8	**9**	**9**	**6**
Zu 12)	8	8	**9**	3	8	**9**	8	3	**9**	8	8	**9**	3	**9**	8	6	8	**9**	8	**9**	**7**
Zu 13)	8	8	3	6	8	8	**9**	8	6	**9**	8	**9**	6	**9**	8	3	8	**9**	8	**9**	**6**
Zu 14)	8	3	8	**9**	8	6	6	8	**9**	8	3	8	**9**	6	**9**	8	6	8	**9**	8	**5**
Zu 15)	8	6	8	3	8	**9**	8	8	3	8	**9**	8	**9**	**9**	8	6	**9**	8	**9**	**9**	**7**
Zu 16)	8	6	**9**	8	6	**9**	8	3	**9**	8	**9**	3	**9**	6	**9**	8	**9**	6	**9**	8	**8**
Zu 17)	6	8	8	6	8	3	3	8	6	8	**9**	8	**9**	**9**	**9**	8	**9**	8	**9**	**9**	**7**
Zu 18)	3	8	6	**9**	8	**9**	8	6	8	8	**9**	6	**9**	**9**	8	3	**9**	8	**9**	**9**	**8**
Zu 19)	6	8	6	8	8	**9**	8	**9**	3	**9**	**9**	8	3	6	8	8	**9**	8	6	8	**5**
Zu 20)	8	**9**	8	**9**	3	**9**	8	3	8	6	**9**	6	**9**	**9**	8	3	**9**	8	**9**	**9**	**9**
Zu 21)	8	8	3	6	6	**9**	3	**9**	8	**9**	8	6	**9**	8	6	3	8	8	**9**	8	**5**
Zu 22)	8	8	8	8	6	3	6	8	3	**9**	8	3	**9**	**9**	**9**	8	3	8	**9**	**9**	**6**
Zu 23)	8	8	8	3	8	3	6	8	6	8	8	6	8	8	**9**	8	6	8	8	8	**1**
Zu 24)	**9**	8	**9**	**9**	**9**	**9**	8	6	8	**9**	8	8	8	**9**	8	8	6	3	3	**9**	**8**
Zu 25)	8	**9**	**9**	8	8	**9**	**9**	8	6	**9**	8	**9**	8	6	3	3	8	**9**	8	8	**7**
Zu 26)	8	6	8	**9**	**9**	8	**9**	**9**	**9**	8	3	6	8	8	**9**	8	3	6	6	8	**6**
Zu 27)	**9**	**9**	**9**	8	**9**	8	**9**	6	**9**	6	**9**	3	**9**	8	3	8	**9**	8	**9**	8	**10**
Zu 28)	8	**9**	8	8	**9**	**9**	8	8	**9**	8	**9**	8	3	8	**9**	3	**9**	8	3	8	**7**
Zu 29)	8	8	**9**	**9**	**9**	8	8	**9**	8	3	8	3	6	6	**9**	8	8	6	8	8	**5**
Zu 30)	8	8	**9**	8	8	8	8	8	3	6	3	8	3	8	**9**	8	6	6	8	8	**2**

Zu 31)	8	8	***9***	***9***	6	***9***	***9***	8	***9***	8	6	8	3	8	***9***	3	8	6	8	6	***6***
Zu 32)	8	8	3	***9***	8	3	***9***	8	***9***	***9***	8	***9***	8	6	8	6	8	***9***	8	8	***6***
Zu 33)	8	8	***9***	***9***	8	3	***9***	***9***	8	3	***9***	***9***	8	6	6	8	***9***	***9***	8	8	***8***
Zu 34)	8	8	8	3	8	3	8	***9***	3	***9***	8	***9***	6	***9***	8	6	8	***9***	8	***9***	***6***
Zu 35)	8	6	8	3	8	6	8	8	3	8	8	***9***	***9***	***9***	8	3	8	***9***	***9***	***9***	***6***
Zu 36)	3	8	3	8	6	8	6	8	6	8	8	3	8	***9***	***9***	8	8	3	6	***9***	***3***
Zu 37)	8	3	8	3	3	8	8	6	***9***	8	***9***	3	***9***	***9***	8	6	***9***	8	***9***	***9***	***7***
Zu 38)	8	6	8	3	8	8	3	8	***9***	8	***9***	8	***9***	8	6	8	***9***	8	***9***	8	***5***
Zu 39)	***9***	8	***9***	***9***	8	8	***9***	8	8	***9***	8	8	8	***9***	8	8	8	8	8	***9***	***7***
Zu 40)	8	***9***	8	6	8	6	8	3	3	8	***9***	8	***9***	8	3	6	***9***	8	***9***	8	***5***

Begriffe wiedererkennen (Aufgaben 41–60)

Zu 41) Zahlen – **A.** Dreizehn

Zu 42) Sportarten – **C.** Handball

Zu 43) Insekten – **B.** Libelle

Zu 44) Berufe – **A.** Dachdecker

Zu 45) Kleidungsstücke – **D.** Sakko

Zu 46) Blumen – **D.** Gerbera

Zu 47) Zahlungsarten – **C.** Kreditkarte

Zu 48) Schulformen – **B.** Gesamtschule

Zu 49) Nutztiere – **D.** Kuh

Zu 50) Vornamen – **C.** Hannah

Zu 51) Emotionen – **A.** Freude

Zu 52) Bäume – **D.** Birke

Zu 53) Reiseziele – **B.** Italien

Zu 54) Jahreszeiten – **C.** Winter

Zu 55) Augenfarben – **B.** graublau

Zu 56) Werkstoffe – **A.** Pappe

Zu 57) Automarke – **C.** Fiat

Zu 58) Städte – **A.** Kempten

Zu 59) Namen – **A.** Meyer

Zu 60) Haustiere – **D.** Hamster

Figurenpaare einprägen (Aufgaben 61–75)

Zu 61) D.

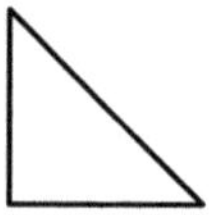

Zu 62) D.

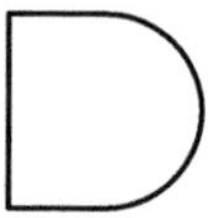

Zu 63) E.

Zu 64) C.

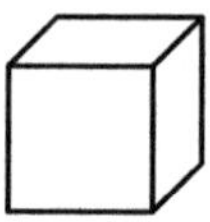

Zu 65) E.

Zu 66) D.

Zu 67) A.

Zu 68) D.

Zu 69) D.

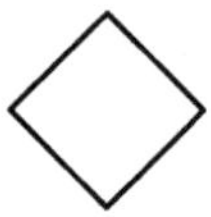

Zu 70) B.

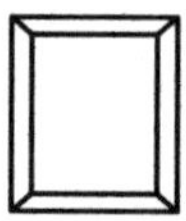

Zu 71) B.

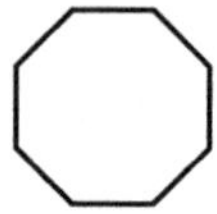

Zu 72) E.

Zu 73) B.

Zu 74) A.

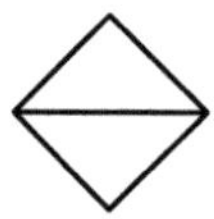

Zu 75) D.

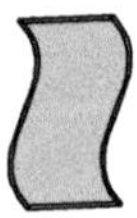

Personendatei merken (Aufgaben 76–85)

Zu 76) C. Enrico Felici

Zu 77) B. Margot Ebert

Zu 78) B. Raimund Breit

Zu 79) E. Martin Ecker

Zu 80) E. Arzthelferin

Zu 81) E. Personalberater

Zu 82) D. Journalistin

Zu 83) D. Fachinformatiker

Zu 84) C. Medienkauffrau

Zu 85) C. Musiker

Rechnen mit Hindernis (Aufgaben 86–125)

Zu 86) 18 − 1 = ***17***

Zu 87) 11 − 5 = ***6***

Zu 88) 14 − 8 = ***6***

Zu 89) 16 − 6 = ***10***

Zu 90) 8 + 20 = ***28***

Zu 91) 13 + 21 = ***34***

Zu 92) 14 + 28 = ***42***

Zu 93) 11 + 15 = ***26***

Zu 94) 54 − 16 = ***38***

Zu 95) −10 − (−21) = ***11***

Zu 96) 17 + 23 = ***40***

Zu 97) 46 + 58 = ***104***

Zu 98) 29 + 34 = ***63***

Zu 99) 16 − 11 = ***5***

Zu 100) 0 + 9 = ***9***

Zu 101) 14 + 31 = ***45***

Zu 102) −9 + 7 = ***−2***

Zu 103) −1 + (−1) = ***−2***

Zu 104) −8 + 23 = ***15***

Zu 105) −12 − (−15) = ***3***

Zu 106) 30 − 15 = ***15***

Zu 107) 22 − 20 = ***2***

Zu 108) 20 − 15 = ***5***

Zu 109) 20 + 20 = ***40***

Zu 110) 14 + 22 = ***36***

Zu 111) 49 − 36 = ***13***

Zu 112) 29 − 18 = ***11***

Zu 113) 11 − (−4) = ***15***

Zu 114) 20 − 10 = ***10***

Zu 115) 30 − 22 = ***8***

Zu 116) 42 − 20 = ***22***

Zu 117) 30 − 22 = ***8***

Zu 118) 32 − 22 = ***10***

Zu 119) 24 − 14 = ***10***

Zu 120) 40 − 35 = ***5***

Zu 121) 34 − 31 = ***3***

Zu 122) 39 − 22 = ***17***

Zu 123) 40 − 16 = ***24***

Zu 124) 33 − 29 = ***4***

Zu 125) 35 − 24 = ***11***

Schlüssel finden (Aufgaben 126–155)

Zu 126)

Zu 127)

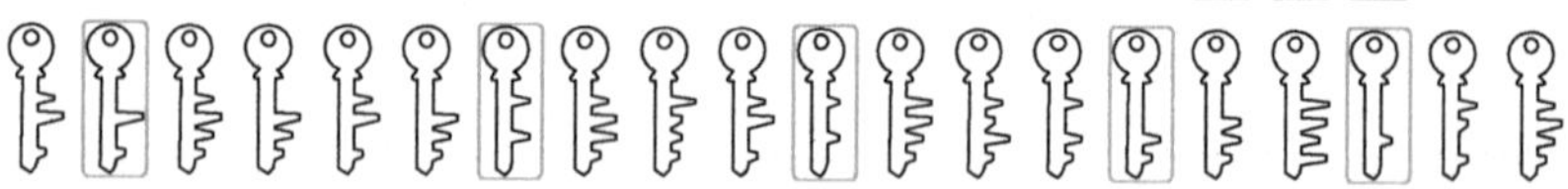

Zu 128)

Zu 129)
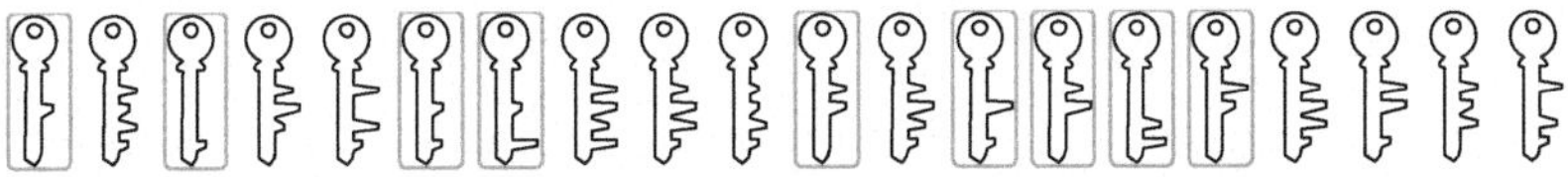

Zu 130)

Zu 131)

Zu 132)

Zu 133)

Zu 134)

Zu 135)
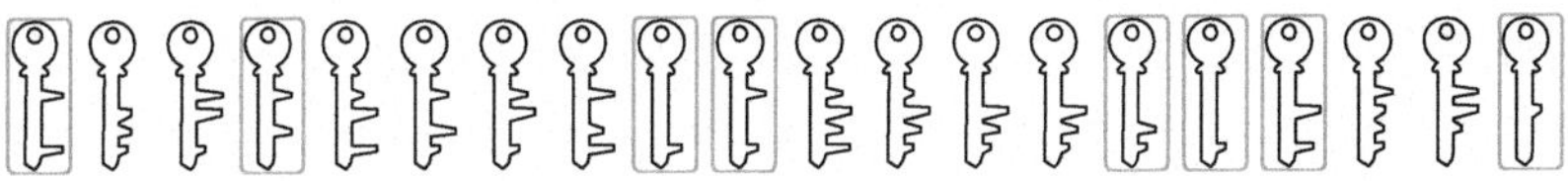

Zu 136)

Zu 137)
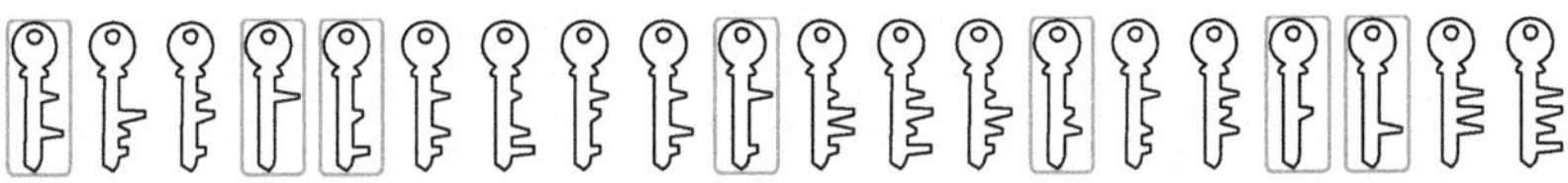

Zu 138)
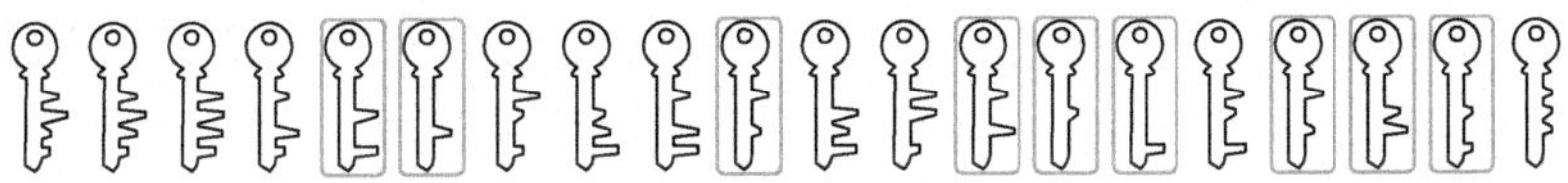

Zu 139)
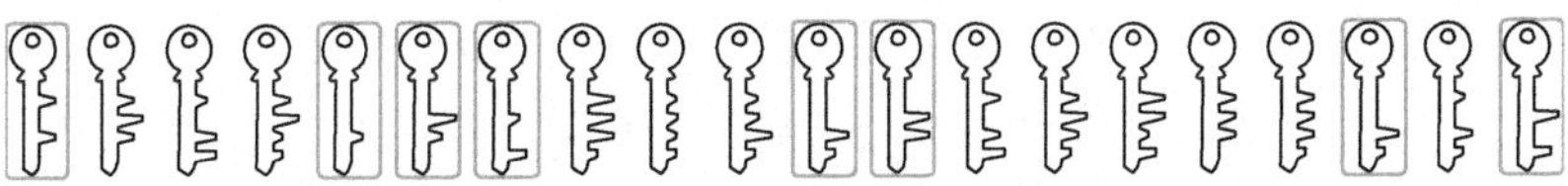

Zu 140)
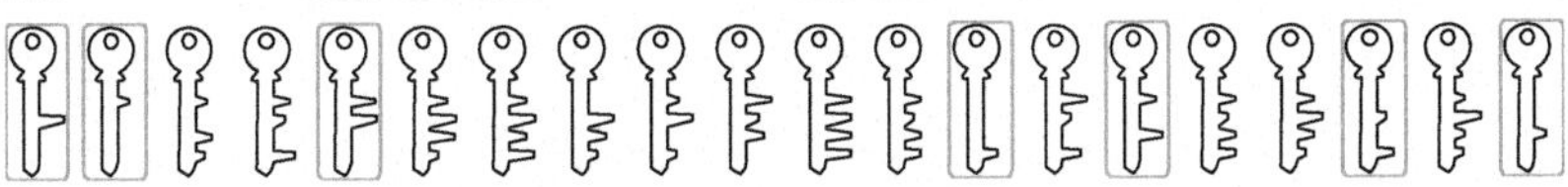

Zu 141)
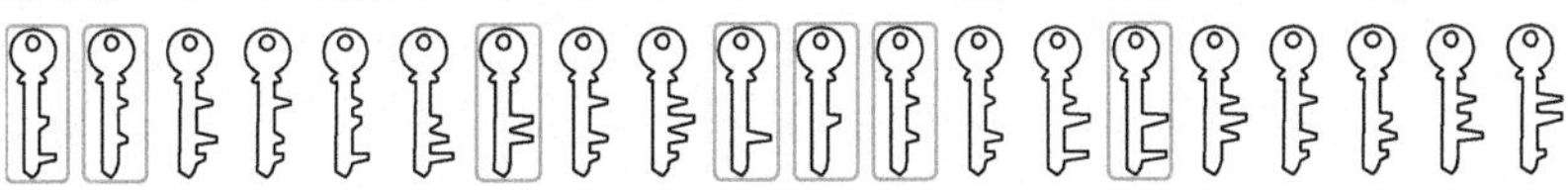

Zu 142) 

Zu 143) 

Zu 144) 

Zu 145) 

Zu 146) 

Zu 147) 

Zu 148) 

Zu 149) 

Zu 150) 

Zu 151) 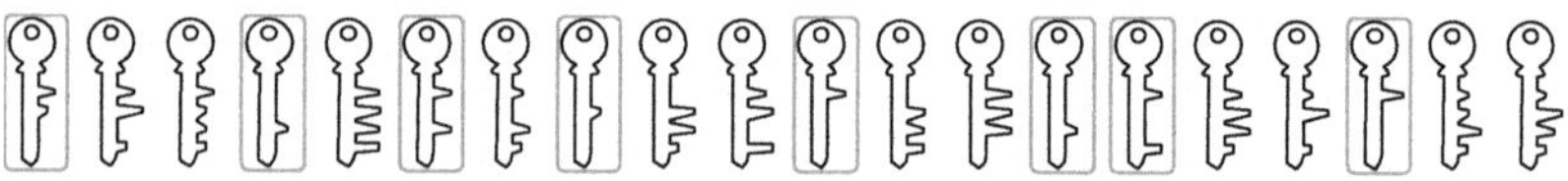

Zu 152) 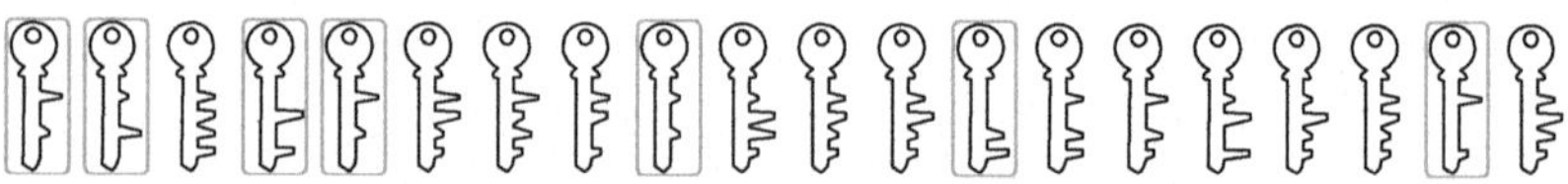

Zu 153) 

Zu 154) 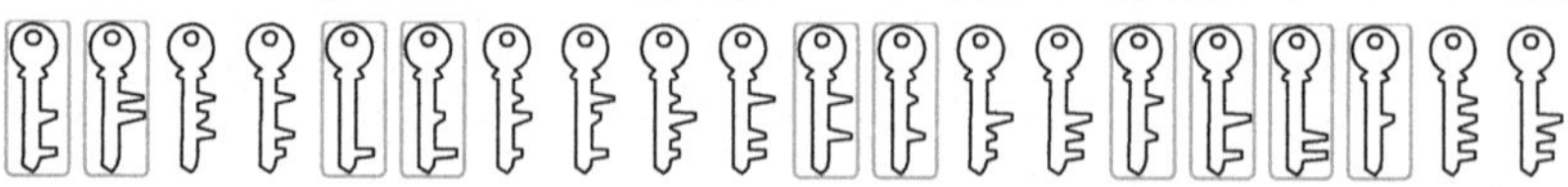

Zu 155)

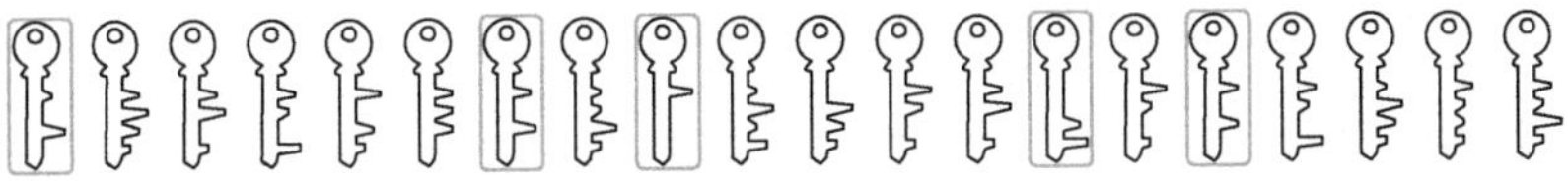

Textinhalte wiedergeben (Aufgaben 156–165)

Zu 156) stimmt

Diese Angaben stimmen: Der in der Pressemeldung bezeichnete Unfall wurde von einem Kleinwagenfahrer verursacht und geschah am Morgen des 28.03.2022 (einem Montag).

Zu 157) stimmt nicht

Der Supermarkt, auf dessen Parkplatz sich der Vorfall abspielte, heißt „Ramba" und nicht „Lambo".

Zu 158) stimmt nicht

Die beschädigte Limousine war nicht schwarz, sondern blau.

Zu 159) stimmt nicht

Beschädigt wurden die vordere Stoßstange und der linke Kotflügel der Limousine.

Zu 160) stimmt nicht

Die Zeugen haben ausgesagt, dass der Unfallfahrer nach dem Zusammenstoß mit der parkenden Limousine nicht angehalten, sondern im Gegenteil stark beschleunigt hat.

Zu 161) stimmt nicht

Dass es sich bei den Zeugen um Schüler einer nahegelegenen Realschule handelt, stimmt. Sie waren allerdings nicht zu zweit, sondern zu dritt.

Zu 162) stimmt nicht

Der Unfallfahrer ist tatsächlich ein 78-jähriger Rentner; er stammt jedoch aus Wiesbaden.

Zu 163) stimmt

Bei seiner rasanten Flucht vom Parkplatz rammte der Kleinwagenfahrer einen 34-jährigen Fahrradfahrer, der daraufhin stürzte und sich schwer verletzte.

Zu 164) stimmt nicht

Namenspatron der Mainzer Universität – und ihres Klinikums – ist nicht Johann Wolfgang von Goethe, sondern Johannes Gutenberg.

Zu 165) stimmt nicht

Die Platzwunde befindet sich am Hinterkopf des Radfahrers – alle anderen Angaben stimmen.

Zahlensuche nach Rechenregel (Aufgaben 166–185)

Block A

Zu 166)	71	63	61	***55***	48	45	77	86	***80***	91
Zu 167)	70	***64***	59	88	65	***59***	68	***62***	68	74
Zu 168)	33	***27***	23	***17***	23	15	***9***	41	***35***	44
Zu 169)	32	***26***	17	12	***6***	–6	3	17	9	***3***
Zu 170)	55	29	35	***29***	51	***45***	46	39	***33***	18
Zu 171)	56	72	***66***	48	36	89	87	***81***	62	***56***
Zu 172)	11	***5***	–6	1	***–5***	50	***44***	93	***87***	94
Zu 173)	19	87	***81***	–13	–2	–18	***–24***	0	***–6***	–9
Zu 174)	28	***22***	14	54	***48***	***42***	48	26	19	***13***
Zu 175)	1	33	***27***	***21***	11	38	15	***9***	7	***1***

Block B

Zu 176)	70	***26***	56	87	64	72	***104***	67	57	66
Zu 177)	***52***	63	61	53	50	***39***	77	84	38	***91***
Zu 178)	55	***247***	139	48	***52***	43	146	***91***	***–26***	18
Zu 179)	142	42	***13***	31	85	***65***	67	***39***	***169***	154
Zu 180)	120	***130***	68	***91***	81	92	***13***	93	85	***26***
Zu 181)	***26***	22	14	***78***	27	42	34	***143***	50	42
Zu 182)	170	***169***	28	99	11	181	15	157	***195***	53
Zu 183)	33	125	7	***221***	23	15	23	41	33	44
Zu 184)	95	187	***156***	***143***	***117***	18	114	6	–62	–19
Zu 185)	***208***	225	***234***	12	35	***78***	3	17	9	259

Anhang

Tabelle: Maße und Einheiten

Einheit	Einheitenzeichen	Umrechnung
	Länge	
Kilometer	km	1 km = 1.000 m
Meter	m	1 m = 10 dm = 100 cm
Dezimeter	dm	1 dm = 10 cm = 100 mm
Zentimeter	cm	1 cm = 10 mm
Millimeter	mm	1 mm = 1.000 µm
Mikrometer	µm	
	Fläche	
Quadratkilometer	km^2	1 km^2 = 100 ha
Hektar	ha	1 ha = 100 a
Ar	a	1 a = 100 m^2
Quadratmeter	m^2	1 m^2 = 100 dm^2
Quadratdezimeter	dm^2	1 dm^2 = 100 cm^2
Quadratzentimeter	cm^2	1 cm^2 = 100 mm^2
Quadratmillimeter	mm^2	
	Volumen	
Kubikkilometer	km^3	1 km^3 = 1.000.000.000 m^3
Kubikmeter	m^3	1 m^3 = 1.000 dm^3
Kubikdezimeter	dm^3	1 dm^3 = 1.000 cm^3
Kubikzentimeter	cm^3	1 cm^3 = 1.000 mm^3
Kubikmillimeter	mm^3	

Hektoliter	hl	1 hl = 100 l
Liter	l	1 l = 10 dl
Deziliter	dl	1 dl = 10 cl
Zentiliter	cl	1 cl = 10 ml
Milliliter	ml	1 ml = 1.000 µl
Mikroliter	µl	
	Masse	
Tonne	t	1 t = 20 ztr = 1.000 kg
Zentner	ztr	1 ztr = 50 kg
Kilogramm	kg	1 kg = 1.000 g
Pfund	pf	1 pf = 500 g
Gramm	g	1 g = 1.000 mg
Milligramm	mg	1 mg = 1.000 µg
Mikrogramm	µg	
	Zeit	
Jahr	a	1 a = 365 d
Woche	w	1 w = 7 d
Tag	d	1 d = 24 h
Stunde	h	1 h = 60 min
Minute	min	1 min = 60 s
Sekunde	s	1 s = 1.000 ms
Millisekunden	ms	
	Geschwindigkeit	
Kilometer pro Stunde	km/h	1 km/h = 0,2778 m/s
Meter pro Sekunde	m/s	1 m/s = 3,6 km/h

	Kraft	
Newton	N	$1\,N = 1\,kg \times m / s^2$
	Druck	
Bar	bar	1 bar = 100.000 Pa
Pascal	Pa	1 Pa = 0,00001 bar
	Temperatur	
Grad Celsius	°C	$T_{Celsius} = T_{Kelvin} - 273{,}15$
Kelvin	K	$T_{Kelvin} = T_{Celsius} + 273{,}15$

Ausbildungspark Verlag GmbH

Bettinastraße 69 • 63067 Offenbach am Main
Tel. (069) 40 56 49 73 • Fax (069) 43 05 86 02
E-Mail: kontakt@ausbildungspark.com
Internet: www.ausbildungspark.com

Testtrainer spezial

Prinzip verstanden, Aufgabe gelöst!

Optimal vorbereitet – für alle Prüfungsthemen: Die „Testtrainer spezial" zeigen kompakt und verständlich, wie du jede Aufgabe „knackst".

Zahlreiche Aufgaben: mit Erklärungen, Beispielen und Bearbeitungstipps.

Kommentierte Lösungen: Hintergründe und Zusammenhänge auf dem aktuellen Stand.

Originale Musterprüfungen: Bist du fit für deinen Test?

Testtrainer Allgemeinwissen
364 Seiten
ISBN 978-3-95624-047-8

Testtrainer Konzentration und Merkfähigkeit
306 Seiten
ISBN 978-3-95624-045-4

Testtrainer Mathematik
308 Seiten
ISBN 978-3-95624-027-0

Testtrainer Deutsch
230 Seiten
ISBN 978-3-95624-042-3

Testtrainer Logisches Denken
304 Seiten
ISBN 978-3-95624-050-8

Testtrainer Technisches Verständnis und Visuelles Denken
324 Seiten
ISBN 978-3-95624-090-4

je 18,90 €

Comenius EduMedia Siegel
2020

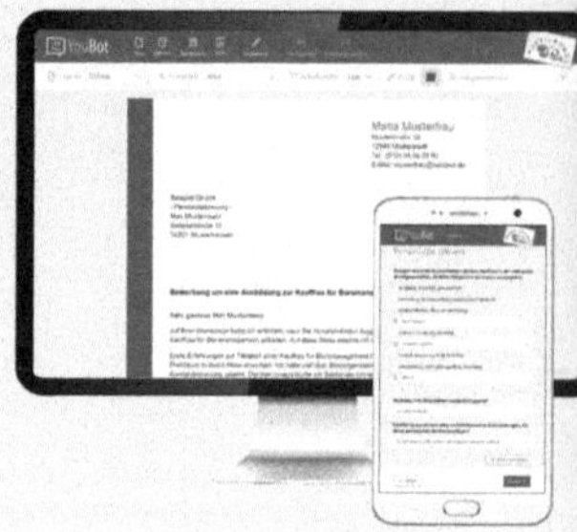